高等院校信息技术规划教材

计算机科学技术导论

赵建民 端木春江 主 编
段正杰 潘竹生 丁智国 副主编

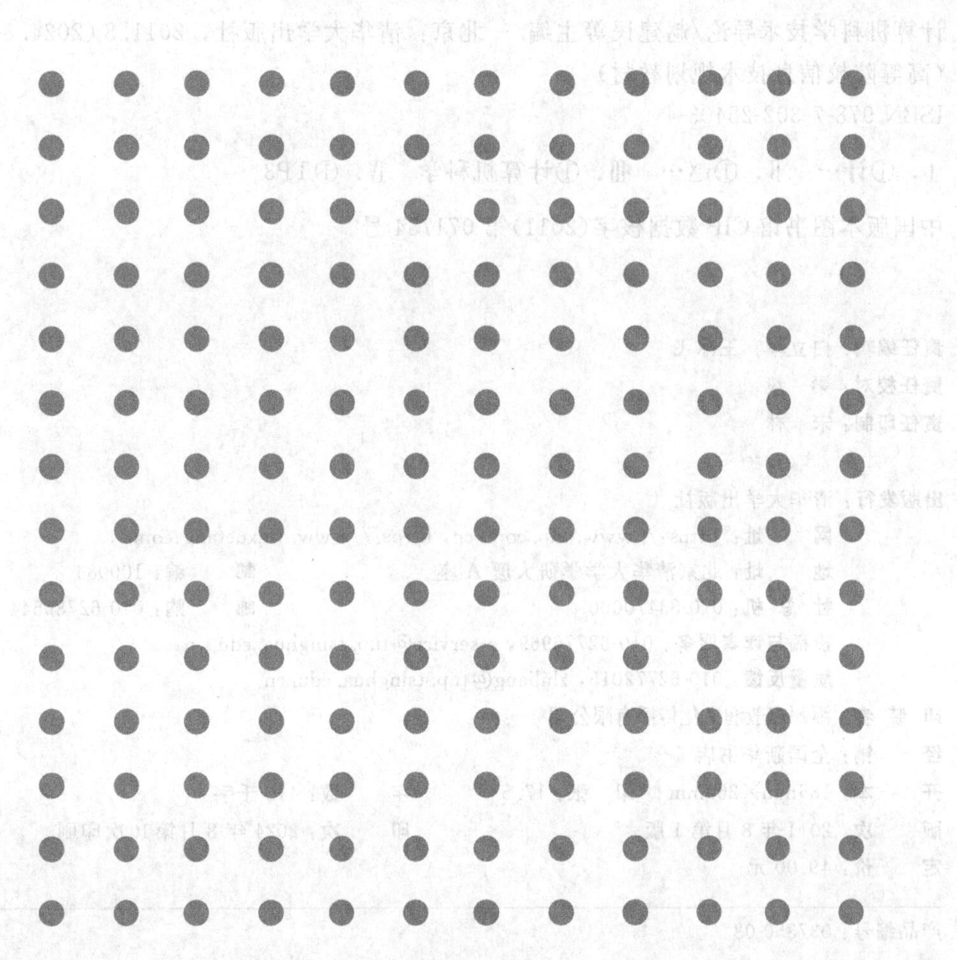

清華大學出版社
北 京

内容简介

本书概要介绍了计算机科学与技术一级学科范围内最重要的基本概念,并围绕本学科的定义、特点、历史渊源、发展变化及发展潮流等方面系统阐述学科范型的内容。全书共11章,内容围绕计算理论和计算模式、计算机系统、计算机网络、计算机应用四大主题展开,主要包括计算机概述、计算机数制与编码、计算机算法与数据结构、计算机系统的硬件、计算机系统的软件、软件工程、计算机网络与通信、数据库系统、多媒体技术、计算机安全、计算机专业人员职业规划和道德标准。

本书适合作为计算机科学与技术专业一年级新生的"计算机科学技术导论"等相关课程的教材,同时可供计算机爱好者自学参考。

图书在版编目(CIP)数据

计算机科学技术导论/赵建民等主编.—北京:清华大学出版社,2011.8(2024.8重印)
(高等院校信息技术规划教材)
ISBN 978-7-302-25403-4

Ⅰ.①计… Ⅱ.①赵… Ⅲ.①计算机科学 Ⅳ.①TP3

中国版本图书馆CIP数据核字(2011)第071754号

责任编辑:白立军 王冰飞
责任校对:梁 毅
责任印制:宋 林

出版发行:清华大学出版社
网 址:https://www.tup.com.cn,https://www.wqxuetang.com
地 址:北京清华大学学研大厦A座 邮 编:100084
社 总 机:010-83470000 邮 购:010-62786544
投稿与读者服务:010-62776969,c-service@tup.tsinghua.edu.cn
质量反馈:010-62772015,zhiliang@tup.tsinghua.edu.cn
印 装 者:涿州市般润文化传播有限公司
经 销:全国新华书店
开 本:185mm×260mm 印 张:17.5 字 数:412千字
版 次:2011年8月第1版 印 次:2024年8月第10次印刷
定 价:49.00元

产品编号:037350-03

前言

"计算机科学技术导论"是计算机科学与技术专业的一门重要的专业基础课程，其目标是使学生初步认知计算机学科并作出正确导学。但是由于对象是大一新生，缺乏专业基础知识，同时课程课时有限，如何在本学科专业知识教学体系内实现科学认知并进行正确导学是编写本书的宗旨和目的。

本书参照和依据 ACM、IEEE Computing Curricula 2005 和教育部高教司主持评审的《中国计算机科学与技术学科教程 2002》，一方面概要介绍了计算机科学与技术一级学科范围内的一些最重要的基本概念，另一方面围绕计算机科学与技术学科的定义、特点、历史渊源、发展变化、发展潮流等内容，系统阐述学科范型的内容。

本书共 11 章。第 1 章介绍计算机的产生与发展、我国计算机最新成就、计算机的基本概念、主要应用领域以及计算机专业课程体系和主要国际组织；第 2 章介绍数制与转换、数值数据的编码、字符信息的编码以及逻辑运算与逻辑代数基础；第 3 章围绕算法和数据结构两大核心概念，介绍算法的特性、描述方法、设计策略和算法优劣的评价以及常见的数据结构，包括线性表、栈、队列、树、图等；第 4 章以一位加法器的设计为例，介绍计算机中的数字电路，进而介绍计算机之父冯·诺依曼所提出的计算机的体系结构，包括运算器、存储器、控制器、输入设备、输出设备五大部件的基本知识以及计算机中的各类总线，以一个假想的计算机的指令为例，介绍计算机指令的具体工作过程；第 5 章介绍计算机系统的软件，包括系统软件和应用软件，并重点介绍了操作系统和翻译系统，对计算机中常用的工具软件，包括图形图像处理软件、文件压缩软件、下载软件、PDF 文件阅读软件、词典工具以及防病毒软件等也进行了介绍；第 6 章介绍软件工程的概念、软件生命周期以及软件开发方法等，本章对理解软件工程的思想、熟悉应用软件开发方法和工具、了解软件开发的流程是非常重要的；第 7 章介绍数据通信的基础知识、计算机网络的基本概念，包括网络标准、网络结构以及网络分类，计算机网络体系结构和标准协议，网络互联设备，因特网以及网页设计与网站构建的基本知识；第 8 章介绍数据库的基本概念、发展历程、特点以及数据库系统的组成，对一些常用的关系数据库管理系统和结构化查询语言(SQL)给出简单的介绍，同时也介绍数据库应用系统的开发方法、开发步骤和新一代数据库技术的发展趋势；第 9 章介绍多媒体技术的基本概念，声音、图形、图像、动画、视频等非文本信息的编码，常用多媒体信息的压缩方法以及常见的多媒体创作工具，最后介绍多媒体网站的建设；第 10 章分析当前计算机安全方面的问题和计算机犯罪方面的特点，重点介绍计算机安全方面的加密与解密技术，并以凯撒密码为例阐述加密与解密技术，在此基础上介绍公钥加密技术以及防火墙、计算机网络安全的监控技术等基本知识；第 11 章介绍计算机专业的培养目标、深造考研、相关证书、工作领域和职位，对信息产业界的道德修养、法律法规、知识产权和计算机犯罪等也进行简要阐述；在书稿的附录部分，搜集了著名的计算机奖项、计算机科学领域的典型问题以及最新计算机应用领域等方面的相关参考资料，供读者参阅。

本书由浙江师范大学赵建民教授主编，华东师范大学黄国兴教授对书稿进行了审阅并提出了指导性修改意见。本书由段正杰、端木春江、潘竹生、丁智国等长期从事“计算机科学技术导论”课程教学的一线教师编写，其中端木春江编写第 1、4、9、10 章，潘竹生编写第 2、3、7 章，段正杰编写第 5、6 章，丁智国编写第 8、11 章以及附录。最后由赵建民教授统稿。

本书的编写参考了大量的书籍、期刊以及互联网上的资源，为此，我们向有关的作者、编者、译者表示感谢。

由于编者水平所限，书中疏漏之处在所难免，恳请读者批评指正。

编　者

2011 年 3 月

目录

第1章 计算机概述

计算机的发明是20世纪的伟大成就之一，它把人们带入了信息时代，并不断地深入到人们生活的各个领域。在本章中，将首先介绍计算机的产生和发展的历程。在此基础上，阐述计算机的特点、分类和应用的领域。接着将介绍计算机专业的课程体系和要求，使学生们对计算机专业所设的各课程和其地位、作用、对应的知识单元有初步的了解。最后，本章将介绍计算机领域内的国际组织，使学生们对各组织在计算机领域内所发挥的作用有所了解。

1.1 计算机的产生与发展

自1946年世界上第一台电子计算机诞生以来，电子计算机已经历了飞速的发展。从第一代的电子管计算机发展到第二代的晶体管计算机、第三代的集成电路计算机、现今的第四代超大规模集成电路计算机，计算机的处理能力日益增强。

1.1.1 电子计算机的诞生

在人类文明发展的历史上，中国曾经在早期计算工具的发明与创造方面写过光辉的一页。远在商代，中国就创造了十进制记数方法，领先于世界千余年。到了周代，发明了当时最先进的计算工具——算筹。这是一种用竹、木或骨制成的颜色不同的小棍。计算每一个数学问题时，通常编出一套歌诀形式的算法，一边计算，一边不断地重新布棍。中国古代数学家祖冲之就是用算筹计算出圆周率在3.141 592 6和3.141 592 7之间。这一结果比西方早一千年。

算盘是中国的又一独创，也是计算工具发展史上的第一项重大发明。这种轻巧灵活、携带方便、与人们生活关系密切的计算工具最初大约出现于汉朝，到元朝时渐趋成熟。算盘不仅对中国经济的发展起过有益的作用，而且传到日本、朝鲜、东南亚等地区，经受了历史的考验，至今仍在使用。

早在17世纪，欧洲一批数学家就已开始设计和制造以数字形式进行基本运算的数字计算机。1642年，法国数学家帕斯卡采用与钟表类似的齿轮传动装置，制成了最早的十进制加法器。1678年，德国数学家莱布尼兹制成的计算机进一步解决了十进制数的乘、除运算问题。

德国的朱赛最先采用电气元件制造计算机。他在1941年制成的全自动继电器计算机Z-3已具备浮点记数、二进制运算、数字存储地址的指令形式等现代计算机的特征。在美国，1940年～1947年也相继制成了继电器计算机MARK-1、MARK-2、Model-1、Model-5等。不过，继电器的开关速度大约为百分之一秒，使计算机的运算速度受到很大限制。

1946年2月14日，世界上第一台电子计算机在美国宾夕法尼亚大学诞生。这台计算机被命名为ENIAC(electronic numerical integrator and calculator，电子数字积分器与计算器)。如图1-1所示，这部机器使用了18 800个真空管，占地167m^2，重达30吨(大约是一间半的教室大，6只大象重)。它每秒可进行5000次的加法运算。这台计算机非常耗电，每一次开机，都会使整个费城西区的电灯黯然失色。另外，由于真空管的损耗率相当高(几乎每15分钟就可能烧掉一支真空管，而操作人员须花15分钟以上的时间才能找出坏掉的管子的位置，以替换上好的真空管)；因此这台计算机在使用上极不方便。曾有人调侃道："只要那部机器可以连续运转5天，而没有一只真空管烧掉，发明人就非常高兴了。"

图1-1 第一台电子计算机ENIAC及其工作人员

1.1.2 电子计算机的发展阶段

1. 第一代计算机(1946年—1957年)

1946年，ENIAC的问世标志了第一代计算机的产生，也开创了计算机的新纪元。随后，1953年，IBM制造出了第一台商业化的计算机IBM 701。这种计算机共生产了19台。

第一代计算机使用电子管做基本器件，因而其耗电量非常大且容易发生故障。其数据和指令的输入设备是穿孔卡片机，外存储器是磁鼓或磁带，编程语言是机器语言，因而其使用是很不方便的。

2. 第二代晶体管计算机(1958年—1964年)

1948年，晶体管(见图1-2)的发明大大促进了计算机的发展，晶体管代替了体积庞大的电子管，使电子设备的体积不断减

图1-2 晶体管

小。1956年，晶体管在计算机中使用，晶体管和磁芯存储器导致了第二代计算机的产生。第二代计算机体积小、速度快、功耗低、性能更稳定。首先使用晶体管技术的是早期的超级计算机，主要用于原子科学的大量数据处理，这些机器价格昂贵，生产数量极少。

1960年，出现了一些成功地用于商业领域、大学和政府部门的第二代计算机。这个时期典型的计算机有IBM 7094和CDC 1640等。第二代计算机用晶体管代替电子管，还有现代计算机的一些部件：打印机、磁带、磁盘、内存、操作系统等。计算机中存储的程序使得计算机有很好的适应性，可以更有效地应用于商业。在这一时期出现了更高级的COBOL和FORTRAN等语言，以单词、语句和数学公式代替了含混的二进制机器码，使计算机编程更容易。新的职业(程序员、分析员和计算机系统专家)和整个软件产业由此诞生。

3. 第三代集成电路计算机(1965年—1971年)

虽然晶体管比起电子管是一个明显的进步，但晶体管还是会产生大量的热量，这会损害计算机内部的敏感部件。1958年，德州仪器的工程师Jack Kilby发明了集成电路(integrated circuit，IC)，将3种电子元件(电阻、电感、电容)结合到一片小小的硅片上。随后，科学家使更多的元件(晶体管、二极管等)集成到单一的半导体芯片上。于是，计算机变得更小，功耗更低，速度更快。这一时期的发展还包括使用了分时操作系统，使得计算机在中心程序的控制协调下可以同时运行许多不同的程序。集成电路如图1-3所示。

图1-3 集成电路

4. 第四代大规模集成电路计算机(1972年至今)

出现集成电路后，唯一的发展方向是扩大规模。大规模集成电路(large scale integration，LSI)可以在一个芯片上容纳几百个元件。到了20世纪80年代，超大规模集成电路(very large scale integration，VLSI)在芯片上容纳了几十万个元件，后来的ULSI(ultra large scale integration，ULSI)将此集成度扩充到百万级。可以在硬币大小的芯片上容纳如此多数量的元件使得计算机的体积和价格不断下降，而功能和可靠性不断增强。

20世纪70年代中期，计算机制造商开始将计算机带给普通消费者。这时的小型机带有友好界面的软件包、供非专业人员使用的程序和最受欢迎的字处理和电子表格程序。这一领域的先锋有Commodore，Radio Shack和Apple Computers等。

1981年，IBM推出个人计算机(PC)，用于家庭、办公室和学校。20世纪80年代，个人计算机的竞争使其价格不断下跌，计算机的拥有量不断增加，计算机的体积继续缩小，从桌上到膝上，再到掌上。与 IBM PC 竞争的 APPLE Macintosh 系统于 1984 年推出，Macintosh 提供了友好的图形界面，用户可以用鼠标方便地操作。随后，微软公司于 1992 年推出了成熟的 Windows 3.1 桌面操作系统。

5. 第五代计算机

第五代计算机是现在计算机的下一代产品，目前还处在研究阶段。其研究的目标是使计算机具有人类的智能，例如自然语言的理解、模式识别和推理判断能力等。

1.1.3 我国计算机最新成就

1. 龙芯芯片

2002 年 8 月 10 日"龙芯 1 号"(见图 1-4)诞生，这是我国首枚拥有自主知识产权的通用高性能微处理芯片，为 32 位低功耗低成本处理器，主要面向低端嵌入式和专用应用领域。之后，推出了"龙芯 2 号"和"龙芯 3 号"处理器，其中，"龙芯 2 号"处理器为 64 位低功耗单核或双核系列处理器，主要面向工控和终端等领域，龙芯 3 号系列为 64 位多核系列处理器，主要面向桌面和服务器等领域。2019 年 12 月 24 日，龙芯 3A4000/3B4000 在北京发布，使用 28nm 工艺，通过设计优化，实现了性能的成倍提升。2021 年 4 月龙芯自主指令系统架构(LoongArch)的基础架构通过国内第三方知名知识产权评估机构的评估。2022 年 12 月，32 核龙芯 3D5000(见图 1-5)发布。它具备超高性能，接近 AMD Zen2 的水平，同时采用 100%自主指令，不需要国外授权，适用于高性能计算、云计算、大数据分析等领域。龙芯 3D5000 的推出，首先证明了中国芯片设计和制造的能力已经达到了一定的水平，可以在服务器市场上与国际品牌竞争。其次，龙芯 3D5000 的推出可以促进中国芯片产业的发展，推动中国芯片产业向高端领域发展。最后，龙芯 3D5000 的推出也可以提高中国芯片在国内市场的占有率，减少对国外芯片的依赖，提高国家的信息安全性。

图 1-4　龙芯 1 号

2. 超级计算机

超级计算机是"国之重器"，是计算机界"皇冠上的明珠"，是科技创新的"发动机"，在航空航天、地理探测、大型飞行器设计、新型药物筛选、巨型工程建设中均有广泛应用，对于国家经济社会高质量发展和高水平科技创新具有重要支撑作用，是国家科技发展水平和综合国力的重要标志。

过去十年，在习主席的高度关注和亲切关怀下，我国超级计算进入自主创新辉煌发展的时期，天河系列超级计算机实现了从千万亿次到亿亿次，再到十亿亿次乃至更高速度的跨越，不断攀登世界超算之巅。

天河系列超级计算机成功部署于国家超级计算天津、广州、长沙中心，每天计算研发

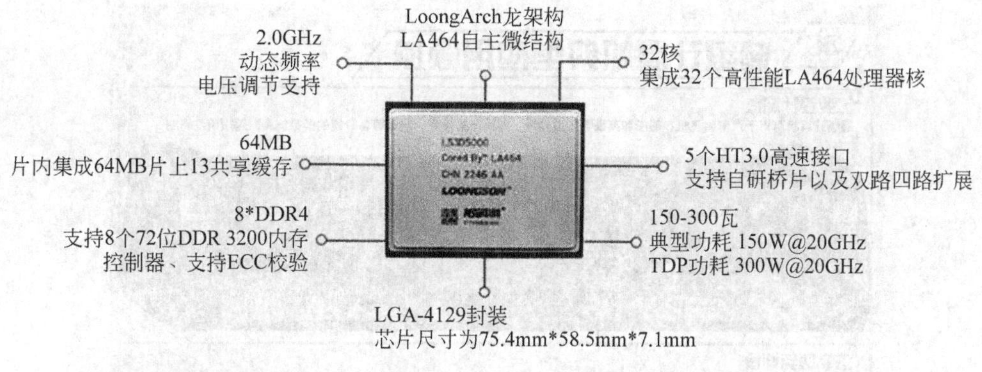

图 1-5　龙芯 3D5000

任务超过 15 000 项，有效支撑重大科技创新和产业升级发展。“天河二号”超级计算机如图 1-6 所示。

图 1-6　“天河二号”超级计算机

由天河超级计算机创新带来的国产“飞腾”处理器、“麒麟”操作系统发展壮大，引育信创产业新动能，为我国数字经济发展筑根基。天河超级计算机典型应用案例如图 1-7 所示。

3. 量子计算机

我国量子计算机研究起步较晚，发展却非常迅速。2017 年 5 月，中国科学院潘建伟团队光量子计算机实验样机发布，其计算能力已超越早期计算机。2020 年 6 月 18 日，中国科学院宣布，中国科学技术大学潘建伟、苑震生等在超冷原子量子计算和模拟研究中取得重要进展——在理论上提出并实验实现原子深度冷却新机制的基础上，在光晶格中首次实现了 1250 对原子高保真度纠缠态的同步制备，为基于超冷原子光晶格的规模化量子计算与模拟奠定了基础。这一成果 19 日在线发表于学术期刊《科学》上。2020 年 12 月 4 日，中国科学技术大学宣布该校潘建伟等人成功构建 76 个光子的量子计算原型机“九章”，求解数学算法高斯玻色取样只需 200 秒，而当时世界最快的超级计算机要用 6 亿年。这一突破使中国成为全球第二个实现“量子优越性”的国家。12 月 4 日，国际学术期刊

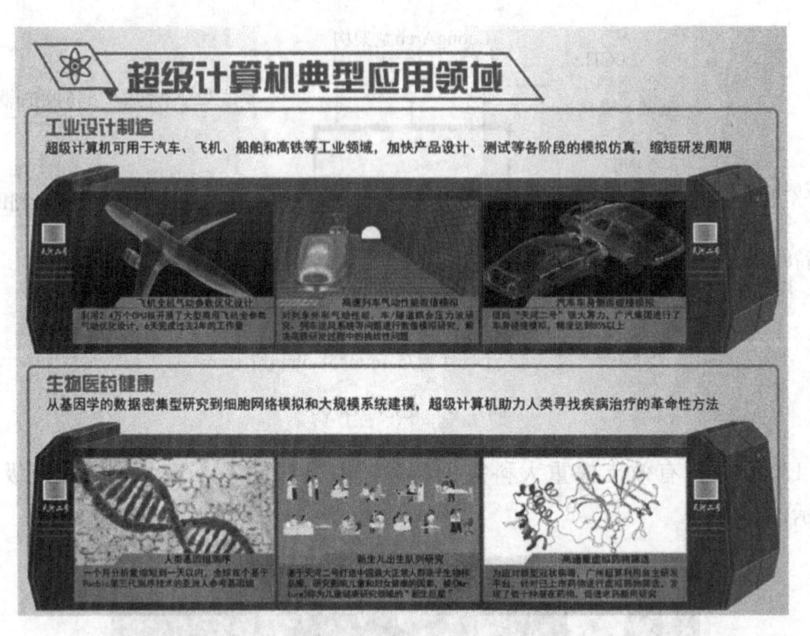

图 1-7　天河超级计算机典型应用领域示意图

《科学》发表了该成果，审稿人评价这是“一个最先进的实验”“一个重大成就”。2021 年 2 月 8 日，中科院量子信息重点实验室的科技成果转化平台合肥本源量子科技公司，发布具有自主知识产权的量子计算机操作系统“本源司南”。

目前，我国已经成功发布了光量子计算机“九章二号”(见图 1-8)和超导量子计算机“祖冲之二号”(见图 1-9)，代表我国量子计算机的最新成就。专家认为，随着技术的日渐发展和成熟，量子计算机将在天气预报、密码破译、材料设计、云技术开发、大数据优化、药物分析等领域可以大大提高计算速度，使用专用量子计算机即可解决或量子模拟器。对于一些传统计算机无法完成的计算问题，其强大的计算能力甚至可以直接开启一场新的技术革命。

图 1-8　“九章二号”量子计算机架构

图 1-9　祖冲之二号量子处理器

1.2　计算机的特点与分类

1.2.1　计算机的特点

计算机具有自动运行程序、运算速度快、运算精度高、具有记忆和逻辑判断能力、可靠性高等方面的特点。下面对这些特点逐一进行介绍。

1. 自动地运行程序

计算机能在程序的控制下自动且连续地高速运算。由于采用存储程序控制的方式，因此一旦输入编制好的程序，启动计算机后，就能自动地执行直至完成任务。这是计算机最突出的特点。

2. 运算速度快

计算机能以极快的速度进行运算。现在普通的微型计算机每秒可执行几十万条指令，而巨型计算机则达到每秒几十亿次甚至几百亿次。随着计算机技术的发展，计算机的运算速度还在提高。例如天气预报，由于需要分析大量的气象资料数据，单靠手工完成计算是不可能的，而用巨型计算机只需十几分钟就可以完成。

在战争中，计算机可以高速地处理雷达收集到的信息，以便控制拦截导弹去截击入侵的飞机和导弹。1991 年的海湾战争中，美国的"爱国者"导弹多次成功地拦截伊拉克发射的"飞毛腿"导弹，其中就有计算机的功劳。卫星、航天飞机、宇宙飞船均由计算机计算出轨道，才能保证其成功飞行和安全地返回地面。

现在，计算机的快速计算与现代通信技术相结合，使得世界上两地区调拨资金只需几秒钟时间，每天全世界通过计算机通信网络划拨的资金高达数万亿美元。

计算机的高计算速度不仅为科学计算提供了强有力的工具，加速了科学研究的进程，而且促进了许多新的边缘和交叉学科的诞生，如计算化学、计算光学、计算生物学等。

3. 运算精度高

圆周率的计算从古至今已有一千多年的历史了。我国古代数学家祖冲之只算得 π 值的小数点后的第 8 位。德国人鲁道夫用了一生的精力把 π 值精确到小数点后第 35 位。

法国的谢克斯花了 15 年时间，把 π 值算到了小数点后 707 位。此后再没有人能胜过他了。可第一台电子计算机只用了 70 小时，就把 π 值精确到了 2035 位，并且只用了 40 秒钟就发现了谢克斯计算的 π 值在第 528 位上出了错，当然，528 位以后也全都错了。现在，电子计算机已把 π 值算到了小数点后 10 亿位以上。有意义的是，π 值仍然没有出现循环。若人类以后发现了其中的奥秘，应该也有电子计算机的一份功劳。电子计算机具有以往计算工具所无法比拟的计算精度，目前已达到小数点后上亿位的精度。

4. 具有记忆和逻辑判断能力

中国古代民间流传着关于王安石惊人记忆力的佳话。据说，有一回苏东坡想试一试王安石的记忆力，从他书房里专门挑出一本积满灰尘的书，并且随手翻了几页。王安石居然当场将所指的内容一字不差地背诵出来。即便如此，900 多年前的王安石比起今天的电子计算机也要逊色几百倍。现在的电子计算机能把一套 900 万字的百科全书存入一张激光磁盘中，把一年的报纸内容存储在直径为 12cm 的一张激光磁盘中。即使是一张 5.25 英寸的高密度磁盘，也可保存 60 万字的内容。

人是有思维能力的，而思维能力本质上是一种逻辑判断能力。计算机借助于逻辑运算，可以进行逻辑判断，并根据判断结果自动地确定下一步该做什么。计算机的存储系统由内存和外存组成，具有存储和“记忆”大量信息的能力，现代计算机的内存容量已达到上百兆甚至几千兆，而外存也有惊人的容量。同时，如今的计算机不仅具有运算能力，还具有逻辑判断能力，可以使用计算机进行诸如资料分类、情报检索等具有逻辑加工性质的工作。

同时，由于计算机的存储容量大，使其可以对大企业、银行、巨大的系统工程进行管理。美国的阿波罗登月计划动员了 42 万人，两万多家公司和厂家，120 所大学和实验室，历时 11 年，完成了人类登上月球的伟大使命。只有采用计算机实现科学管理，才能保证这样大的工程按计划实施。

5. 可靠性高

随着微电子技术和计算机技术的发展，现代电子计算机连续无故障运行的时间可达到几十万小时以上，具有极高的可靠性。例如，安装在宇宙飞船上的计算机可以连续几年可靠地运行。计算机应用在管理中也具有很高的可靠性，而人却很容易因疲劳而出错。另外，计算机对于不同的问题，只是执行的程序不同，因而具有很强的稳定性和通用性。用同一台计算机能解决各种问题，可应用于不同的领域。

微型计算机除了具有上述特点外，还具有体积小、重量轻、耗电少、维护方便、易操作、功能强、使用灵活、价格便宜等特点。计算机还能代替人做许多复杂繁重的工作。现在国内外利用计算机模拟一些大型实验，使得有些在自然界完成起来困难大、麻烦多的事情可以在计算机上轻而易举地实现。

1.2.2 计算机的分类

计算机可分为模拟计算机和数字计算机两大类。

模拟计算机的主要特点是：参与运算的数值由不间断的连续量表示，其运算过程是连续的。模拟计算机由于受元器件质量的影响，其计算精度较低，应用范围较窄，目前已很少生产。

数字计算机的主要特点是：参与运算的数值用离散的数字量表示，其运算过程按数字位进行计算。数字计算机由于具有逻辑判断等功能，以近似人类大脑的"思维"方式进行工作，所以又被称为"电脑"。数字计算机按用途又可分为专用计算机和通用计算机。

专用计算机与通用计算机在效率、速度、配置、结构复杂程度、造价和适应性等方面是有区别的。

专用计算机功能单一，针对某类问题能显示出最有效、最快速和最经济的特性，但它的适应性较差，不适用于其他方面。在导弹和火箭上使用的计算机很大部分就是专用计算机。

通用计算机功能多样，适应性很强，应用面很广，但其运行效率、速度和经济性依据不同的应用对象会受到不同程度的影响。

通用计算机按其规模、速度和功能等又可分为巨型机、大型机、中型机、小型机、微型机及单片机。这些类型之间的基本区别通常在于其体积大小、结构复杂程度、功率消耗、性能指标、数据存储容量、指令系统和设备、软件配置等方面。

一般来说，巨型计算机的运算速度很快，可达每秒执行几亿条指令，数据存储容量很大，规模大、结构复杂、价格昂贵，主要用于大型科学计算。它也是衡量一国科学实力的重要标志之一。单片计算机则只由一片集成电路制成，其体积小，重量轻，结构十分简单。性能介于巨型机和单片机之间的就是大型机、中型机、小型机和微型机。它们的性能指标和结构规模则相应地依次递减。

1.3 计算机的主要应用领域

20 世纪 90 年代以来，计算机技术作为科技的先导技术之一，得到了飞跃的发展。超级并行计算机技术、高速网络技术、多媒体技术、人工智能技术等相互渗透，改变了人们使用计算机的方式，从而使计算机几乎渗透到人类生产和生活的各个领域，对工业和农业都有着极其重要的影响。计算机的应用范围归纳起来主要有以下 6 个方面。

1. 科学计算

科学计算亦称数值计算，是指用计算机完成科学研究和工程技术中所提出的数学问题。计算机作为一种计算工具，科学计算是它最早的应用领域，也是计算机最重要的应用之一。在科学技术和工程设计中存在着大量的数字计算，如求解几百乃至上千阶的线性方程组、大型矩阵运算等。这些问题广泛地出现在导弹实验、卫星发射、灾情预测等领域，其特点是数据量大、计算工作复杂。在数学、物理、化学、天文等众多学科的科学研究中，经常遇到许多数学问题。这些问题用传统的计算工具是难以完成的，有时人工计算需要几个月、几年，而且不能保证其计算准确，使用计算机则只需要几天、几小时甚至几分钟就可以精确地解决。所以，计算机是发展现代尖端科学技术必不可少的重要工具。

2. 数据处理

数据处理又称信息处理，它是信息的收集、分类、整理、加工、存储等一系列活动的总称。所谓信息是指可被人类感受的声音、图像、文字、符号、语言等。数据处理还可以在计算机上进行那些非科技工程方面的计算，管理和操作任何形式的数据资料。其特点是要处理的原始数据量大，而运算比较简单，有大量的逻辑与判断运算。

据统计，目前在计算机应用中，数据处理所占的比重最大，其应用领域十分广泛，如人口统计、办公自动化、企业管理、邮政业务、机票订购、情报检索、图书管理、医疗诊断等。

3. 计算机辅助设计

(1) 计算机辅助设计(computer aided design，CAD)是指使用计算机的计算、逻辑判断等功能，帮助人们进行产品和工程设计。它能使设计过程自动化，设计合理化、科学化、标准化，大大缩短设计周期，以增强产品在市场上的竞争力。CAD技术已广泛应用于建筑工程设计、服装设计、机械制造设计、船舶设计等行业。使用CAD技术可以提高设计质量，缩短设计周期，提高设计自动化水平。

(2) 计算机辅助制造(computer aided manufacturing，CAM)是指利用计算机通过各种数值计算控制生产设备，完成产品的加工、装配、检测、包装等生产过程的技术。将CAD进一步地集成到CAM中，就形成了计算机集成制造系统(computer integrated manufacture system，CIMS)，从而实现设计和生产的自动化。利用CAM可提高产品质量，降低成本和劳动强度。

(3) 计算机辅助教学(computer aided instruction，CAI)是指将教学内容、教学方法以及学生的学习情况等存储在计算机中，帮助学生轻松地学习所需知识。它在现代教育技术中起着相当重要的作用。

除了上述计算机辅助技术外，计算机还有其他的辅助功能，如计算机辅助出版、计算机辅助管理、辅助绘制和辅助排版等。

4. 过程控制

过程控制亦称实时控制，是用计算机及时采集数据，按最佳值迅速对控制对象进行自动控制或自动调节。利用计算机进行过程控制，不仅大大提高了控制的自动化水平，而且大大提高了控制的及时性和准确性。

过程控制的特点是及时收集并检测数据，按最佳值调节控制对象。在电力、机械制造、化工、冶金、交通等部门采用过程控制，可以提高劳动生产效率、产品质量、自动化水平和控制精确度，减少生产成本，减轻劳动强度。在军事上，可使用计算机实时控制导弹，根据目标的移动情况修正飞行姿态，以准确击中目标。

5. 人工智能

人工智能(artificial intelligence，AI)是用计算机模拟人类的智能活动，如判断、理解、学习、图像识别、问题求解等。它涉及计算机科学、信息论、仿生学、神经学和心理学等诸多学科。在人工智能中，最具代表性、应用最成功的两个领域是计算机专家系统和机器人。

计算机专家系统是一个具有大量专门知识的计算机程序系统。它总结了某个领域的专家知识来构建知识库。根据这些知识，系统可以对输入的原始数据进行推理，做出判断和决策，以回答用户的咨询，这是人工智能的一个成功的例子。

机器人是人工智能技术的另一个重要应用。目前，世界上有许多机器人工作在各种恶劣环境，如高温、高辐射、剧毒等环境。智能机器人的应用前景非常广阔。现在有很多国家正在研制智能机器人。

6. 计算机网络

把计算机的超级处理能力与通信技术结合起来就形成了计算机网络。人们熟悉的全球信息查询、邮件传送、电子商务等都是依靠计算机网络来实现的。计算机网络已进入到千家万户，给人们的生活带来了极大的方便。

1.4 计算机专业培养的课程体系结构和要求

计算机学科是一门飞速发展的新兴学科，发展速度之快可谓一日千里。近10年来，计算机学科已发展成一门独立学科，计算机本身则向高度集成化、网络化和多媒体化迅速发展。

但从另一个方面来看，目前高等学校的计算机教育总是滞后于计算机学科的发展。为了改变这种状况，高等学校的教育工作者和专家教授们应当仁不让地投入必要的时间和精力来完成这一历史使命。为适应21世纪计算机教育形势的需要，全国高等学校计算机专业教学指导委员会和中国计算机学会教育委员会联合推荐《计算机学科教学计划2000》。同时，美国IEEE和ACM两个学会最新公布了《计算机学科教学计划2001》。这两个教学计划所提供的指导思想和学科所涵盖的内容非常适合当代的大学本科教学。上述两个教学计划都是在总结了从《计算机学科教学计划1991》到现在计算机学科10年来发展的主要成果的基础上诞生的。在《计算机学科教学计划2001》中，根据学科的最新发展状况，提出了14个主科目，其中13个主科目又为核心主科目。这14个主科目是离散结构(DS)、程序设计基础(PF)、算法与复杂性(AL)、计算机组织与体系结构(AR)、操作系统(OS)、网络及其计算(NC)、程序设计语言(PL)、人—机交互(HC)、图形学与可视化计算(GV)、智能系统(IS)、信息系统(IM)、社会与职业问题(SP)、软件工程(SE)、数值计算科学(CN)。其中除CN为非核心主科目外，其他主科目均为核心主科目。

1. 离散结构(DS)

离散结构是数学的几个分支的总称，以研究离散量的结构和相互间的关系为主要目标。其研究对象一般是有限个或可数无穷个元素。因此它充分地描述了计算机科学离散性的特点。离散结构科目的内容包括函数、关系和集合(DS1)、基本逻辑(DS2)、证明技巧(DS3)、技术基础(DS4)、图与树(DS5)。其中，以上括号中的内容为ACM《计算机学科教学计划2001》中对知识单元的编号。离散结构中的知识单元全部为核心知识单元。

2. 程序设计基础(PF)

学好程序设计基础可为学习程序设计语言打下良好的基础。程序设计基础将介绍程序设计的基本结构、基本的算法和其数据结构。程序设计基础科目所包含的内容有程序设计基本结构(PF1)、算法与问题求解(PF2)、基本数据结构(PF3)、递归(PF4)、事件驱动程序设计(PF5)。程序设计基础中的知识单元全部为核心知识单元。

3. 算法与复杂性(AL)

算法(algorithm)是在有限步骤内求解某一问题所使用的一组定义明确的规则。通俗点说，就是用计算机解决实际问题的过程和方法。可以说，算法是计算机程序的灵魂。

对于同一问题会有很多算法，有的算法的计算量小、所用的空间小，而有的算法的计算量大且占用的空间多。人们对于某一实际问题，总在不断地追求和寻找最优的算法。在信号处理领域，正因为有 FFT(快速傅里叶变换算法)的出现，才使数字信号处理器有着非常广泛的应用。算法与复杂性科目的内容有算法分析基础(AL1)、算法策略(AL2)、基本算法(AL3)、分布式算法(AL4)、可计算性理论基础(AL5)、复杂性类——P类和NP类(AL6)、自动机理论(AL7)、高级算法分析(AL8)、加密算法(AL9)、几何算法(AL10)、并行算法(AL11)。算法与复杂性中的知识单元 AL1～AL5 为核心知识单元，其余为非核心知识单元。

4. 计算机组织与体系结构(AR)

计算机组织与体系结构主要介绍计算机系统中的各部分硬件及其工作原理。在此基础上，要求学生能用汇编语言编写程序。虽然汇编语言程序比高级语言程序难写，但是在对程序的执行时间要求较高的场合(需要程序的执行时间很短)需要用汇编语言来写程序以提高程序的执行效率。同时在和硬件打交道比较密切时(如编写硬件的驱动程序时、编写一些操作系统的程序时)，需要用汇编语言来写程序。计算机组织与体系结构科目的内容包括数字逻辑与数字系统(AR1)、数据的机器级表示(AR2)、汇编级机器组织(AR3)、存储系统组织和结构(AR4)、接口和通信(AR5)、功能组织(AR6)、多处理和其他系统结构(AR7)、性能提高(AR8)、网络与分布式系统结构(AR9)。计算机组织与体系结构中的知识单元 AR1～AR7 为核心知识单元，其余为非核心知识单元。

5. 操作系统(OS)

操作系统在计算机系统中处于计算机的硬件之上、用户软件之下。通过它才可以很好地管理计算机的硬件及其相关资源，并对用户软件提供方便的接口，使用户软件能够很好地运行。同时，操作系统提供人和计算机之间的方便的交互。对于一台刚买来的裸机，需要先装上操作系统才能很方便地使用。目前常用的操作系统有 Windows、Linux、UNIX 等。在操作系统科目中，有如下内容：操作系统概述(OS1)、操作系统原理(OS2)、并发性(OS3)、调度与分派(OS4)、内存管理(OS5)、设备管理(OS6)、安全与保护(OS7)、文件系统(OS8)、实时和嵌入式系统(OS9)、容错(OS10)、系统性能评价(OS11)、脚本(OS12)。操作系统中的知识单元 OS1～OS8 为核心知识单元，其余为非核心知识单元。

6. 网络及其计算(NC)

计算机网络在人们生活中的应用日益广泛。Internet 的用户日益增多，同时网络的应用范围和领域日益扩大，如网上购物、网上银行、网上地图、网络课程、网络电视等网络应用日益深入到人们的生活中。最近，云计算(cloud computing)被人们提出来并取得了很好的应用。在云计算中，将由很多分布在世界各地的计算机联网、通信和协作计算以解决某一问题，如某些基因、蛋白质的分析、气象预测等。网络及其计算科目的内容有网络及其计算介绍(NC1)、通信与网络(NC2)、网络安全(NC3)、客户/服务器计算举例(NC4)、构建 Web 应用(NC5)、网络管理(NC6)、压缩与解压缩(NC7)、多媒体数据技术(NC8)、无线和移动计算(NC9)。网络及其计算中的知识单元 NC1～NC6 为核心知识单元，其余为非核心知识单元。

7. 程序设计语言(PL)

这里的程序设计语言指的是高级语言。计算机从业人员运用高级语言进行编程，就像作家运用文字进行写作。它们都是人表达思想的工具。对于计算机从业人员来说，掌握一门或一门以上的计算机高级语言是非常必要的，否则就存在着表达在计算机领域内的思想的很大障碍。程序设计语言方面的内容有程序设计语言概论(PL1)、虚拟机(PL2)、语言翻译简介(PL3)、声明和类型(PL4)、抽象机制(PL5)、面向对象程序设计(PL6)、函数程序设计(PL7)、语言翻译系统(PL8)、类型系统(PL9)、程序设计语言的语义(PL10)、程序设计语言的设计(PL11)。其中，PL1～PL6为核心知识单元，其余为非核心知识单元。

8. 人—机交互(HC)

人—机交互是计算机领域内的重要内容。微软(Microsoft)的产品Windows和Office之所以能在全世界广泛应用，其产品良好的人—机交互性和易用性起了非常大的作用。人—机交互科目方面的内容包括人—机交互基础(HC1)、简单图形用户界面的创建(HC2)、以人为本的软件评估(HC3)、以人为本的软件开发(HC4)、图形用户界面的设计(HC5)、图形用户界面的编程(HC6)、多媒体系统的人—机交互(HC7)、协作和通信的人—机交互(HC8)。其中，HC1和HC2为核心知识单元，其余为非核心知识单元。

9. 图形学与可视化计算(GV)

计算机图形学的发展是非常快的，很多好莱坞的电影中的特效或特殊效果、电子游戏中的特效都是运用计算机图形学的技术而制作的。而建立在图形学之上的虚拟现实技术，能在地面上模拟飞机飞行在空中的场景，使人们可以在地面上训练飞行员。图形学和可视化计算方面的内容包括图形学的基本技术(GV1)、图形系统(GV2)、图形通信(GV3)、几何建模(GV4)、基本的图形绘制方法(GV5)、高级的图形绘制方法(GV6)、先进技术(GV7)、计算机动画(GV8)、可视化(GV9)、虚拟现实(GV10)、计算机视觉(GV11)。其中，GV1和GV2为核心知识单元，其余为非核心知识单元。

10. 智能系统(IS)

智能系统的目的是使计算机具有人的智能，能够进行思维、推理等活动。人工智能近几年的发展也十分迅速，在某些领域已取得很大的成功。例如：IBM公司推出的计算机"深蓝"(Deep Blue)和国际象棋男子世界冠军卡斯帕罗夫在1997年下棋，结果战胜了卡斯帕罗夫。然而，在人工智能领域还有很多问题没得到很好的解决，如自然语言的理解等。智能系统方面的内容包括智能系统的基本问题(IS1)、搜索和约束满足(IS2)、知识表示和知识推理(IS3)、高级搜索(IS4)、高级知识表示和知识推理(IS5)、主体(IS6)、自然语言处理技术(IS7)、机器学习和神经网络(IS8)、人工智能规划系统(IS9)、机器人(IS10)。其中，IS1～IS3是核心知识单元，其余是非核心知识单元。

11. 信息系统(IM)

信息系统所考虑的是信息的高效存储、检索、访问和处理。我们所处的时代是一个信息爆炸的时代，每天都有非常多的新信息出现。对此，我们需要采用一些信息系统方面的技术来对其进行有效的管理。这方面的技术主要有数据库技术、数据挖掘和一些多媒体信息处理技术。信息系统科目所包含的知识单元有信息模型和信息系统(IM1)、数据库系统(IM2)、数据模型化(IM3)、关系数据库(IM4)、数据库查询语言(IM5)、关系数据库设计(IM6)、事务处理(IM7)、分布式数据库(IM8)、物理数据库设计(IM9)、数据挖掘

(IM10)、信息存储和信息检索(IM11)、超文本和超媒体(IM12)、多媒体信息系统(IM13)、数字图书馆(IM14)。其中,IM1～IM7是核心知识单元,其余是非核心知识单元。

12. 社会与职业问题(SP)

现今的计算机方面的犯罪越来越多,所以人们在学习和从事计算机方面的工作时,应当恪守职业道德,用计算机去做对人类发展和社会有益的事情。通过这个科目的学习,也应当对自己的计算机方面的职业生涯有所规划,在社会中找到自己的位置。社会与职业问题方面的内容包括信息技术史(SP1)、信息技术的社会环境(SP2)、分析方法和分析工具(SP3)、职业责任和道德责任(SP4)、基于计算机的系统的风险和责任(SP5)、知识产权(SP6)、隐私和公民自由(SP7)、计算机犯罪(SP8)、与信息技术相关的经济问题(SP9)。其中,SP1～SP7是核心知识单元,其余是非核心知识单元。

13. 软件工程(SE)

现在的软件日益庞大和复杂,例如Windows操作系统的源代码有几百万行。对于设计这样的比较复杂的软件,需要使用很好的管理方法,在软件设计前进行软件的投资和风险分析、制订软件开发计划。在软件设计时,进行有效的分工和协作,并使软件的开发符合预计的进度,同时尽量减少软件设计时所产生的错误。在软件设计完成后,进行有效的软件测试。在软件交给用户使用后,进行有效的软件维护。在所有这些工作中,都需要软件工程。软件工程借鉴了工业产品中的质量管理的工程化的方法来管理软件的设计和维护。同时,软件工程也是计算机领域内发展较为迅速的一门学科,新方法和新思想被不断提出来。软件工程所包含的内容有软件设计(SE1)、使用APIs(SE2)、软件工具和环境(SE3)、软件工程(SE4)、软件需求和规约(也称规格说明)(SE5)、软件确认(SE6)、软件演化(SE7)、软件项目管理(SE8)、基于构件的计算(SE9)、形式化方法(SE10)、软件可靠性(SE11)、特定系统开发(SE12)。其中SE1～SE8是核心知识单元,其余是非核心知识单元。

14. 数值计算科学(CN)

在生产实践和科学研究中,有着许多错综复杂的计算问题。在一次天气预报中,就需要求解含有数万个未知数的方程组;在物理实验中,常常遇到许多难解的超越方程;在天文观测中,需要从若干个离散观测点发掘天体的运动规律;在工业设计中,常常要对复杂的曲线函数积分或求导。或许在中学和大学的课程中,人们可以在求解简单的方程、方程组时得心应手,对初等函数的求导、求积公式信手拈来。然而,在面对实际应用中的这些复杂的计算问题时,传统的理论方法未必能够直接应用。计算机科学与技术的飞速发展为解决这些难题带来了有效的途径。为了能够让计算机准确、可靠地解决各类计算问题,人们需要根据计算机的特点,设计出计算机上可执行的、理论上可靠的方法,这就产生了"计算方法"这门学科。

目前,计算机已经成为生产实践与科学研究中必不可少的科学计算工具。无论在航空航天、天文气象、地理观测、能源探采等领域,还是在工业设计、生命科学、医学研究等领域,乃至在金融分析、经济规划等领域,计算机都起着举足轻重的作用。目前,在计算机上进行的科学计算已经与科学试验、理论研究一起,构成了人类认识自然的基本途径。在解决错综复杂的实际问题时,科学家与工程师们常常先把理论与实验数据转化成数学模型,再设计合理、稳定的计算方法,借助计算机求解。可见,数值计算方法不仅是计算机技术的重要分支，也是工业生产和科学研究中不可缺少的重要方法。掌握数值计算方法的基本知识、熟练地运用数值计算方法解决实际应用中的数学问题，已经成为理工科大学生的必备技能。数值计算科学所包含的内容有数值分析(CN1)、运筹学(CN2)、建模与模拟(CN3)、高性能计算(CN4)。这些知识单元都是非核心知识单元。

以上介绍的知识体系中的14个知识领域及其相应的知识单元定义了计算机专业的知识结构。但这14个领域并不是恰好14门课。《中国计算机科学与技术学科教程2002》提出了一组具有参考意义的核心课程，其课程体系结构如表1-1所示，其中总学时的第一项为授课学时，第二项为实验学时，知识单元的编号见以上对14个科目的介绍。

表1-1　计算机科学与技术学科专业核心课程

序号	课程名称	总学时	核心知识单元	非核心知识单元
1	计算机导论	36＋16	PL1、PL4、SE3、SE5、HC1、NC2、SP1、SP2、SP4、SP5、SP6、SP7	
2	程序设计基础	54＋32	PF1、PF2、PF3、PF5、PL1、AL2、AL3	
3	离散结构	72＋16	DS1、DS2、DS3、DS4、DS5	
4	数据结构与算法	72＋16	AL1、AL2、AL3、AL4、AL5、PF2、PF3、PF4	
5	计算机组织与体系结构	72＋32	AR1、AR2、AR3、AR4、AR5、AR6、AR7	AR8
6	微机系统与接口	54＋16	AR3、AR4、AR5	
7	操作系统	72＋16	AL4、OS1、OS2、OS3、OS4、OS5、OS6、OS7、OS8	OS11
8	数据库系统原理	54＋32	IM1、IM2、IM3、IM4、IM5、IM6、IM7	IM8、IM9、IM11、IM13、IM14
9	编译原理	54＋16	PL1、PL2、PL3、PL4、PL5	PL6、PL7、PL8
10	软件工程	54＋32	SE1、SE2、SE3、SE4、SE5、SE6、SE7、SE8	SE9、SE10
11	计算机图形学	54＋16	GV1、GV2、HC1、HC2	HC5、GV3、GV4、GV5、GV6、GV7、GV8、GV9
12	计算机网络	54＋16	NC1、NC2、NC3、NC4、NC5、NC6	NC6、NC8、NC9、AR9
13	人工智能	54＋16	IS1、IS2、IS3	IS4、IS5、IS6、IS7、IS8
14	数字逻辑	36＋16	AR1、AR2、AR3	
15	计算机组成基础	54＋16	AR4、AR5、AR6	
16	计算机体系结构	54＋32	AR4、AR5、AR6、AR7	AR8、AR9

1.5 计算机领域内的国际组织

计算机领域内有不少国际知名的学术组织，如IEEE、ACM等，也有不少国际标准化组织以制定计算机领域内的国际或国家的标准，如ISO、ITU等。

1. 电气与电子工程师协会(Institute of Electrical and Electronics Engineers，IEEE)

IEEE建会于1963年，由从事电气工程、电子和计算机等有关领域的专业人员组成，是世界上最大的专业技术团体。IEEE是一个跨国的学术组织，目前拥有36万会员，近300个地区分会，分布在150多个国家。IEEE下设许多专业委员会，其定义或开发的标准在工业界有极大的影响和作用力。例如，1980年成立的IEEE 802委员会负责有关局域网标准的制定事宜，制定了著名的IEEE 802系列标准，如IEEE 802.3以太网标准、IEEE 802.4令牌总线网标准和IEEE 802.5令牌环网标准等。同时，IEEE每年会举办电子、电气和计算机方面的几百个国际会议，发行几十种这些方面的权威刊物。在电子、电气和计算机方面非常具有参考价值和最新技术的论文通常会发表在IEEE的刊物或会议上。IEEE的网址为www.ieee.org。

2. 计算机协会(Association of Computing Machinery，ACM)

ACM是一个世界性的计算机从业人员的专业组织，创立于1947年，是世界上第一个科学性及教育性计算机学会。ACM每年都出版大量的计算机科学方面的专门期刊，并就每项专业设有兴趣小组。兴趣小组每年亦会在全世界(但主要在美国)举办世界性讲座及会谈，以供各会员分享他们的研究成果。近年来ACM积极开拓网上学习的渠道，以供会员在工作之余或在家中提升自己的专业技能。截至20世纪末，ACM在全球拥有75 000个以上的成员，包括遍及学术界、工业、研究和政府领域的学生和计算机专业人员。ACM通过它的33个特别兴趣组(SIG)提供特殊的技术信息和服务。这些特别兴趣组集中于计算机学科的多种专业，如计算机系统结构专业组(Computer Architecture，SIGARCH)、计算机科学教育专业组(Computer-Science Education，SIGCSE)、人机交互专业组(Computer-Human Interface，SIGCHI)和计算机图形与互动技术专业组(Computer Graphics and Interactive Techniques，ACMSIGGRAPH)。这些特别兴趣组中有不少是跨学科的，适合计算机行业以外的人员。例如有不少艺术家参与到图形互动小组中。ACM通过支持全球700个以上的专业和学生组织，为当地和地区团体提供服务。其中约有20%不在美国境内。这些组织为专业人士提供服务、搜集信息、准备讲座、组织研讨会和竞赛。ACM主要成员刊物是《ACM通讯》(Communications of the ACM)，它有一些兴趣广泛的文章，并对每月不同的热点问题展开讨论。ACM也出版了不少获得业内认可的期刊，这些期刊覆盖了计算机相当广泛的领域。ACM主办了8个主要奖项，来表彰计算机领域的技术和专业成就。最高奖项为图灵奖(Turing Award)，常被形容为计算机领域内的诺贝尔奖。

3. 国际标准化组织(ISO)

ISO成立于1946年，是一个全球性的非政府组织，也是目前世界上最大、最有权威性的国际标准化专门机构。ISO 与 600 多个国际组织保持着协作关系,其主要活动是制定国际标准,协调世界范围的标准化工作,组织各成员国和技术委员会进行情报交流,以及与其他国际组织进行合作,共同研究有关标准化问题。截至 2002 年 12 月底,ISO 已制定了 13 736 个国际标准,例如,著名的具有 7 层协议结构的开放系统互联参考模型(OSI)、ISO 9000 系列质量管理和品质保证标准等。

4. 国际电信联盟(International Telecommunication Union,ITU)

1865 年 5 月,法、德等 20 个国家为顺利实现国际电报通信,在巴黎成立了一个国际组织"国际电报联盟";1932 年,70 个国家的代表在西班牙马德里召开会议,将"国际电报联盟"改为"国际电信联盟";1947 年,国际电信联盟成为联合国的一个专门机构。国际电信联盟是电信界最有影响力的组织,也是联合国机构中历史最长的一个国际组织,简称"国际电联"或 ITU。联合国的任何一个主权国家都可以成为 ITU 的成员。

ITU 是世界各国政府的电信主管部门之间协调电信事务的一个国际组织,它研究制定有关电信业务的规章制度,通过决议提出推荐标准,收集相关信息和情报,其目的和任务是实现国际电信的标准化。

ITU 的实质性工作由无线通信部门(ITU-R)、电信标准化部门(ITU-T)和电信发展部门(ITU-D)承担。其中,ITU-T 就是原来的国际电报电话咨询委员会(CCITT),负责制定电话、电报和数据通信接口等电信标准。

ITU-T 制定的标准被称为"建议书",是非强制性的、自愿的协议。由于 ITU-T 标准可保证各国电信网的互联和运转,所以越来越广泛地被世界各国所采用。

5. 国际电工委员会(International Electrotechnical Commission,IEC)

IEC 成立于 1906 年,至今已有一百多年的历史,它是世界上成立最早的国际性电工标准化机构,负责有关电气工程和电子工程领域中的国际标准化工作。ISO 正式成立后,IEC 曾作为电工部门并入,但是在技术和财务上仍保持独立性。1979 年 ISO 与 IEC 达成协议:两者在法律上都是独立的组织,IEC 负责有关电气工程和电子工程领域中的国际标准化工作,ISO 则负责其他领域内的国际标准化工作。

6. Internet 协会(Internet Society,ISOC)

ISOC 成立于 1992 年,是一个非政府的全球合作性国际组织,主要工作是协调全球在 Internet 方面的合作,就有关 Internet 的发展、可用性和相关技术的发展组织活动。ISOC 的网址为 http://www.isoc.org。

ISOC 的宗旨是:积极推动 Internet 及相关的技术,发展和普及 Internet 的应用,同时促进全球不同政府、组织、行业和个人进行更有效的合作,充分合理地利用 Internet。

ISOC 采用会员制,会员是来自全球不同国家各行各业的个人和团体。ISOC 由会员推选的监管委员会进行管理。ISOC 由许多遍及全球的地区性机构组成,这些分支机构都在本地运营,同时与 ISOC 的监管委员会进行沟通。中国互联网协会成立于 2001 年 5 月,由国内从事互联网行业的网络运营商、服务提供商、设备制造商、系统集成商以及科研、教育机构等 70 多家互联网从业者共同发起成立。

7. 美国国家标准协会(American National Standards Institute,ANSI)

ANSI 是成立于 1918 年的非盈利性质的民间组织。ANSI 同时也是一些国际标准化组织的主要成员，如国际标准化委员会和国际电工委员会(IEC)。ANSI 标准广泛应用于各个领域，典型应用有美国标准信息交换码(ASCII)和光纤分布式数据接口(FDDI)等。

8. 电子工业协会(Electronic Industries Association，EIA)

EIA 是美国的一个电子工业制造商组织，成立于 1924 年。EIA 颁布了许多与电信和计算机通信有关的标准。例如，众所周知的 RS-232 标准，定义了数据终端设备和数据通信设备之间的串行连接。这个标准在今天的数据通信设备中被广泛采用。在结构化网络布线领域，EIA 与美国电信行业协会(TIA)联合制定了商用建筑电信布线标准(如 EIA/TIA 568 标准)，提供了统一的布线标准并支持多厂商产品和环境。

9. (美国)国家标准与技术研究院(National Institute of Standards and technology，NIST)

NIST 成立于 1901 年，前身是隶属于美国商业部的国家标准局，现在是美国政府支持的大型研究机构。NIST 的主要任务有建立国家计量基准与标准、发展为工业和国防服务的测试技术、提供计量检定和校准服务、提供研制与销售标准服务、参加标准化技术委员会制定标准、技术转让、帮助中小型企业开发新产品等。NIST 下设多个研究所，涉及电子与电机工程、制造工程、化学材料与技术、物理、建筑防火、计算机与应用数学、材料科学与工程、计算机系统等。

本章小结

自 1946 年底第一台计算机诞生以来，计算机的发展十分迅猛，从原先的电子管计算机发展到现今的超大规模集成电路的计算机，其处理能力日益增强。计算机具有能自动地运行程序、运算速度快、运算精度高、具有记忆和逻辑判断能力、可靠性高等方面的特点。计算机的这些方面的特点使其在科学计算、数据处理、计算机辅助设计、过程控制、人工智能、计算机网络等方面获得了广泛的应用。通过本章对计算机的课程体系和计算机领域内的国际组织的介绍，应当明白今后的学习目标和内容，以及计算机从业人员的职责和作用，在今后的学习和工作中逐步培养这方面的兴趣和素养。

习　　题

一、简答题

1. 简述电子计算机发展的每个阶段的代表性元器件。
2. 简述计算机的特点。
3. 简述计算机的主要应用领域。
4. 简述数值计算这门课的功能与作用。

二、选择题

1. 电子计算机是在________年发明的。

   A) 1846　　B) 1946　　C) 1960　　D) 1901

2. ________国际组织是和计算机相关领域内成员最多的国际组织。

A) IEEE　B) ACM　C) IET　D) EIA

3. 以下________课程研究使计算机能像人一样思维。

A) 数值计算　B) 人工智能　C) 软件工程　D) 计算机组织与体系结构

4. 在目前使用的计算机中，其基本元件是________。

A) 电子管　B) 晶体管　C) 集成电路　D) 超大规模集成电路

5. 对于下一代计算机的研究，其研究目的是使计算机________。

A) 更小　B) 存储容量更大

C) 更快　D) 具有人类的智能

6. 以下________国际组织负责评定计算机领域内的图灵奖。

A) IEEE　B) ACM　C) IET　D) ITU

7. 以下________课程将研究计算机的硬件和其工作原理。

A) 软件工程　B) 计算机组织和体系结构

C) 离散数学　D) 操作系统

8. 在计算机系统中，处于硬件之上，用户软件之下的是________。

A) 数字逻辑电路　B) 计算机网络

C) 操作系统　D) 计算机高级语言

9. 在计算机系统中，在有限步骤内求解某一问题所使用的一组定义明确的规则是________。

A) 数字逻辑电路　B) 计算机高级语言

C) 算法　D) 程序

10. 在计算机中，可自动执行的是________。

A) 算法　B) 可执行程序

C) 计算机高级语言　D) 计算机汇编语言

三、上网练习题

1. 上网搜索关于一些计算机业内著名企业和公司对于应聘者的要求，结合计算机课程体系，撰写一篇关于设计自己计算机职业生涯规划方面的文章。

2. 上网搜索资料，了解用计算机求解线性方程组的算法。

四、探索题

请探索模拟与数字信号各自的特点，并解释为什么现今大多数计算机为数字计算机。

第2章 计算机数制与编码

目前，计算机不仅能处理数值型数据(字符型、整型、浮点型等)，还能处理非数值型数据(英文字母、汉字、图形图像、音频和视频等)。数据处理的前提是相关数据能在计算机中进行合理的表示和存储。本章介绍计算机的运算基础，内容包括数制和数制间的转换，码制和定点数、浮点数以及字符信息的编码。

2.1 数制及其转换

2.1.1 数制

按进位的原则进行计数称为进位计数制，简称"数制"。日常生活中，最常用的数制是十进制。此外，也使用许多非十进制的计数方法，如时钟采用六十进制计数，月份用十二进制计数。但在计算机内部，由于采用电子器件，又为了表示数据及运算的方便，目前采用二进制计数。二进制符号简单，利于机器实现，但不便于人们阅读、书写和记忆，所以在编写程序或表达计算机数据时通常采用八进制、十进制或十六进制。

在进位计数制中，不同的数制有不同的基数和位权。

1. 基数 *R*

计数时采用数码的个数称为该数制的基数。如十进制中有 0、1、2、…、9 共 10 个数码，所以其基数为 10，计数的原则为逢十进一。

2. 位权 R^x

进位计数制计数时，相同的数码由于所处的位置不同，其代表的值也不同。如十进制数 888，最右的"8"代表 8 个，中间的"8"代表 80，最左的"8"代表 800。为了表达由于数码符号在不同位置而代表不同的数值，引入"位权"这一概念，即数码在不同位置代表的权重。如十进制，按从右往左的位权依次是个位(10^0)、十位(10^1)、百位(10^2)、千位(10^3)。引入位权后，一个数就可以安全展开，如十进制数 888 就可以展开成 $888=8\times10^0+8\times10^1+8\times10^2$。表 2-1 给出了常用数制的基数、数码以及该数制的代表字母，表 2-2 给出了常用数制间的基本关系。

表 2-1　常用数制的基数和数码

数制	基数	位　　权	数　　码	代表字母
二进制	2	$\cdots,2^2,2^1,2^0,2^{-1},\cdots$	0 1	B
八进制	8	$\cdots,8^2,8^1,8^0,8^{-1},\cdots$	0 1 2 3 4 5 6 7	Q
十进制	10	$\cdots,10^2,10^1,10^0,10^{-1},\cdots$	0 1 2 3 4 5 6 7 8 9	D
十六进制	16	$\cdots,16^2,16^1,16^0,16^{-1},\cdots$	0 1 2 3 4 5 6 7 8 9 A B C D E F	H

表 2-2　常用数制间的基本关系

十进制	二进制	八进制	十六进制
0	0000	00	0
1	0001	01	1
3	0010	02	2
3	0011	03	3
4	0100	04	4
5	0101	05	5
6	0110	06	6
7	0111	07	7
8	1000	10	8
9	1001	11	9
10	1010	12	A
11	1011	13	B
12	1100	14	C
13	1101	15	D
14	1110	16	E
15	1111	17	F

例 2.1　将十进制数 2188.567 按权展开。

解：$2188.567=2\times10^3+1\times10^2+8\times10^1+8\times10^0+5\times10^{-1}+6\times10^{-2}+7\times10^{-3}$

依据按权展开法则，对于 R 进制数 N，可以表示为以下通式(也称按权展开式)：

$$(N)_R=D_mR^m+D_{m-1}R^{m-1}+\cdots+D_2R^2+D_0R^0+D_{-1}R^{-1}+D_{-2}R^{-2}+\cdots+D_{-k}R^{-k}=\sum D_iR^i$$

例 2.2　不同数制的表示方式。

$$(1000001.11)_2=65.75=(101.6)_8=(41.C)_{16}$$

1000001.11B=65.75D=101.6Q=41.CH

2.1.2 数制间的转换

1. 将十进制数转换为非十进制数

将十进制数转换为二进制、八进制、十六进制等非十进制数的方法是类似的，其步骤是先将十进制数分为整数和小数两个部分，然后采用不同的转换规则分别进行转换。

1) 将十进制整数转换为非十进制整数

基本方法：除基取余法，即将十进制整数除以基数，获得余数和商后，如果商不为 0，重复对商除基取余，商为 0 时，对所得余数自下而上排列，如例 2.3。

例 2.3 将十进制整数 70 转换为二进制整数。

解：

$$
\begin{array}{r|l}
2 & 70 \quad \cdots\cdots \ x_0=0 \\
2 & 35 \quad \cdots\cdots \ x_1=1 \\
2 & 17 \quad \cdots\cdots \ x_2=1 \\
2 & 8 \quad \cdots\cdots \ x_3=0 \\
2 & 4 \quad \cdots\cdots \ x_4=0 \\
2 & 2 \quad \cdots\cdots \ x_5=0 \\
2 & 1 \quad \cdots\cdots \ x_6=1 \\
 & 0
\end{array}
$$

即$(70)_{10}=(x_6\ x_5\ x_4\ x_3\ x_2\ x_1\ x_0)_2=(1000110)_2$。

对于转换到其他非十进制数，只需将基数 R 换为所要转换的进制数的基数即可。

2) 将十进制小数转换为非十进制小数

基本方法：乘基取整法，将十进制小数乘以基数，取得整数部分后，对余下的小数重复乘基取整，直到符合精度要求，此时对所得整数自上而下排列，得到小数的非十进制表示，如例 2.4。

例 2.4 将十进制小数 0.5625 转换为二进制数。

$$
\begin{array}{r}
0.5625 \\
\times \qquad 2 \\
\hline
1.1250 \quad \cdots\cdots x_{-1}=1 \\
0.1250 \\
\times \qquad 2 \\
\hline
0.2500 \quad \cdots\cdots x_{-2}=0 \\
0.2500 \\
\times \qquad 2 \\
\hline
0.5000 \quad \cdots\cdots x_{-3}=0 \\
0.5000 \\
\times \qquad 2 \\
\hline
1.0000 \quad \cdots\cdots x_{-4}=1
\end{array}
$$

即$(0.5625)_{10}=(0.x_{-1}x_{-2}x_{-3}x_{-4})_2=(0.1001)_2$。

例 2.5 将十进制小数 0.33 转换为二进制小数。

$$
\begin{array}{rl}
0.33 & \\
\times\quad 2 & \\
\hline
0.66 & \cdots\cdots x_{-1}=0 \\
0.66 & \\
\times\quad 2 & \\
\hline
1.32 & \cdots\cdots x_{-2}=1 \\
0.32 & \\
\times\quad 2 & \\
\hline
0.64 & \cdots\cdots x_{-3}=0 \\
0.64 & \\
\times\quad 2 & \\
\hline
1.28 & \cdots\cdots x_{-4}=1 \\
0.28 & \\
\times\quad 2 & \\
\hline
0.56 & \cdots\cdots x_{-5}=0 \\
0.56 & \\
\times\quad 2 & \\
\hline
1.12 & \cdots\cdots x_{-6}=1 \\
0.12 & \\
\times\quad 2 & \\
\hline
0.24 & \cdots\cdots x_{-7}=0 \\
\cdots &
\end{array}
$$

即$(0.33)_{10}=(0.x_{-1}x_{-2}x_{-3}x_{-4}x_{-5}x_{-6}x_{-7\cdots})_2=(0101010\cdots)_2$。

由例 2.5 可见，十进制小数并不是都能用有限位的其他进制数将其表示，必须在适当的时候(满足精度要求)将其截断(会带来截断误差)，然后将得到的整数自上而下排列作为该十进制数的二进制近似值。

3) 将带小数的十进制数转换为二进制数

将十进制数的整数和小数部分分别按上述方法进行转换，然后再组合到一起。

例 2.6 将$(70.5625)_{10}$转换为二进制小数。

解：$(70.5625)_{10}$的整数部分为 70，对应的二进制数为$(1000110)_2$；小数部分为 0.5625，对用的二进制数为$(0.1001)_2$。将整数部分和小数部分相加，可以得到：

$$(70.5625)_{10}=(1000110.1001)_2$$

2. 将非十进制数转换为十进制数

非十进制数转换为十进制数采用“位权法”，将非十进制数按位权展开成和式，然后求和。

例 2.7　将$(1100110.1011)_2$转换为十进制数。

解：
$$(1100110.1011)_2 = 1\times2^6+1\times2^5+0\times2^4+0\times2^3+1\times2^2+1\times2^1+0\times2^0+1\times2^{-1}+0\times2^{-2}+1\times2^{-3}+1\times2^{-4}$$
$$=64+32+0+0+4+2+0+0.5+0+0.125+0.0625$$
$$=(102.6875)_{10}$$

例 2.8　将$(512)_8$转换为十进制数。

解：$(512)_8=5\times8^2+1\times8^1+2\times8^0=320+8+2=(330)_{10}$

例 2.9　将$(1A3C)_{16}$转换为十进制数。

解：
$$(1A3C)_{16}=1\times16^3+10\times16^2+3\times16^1+12\times16^0$$
$$=4096+2560+48+12$$
$$=(6716)_{10}$$

3. 二进制与八进制、十六进制数的相互转换

1）二进制与八进制之间的相互转换

由于一个八进制码恰好可以用3位二进制数表示，所以二进制数转换为八进制数时，只要以小数点为界，将整数部分自右向左、小数部分自左向右分别按每3位一组(不足3位的，在延伸方向用“0”补齐)，然后将各个3位二进制数转换为对应的一个八进制数码，即可得到所需结果。反之，若把八进制数转换为二进制数，只要将每一位八进制数码转换为对应的3位二进制数即可。

例 2.10　将$(1011011.0011)_2$转换为相应的八进制数。

解：$(1011011.0011)_2=(001\ 011\ 011.001\ 100)_2=(133.14)_8$

例 2.11　将$(2317.65)_8$转换为相应的二进制数。

解：$(2317.65)_8=(010\ 011\ 001\ 111.110\ 101)_2=(10\ 011\ 001\ 111.110\ 101)_2$

2）二进制与十六进制之间的相互转换

二进制与十六进制的互换类似于二进制与八进制的互换，转换时，只需以小数点为界，将整数部分自右向左、小数部分自左向右分别按每4位一组(不足4位的，在延伸方向用“0”补齐)，然后将各个4位二进制数转换为对应的一位十六进制数，即可得到所需结果。反之，若把十六进制数转换为二进制数，只要将每一位十六进制数码转换为对应的4位二进制数即可。

例 2.12　将$(1011011.001101)_2$转换为相应的十六进制数。

解：$(1011011.001101)_2=(0101\ 1011.0011\ 0100)_2=(5B.34)_{16}$

例 2.13　将$(23A7.6C)_{16}$转换为相应的二进制数。

解：$(23A7.6C)_{16}=(0010\ \mathbf{0011}\ 1010\ 0111.0110\ 1100)_2=(10001110100111.01101100)_2$

3）八进制与十六进制之间的相互转换

八进制和十六进制之间一般不直接进行转换，而是先将其转换为对应的二进制，再根据二进制到八进制或十六进制的规则进行转换。综上所述，各种进制之间的转换方法如图2-1所示。

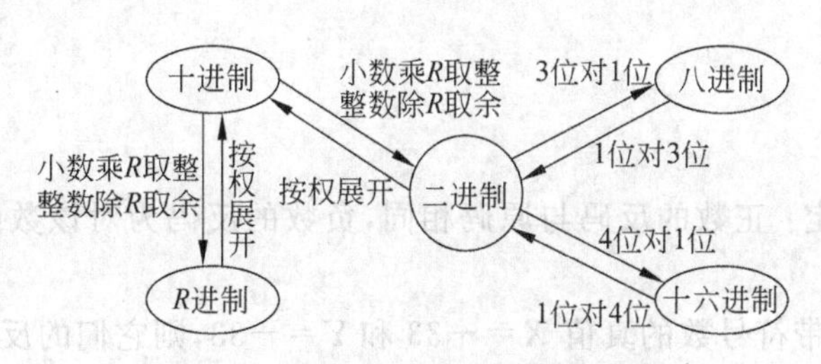

图 2-1　各种进制之间的转换关系

2.2　数值数据的编码

利用计算机进行数值计算时，必须实现数值型数据在计算机中的正确表示。这需要解决两个问题：一是“正、负”符号问题，二是小数点的位置问题（将在下一节阐述）。在计算机中，“+”、“−”符号分别用“0”、“1”表示，“0”表示正号，“1”表示负号。例如，有两个带符号数值数据 $N_1=+10011$，$N_2=-10011$，此时称为真值，在计算机内可表示为 N_1：0 10011，N_2：1 10011，此时称机器数。一般情况下，机器数有 3 种表现形式，分别用数值数据的原码、反码和补码表示。

2.2.1　原码

原码是一种简单的机器数表示法，其规定：用符号位和数值位表示带符号数，正数的符号用“0”表示，负数的符号用“1”表示，数值部分用二进制形式表示。

例 2.14　设有带符号数的真值 $X=+33$ 和 $Y=-33$，则它们的原码分别为：

$$[X]_{原}=0\ \ 100001$$

$$[Y]_{原}=1\ \ 100001$$

对于小数和整数，其原码可以用统一的公式表示为$[X]_{原}=$符号位$+|X|$。原码的特点：数的原码与真值之间的关系比较简单，且与真值的转换也方便。在做乘除法运算时，可将符号位和数值位分开处理，运算结果的符号可由参与运算的两个操作数的符号进行异或运算求得，运算结果的数值可由操作数原码的数值部分按照乘法规则运算求得。原码比较适合乘除运算，不适合加减运算。特别值得注意的是真值“0”，用原码表示时，有两种表示形式“0 0”和“1 0”，往往会给运算带来不便。

例 2.15　将十进制数 39 与−56 的两个原码直接相加。

解：$[+39]_{原}=00100111$　$[-56]_{原}=10111000$

$$\begin{array}{r} 0\,0\,1\,0\,0\,1\,1\,1 \\ +\ \ 1\,0\,1\,1\,1\,0\,0\,0 \\ \hline 1\,1\,0\,1\,1\,1\,1\,1 \end{array}$$

计算结果为−95，显然是错误的，要得到正确的结果，必须做其他处理。

2.2.2 反码

反码表示法规定：正数的反码与原码相同，负数的反码为对该数的原码除符号位外的各位取反。

例 2.16 设有带符号数的真值 $X=+33$ 和 $Y=-33$，则它们的反码分别为：

$[X]_{原}=0\ \ 100001 \quad [X]_{反}=0\ \ 100001$

$[Y]_{原}=1\ \ 100001 \quad [Y]_{反}=1\ \ 011110$

例 2.17 设有带符号数的真值 $X=+0.1001101$ 和 $Y=-0.1001101$，则它们的反码分别为：

$[X]_{原}=0\,.\,1001101 \quad [X]_{反}=0\,.\,1001101$

$[Y]_{原}=1\,.\,1001101 \quad [Y]_{反}=1\,.\,0110010$

反码的特点：反码进行加减运算时，若最高位有进位，则要在最低位加 1，此时要多进行一次加法运算，增加了复杂度，因此很少采用。和原码一样，同样存在真值“0”的两种表示形式“0 0”和“1 1”。

2.2.3 补码

补码表示法规定：正数的补码与原码相同，负数的补码为对该数的原码除符号位外各位取反，然后在最后一位加 1. 简记为“取反加 1”。

例 2.18 设有带符号数的真值 $X=+33$ 和 $Y=-33$，则它们的反码分别为：

$[X]_{原}=0\ \ 100001 \quad [X]_{补}=0\ \ 100001$

$[Y]_{原}=1\ \ 100001 \quad [Y]_{补}=1\ \ 011111$

补码的特点：与原码相比，补码在正数轴方向上表示数的范围与原码相同，在负数轴方向上表示数的范围比原码增大了一个单位。另外，引入补码后，减法运算可以用加法来实现，且数的符号位也可以当作数值参加运算，因此计算机中大都采用补码来进行加减运算。值得注意的是，采用补码表示时，真值“0”只有一种表现形式“00”。

2.2.4 3 种码制的比较

数值数据的原码、反码和补码表示有许多异同点。

3 种码制的相同点如下：

(1) 3 种码制主要是解决数值数据的符号在计算机中的表示问题。正数的原码、反码和补码都等于真值；负数的表示方式各不相同。

(2) 3 种码制中，最高位都表示符号位，其中真值为正时，符号位用“0”表示，真值为负时，符号位用“1”表示。

3 种码制的不同点如下：

(1) 数据参与运算时，原码的符号位和数值位必须分开，运算完后再组合到一起，计算上不方便;但反码和补码的符号位可以和数值位一起参与运算,简化了计算机的计算过程。

(2) 对于真值“0”,原码和反码各自有两种表示方式$[+0]_{原}=00000000B$,$[-0]_{原}=10000000B$;$[+0]_{反}=00000000B$,$[-0]_{反}=11111111B$,而补码则只有唯一的表示形式:$[+0]_{补}=00000000B$。

(3) 假设用8位二进制数来表示数的原码、反码和补码,其表数空间也是不同的。以表示整数为例,对于原码和反码,其范围为$-127\sim+127$;而用补码表示时,其范围为$-128\sim+127$。

(4) 当需要将较短字长的代码向高位扩展为较长字长的代码,或代码右移时,原码、反码和补码的处理方法不同。原码的处理方法是:符号位固定在最高位,扩展位或数值位右移后空出的位填“0”。而对于反码和补码,符号位则固定在最高位,扩展位或数值位右移后空出的位填“与符号位相同的代码”。

2.3 数的定点表示与浮点表示

数值在计算机中表示需要解决如下两个问题:

(1) 如何存储数值的符号。

(2) 如何显示十进制小数点。

数值符号的表示在2.2节已经解决,本节着重介绍小数点的表示。目前,计算机领域使用两种表示方法:定点表示和浮点表示。

2.3.1 数的定点表示

定点表示法规定:计算机中所有数的小数点位置固定不变,因此小数点无须使用专门的符号来表示。常用的定点数主要有定点整数和定点小数两种格式。

定点整数是指所表示的数都为整数,此时小数点固定在数值位的最低位之后,其格式如图2-2所示,定点整数用n位二进制数表示,对于有符号数,最左边一位用作符号位,该位为“1”,则表示该数是负数,该位为“0”,则表示该数为正数。其余$n-1$位表示数值,小数点在最低位之后。对于无符号数,n个二进制位都表示数值。表数时,由于二进制数位有限(n位),所以能表达数的空间也是有限的。对于用n个二进制数位表示一个无符号数X时,X的范围为$[0,1,2,3,\cdots,2^n-1]$;而表示有符号数时,X的绝对值小于等于$2^{n-1}-1$。

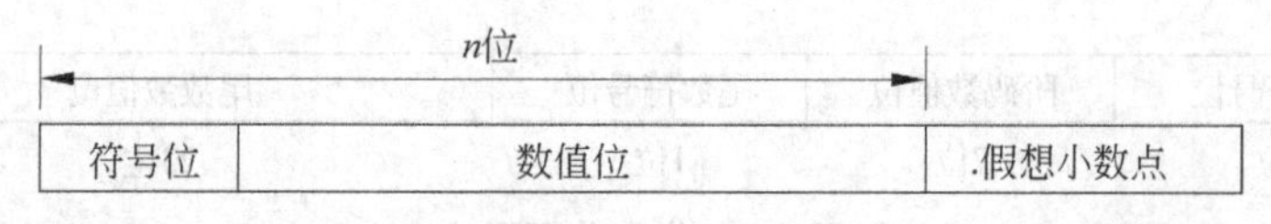

图2-2 整数的定点表示

定点小数是指所有的数都为小数，而小数点的位置则固定在数值部分最高位的左边，其格式如图 2-3 所示，定点小数的小数点位置在数值位的最左端，即在符号位之后。由于小数点右边各位的位权分别为 2^{-1}，2^{-2}，… 因此它所能表示的数只能是小数。对于用 n 个二进制位表示一个无符号数 X 时，X 的范围为 $[0,1-2^{-n}]$；而表示有符号数时，X 的绝对值小于等于 $1-2^{-n+1}$。

图 2-3　小数的定点表示

定点整数和定点小数都存在表数空间，对于超出表数空间的数，如果直接存储将会发生"溢出"，因此在实际运算中，需要选择合适的"比例因子"进行调整。同时定点数由于小数点始终固定在一个确定的位置，所以计算机在运算时不必对位(要求运算数用定点表示)，可以直接进行加减运算。但有非定点数形式表示的数参与计算时，由于需要调整"比例因子"，给计算带来了不便。

2.3.2　数的浮点表示

浮点数是指小数点的位置不固定的数。浮点数表示法规定：一个浮点数分为阶码和尾数两部分，阶码用于表示小数点在该数中的位置，尾数用于表示数的有效值(精度)。由于阶码表示小数点的位置，所以阶码总是一个整数，而尾数则可以采用整数或纯小数两种形式。一般情况下，浮点数 N 可以表示为：

$$N=M*R^{E}$$

式中：N 为浮点数；M 和 E 为带符号的定点数：E 为阶码；M 为尾数；R 为"阶的基数"。

例 2.19　设十进制数 $N=512.889$，则其浮点表示形式可以是：

$$N=512889*10^{-3}=5128890*10^{-4}=0.512889*10^{3}=0.0512889*10^{4}$$

虽然它们的数值大小都为 512.889，但因幂次不同，所表示数值的精度以及所能表达数的空间也不同。在计算机的浮点数实现中，为了适应不同精度和表数空间的需求，浮点数的阶码以及尾数所占用的位数可以灵活设定。由阶码确定数的表数空间，尾数确定数的表达精度。分配给阶码的位数越多，表数空间就越大；分配给尾数的位数越多，能表达的精度就越高。但对于某一确定的系统，由于字长是确定的，分配给阶码的位数越多，表数空间相对较大，但留给尾数的位数就越少，表数精度受到影响。因此在实际使用中，需要合理设计阶码的长度，以达到表数空间与表数精度的平衡。例如，假设有一字长为 32 位的计算机系统，其位数分配可以采用如图 2-4 所示形式。

阶码符号位	阶码数值位	尾数符号位	尾数数值位
1位	7位	1位	23位

图 2-4　位数分配形式

假定阶码部分采用补码表示，尾数部分采用原码表示，且浮点数采用规格化形式(尾数的最高位是非零的有效位)，则该分配方案的表数空间为：

$$\pm 2^{-1} \times 2^{-128} \sim \pm(1-2^{-23}) \times 2^{127}$$

可见，相同二进制数位的情况下，浮点数的表数空间要比定点数大得多，但也不是无限的，当一个数超出浮点数的表数空间时称为“溢出”，具体应用中要防止“溢出”发生。

2.4 字符信息的编码

信息除了数值类型外，还有英文字母、汉字、声音、图形、图像和视频等数据信息。但计算机直接能识别的只有“0”和“1”这两个符号，因此必须进行合理的编码，即用若干二进制位来表示组成信息的各种符号。此外，为了帮助检错和纠错，还需要检错码和纠错码。下面简要介绍最常见的ASCII码、汉字编码和数据校验码。对于图形、图像、声音和视频信息的编码将在“多媒体”技术一章讨论。

2.4.1 ASCII码

美国信息交换标准码(American standards code for information interchange，ASCII码)是国际上使用最为广泛的字符编码，该方案由美国信息交换标准委员会(American Standards Committee of Information)制定。

ASCII码使用指定的7位或8位(扩展ASCII码)二进制数组合来表示128或256种可能的字符。标准ASCII码也叫基础ASCII码，使用7位二进制数来表示所有的大写和小写字母、数字0到9、标点符号，以及在美式英语中使用的特殊控制字符。为了便于对字符进行分类和检索，把7位二进制数分为高3位($b_7b_6b_5$)和低4位($b_4b_3b_2b_1$)。基础ASCII编码表如表2-3所示，利用该表可以方便地查找数字、运算符、标点符号与ASCII码之间的对应关系。例如大写字母A的ASCII码为100 0001，小写字母a的ASCII码为110 0001。

表2-3 7位ASCII编码表

$b_4b_3b_2b_1$ \ $b_7b_6b_5$	000	001	010	011	100	101	110	111
0000	NUL	DLE	SP	9	@	P	、	p
0001	SOH	DC1	!	1	A	Q	a	q
0010	STX	DC2	"	2	B	R	b	r
0011	ETX	DC3	#	3	C	S	c	s
0100	EOT	DC4	$	4	D	T	d	t
0101	ENQ	NAK	%	5	E	U	e	u

续表

$b_7b_6b_5$ / $b_4b_3b_2b_1$	000	001	010	011	100	101	110	111
0110	ACK	SYN	&	6	F	V	f	v
0111	BEL	ETB	'	7	G	W	g	w
1000	BS	CAN	(	8	H	X	h	x
1001	HT	EM	)	9	I	Y	i	y
1010	LF	SUB	*	:	J	Z	j	z
1011	VT	ESC	+	;	K	[	k	{
1100	FF	FS	,	<	L	\	l	|
1101	CR	GS	—	=	M	]	m	}
1110	SO	RS	.	>	N	↑	n	~
1111	SI	US	/	?	O	←	o	DEL

表中第010列～111列(共6列)中一共有94个可打印或显示的字符,称为图形字符。这些字符可在键盘上找到相应的键,按键后就可以将相应字符的二进制编码输入计算机。

随着计算机应用的发展和深入,7位字符集已经不够用。为此,国际标准化组织又制定了ISO 2011标准《7位字符集的代码扩充技术》。它在保持与ISO 646兼容的基础上,规定了扩充ASCII字符集8位代码的方法。当最高位 b_7 置0时,为基本的ASCII码;当最高位 b_7 置1时,形成扩充ASCII码。各国都把扩充ASCII码作为自己国家语言字符的代码。我国在1980年制定了国家标准GB 2311《信息处理交换用7位编码字符集的扩充方法》。

2.4.2 汉字编码

计算机在处理汉字信息时需要对汉字进行编码,由于汉字数量大、字形复杂、同音字多,所以汉字在计算机中的输入、内部处理(或系统间的信息交换)、存储和输出都使用不同的编码。如汉字输入码、汉字交换码、汉字机内码、汉字字形码以及汉字地址码等。

1. 汉字输入码

汉字输入码(也称外码)是为了通过标准键盘字符把汉字输入计算机而设计的一种编码,即用英文键盘输入汉字的编码,目前,我国已推出的输入码有数百种,但用户使用较多的为十几种,按输入码编码的主要依据,大体可分为顺序码、音码、形码、音形码四类。

(1) 顺序码是一类基于国标汉字字符集某种形式的排列顺序的汉字输入码。将国标汉字字符集以某种方式重新排列以后,以排列的序号为编码元素的编码方案即汉字的顺序码。

(2) 音码以汉字的汉语拼音为基础。以汉字的汉语拼音或其一定规则的缩写形式为编码元素的汉字输入码统称为拼音码，简称音码。常见的音码有全拼、双拼、微软拼音等。

(3) 形码以汉字的形状结构及书写顺序特点为基础。按照一定的规则对汉字进行拆分，从而得到若干具有特定结构特点的形状，然后以这些形状为编码元素“拼形”而成汉字的汉字输入码统称为拼形码。简称形码，常见的形码有五笔字型、郑码等。

(4) 音形码是一种兼顾汉语拼音和形状结构两方面特性的输入码，它是为了同时利用拼音码和拼形码两者的优点，一方面降低拼音码的重码率，另一方面减少拼形码需较多学习和记忆的困难程度而设计的。音形码的设计目标是要达到普通用户的要求：重码少、易学、少记、好用。音形码虽然从理论上看很具有吸引力，但在具体设计时尚存在一定的困难。常见的音形码有智能 ABC、自然码。

2. 汉字交换码(国标码)

为适应计算机处理汉字信息的需要，我国于 1981 年发表了《中华人民共和国国家标准信息处理交换用汉字编码表》，即国家标准 GB 2312—1980。该标准中共有 7445 个字符符号，其中汉字字符 6763 个(一级汉字 3755 个，按汉语拼音字母顺序排列；二级汉字 3008 个，按部首笔画顺序排列)，非汉字符号 682 个。其编码原则为：用两个连续的字节表示一个汉字，每个字节有七位码(高位为 0)。GB 2312—1980 规定，所有国标码汉字及符号组成一个 94×94 的方阵。在此方阵中，每一行称为一个“区”，每一列称为一个“位”。这个方阵实际上组成一个有 94 个区(编号由 01 到 94)，每个区有 94 个位(编号由 01 到 94)的汉字字符集。一个汉字所在的区号和位号的组合就构成了该汉字的“区位码”。其中，高两位为区号，低两位为位号，都用十进制表示。这样区位码可以唯一地确定某一汉字或字符；反之，任何一个汉字或符号都对应唯一的区位码，没有重码。如“宝”字在二维代码表中处于 17 区第 3 位，所以区位码即“1703”。

国标码一般用十六进制表示，码值与区位码也不同，如“保”字的国标码为“3123H”，但它可由区位码稍作转换得到。其转换方法为：先将十进制区码和位码转换为十六进制的区码和位码，再将这个代码的第一个字节和第二个字节分别加上 20H，就得到国标码。如“保”字的区位码到国标码的转换过程：1703D－＞1103H＋2020H－＞3123H。区位码到国标码的转换规则：

国标码＝区位码(十六进制)＋2020H

3. 汉字机内码(内码)

汉字机内码也称汉字内码，是供计算机系统内部进行汉字存储、加工处理、传输统一使用的代码，目前国内应用较广的一种为两字节机内码，俗称变形国标码。国标码因其前后字节的最高位为“0”，与 ASCII 码发生冲突，如“保”字，国标码为 31H 和 23H，而西文字符“1”和“♯”的 ASCII 也为 31H 和 23H，现假设内存中有两个字节为 31H 和 23H，这到底是一个汉字，还是两个西文字符“1”和“♯”？于是就出现了二义性，显然，国标码不可能在计算机内部直接采用。变形国标码前后字节的最高位为“1”，其余位与国标码相同，很好地解决了国标码表示汉字时的二义性问题。如“保”字的国标码为 3123H，前字节为 00110001B，后字节为 00100011B，高位改 1 为 10110001B 和 10100011B 即 B1A3H，可得到“保”字的机内码。国标码到汉字机内码的转换规则：

汉字机内码=国标码+8080H

4. 汉字字形码

汉字字形码用于汉字的显示和打印,是汉字字形的数字化信息。汉字机内码是用数字代码来表示汉字,但是为了在输出时让人们看到汉字,还必须输出汉字的字形。在汉字系统中,一般采用点阵法或向量法来表示字形。目前普遍使用的是点阵法,常见的点阵有简易型 16×16(占 16×16/8=32 个字节)、普通型 24×24(占 72 个字节)、提高型 32×32(占 128 字节)、精密型 96×96(占 1152 字节)等。一般来说,表现汉字时使用的点阵越大,则汉字字形的质量也越好,当然存储每个汉字点阵所需要的存储量也越大。对所有收编的汉字数字化后,以二进制的形式存储于存储器中,就构成了汉字字库,任何一个汉字系统都必须提供汉字字库以支持汉字的显示和打印。

5. 汉字地址码

汉字地址码是指汉字库(这里主要指整字形的点阵式字模库)中存储汉字字形信息的逻辑地址。在汉字库中,字形信息都是按一定顺序(大多数按标准汉字交换码中汉字的排列顺序)连续存放在存储介质上的,所以汉字地址码大多也是连续有序的,而且与汉字机内码间有着简单的对应关系,以简化汉字机内码到汉字地址码的转换。

汉字信息处理系统在处理汉字时,不同环节使用不同的编码,并根据不同的处理层次和处理要求,要进行一系列的汉字代码转换。从汉字输入到最终的汉字输出的转换过程如图 2-5 所示。

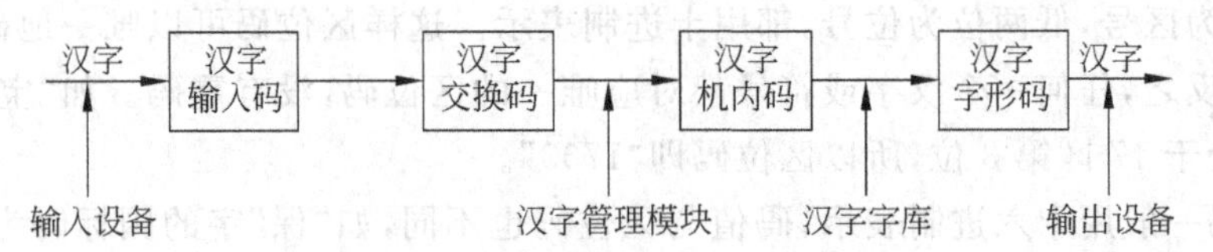

图 2-5 汉字各种编码的转换过程

2.4.3 数据校验码

数据在输入、存储、处理和输出过程中会发生一些错误,这是无法避免的。所以设计计算机系统时,除了需要提高计算机硬件系统的可靠性外,还需要具有检错和纠错功能的编码技术来支持。目前,在系统设计与实现中用得较多的数据校验码有奇偶校验码和海明校验码等。

1. 奇偶校验码

奇偶校验码的基本思想是:在表示数据的 N 位代码中在增加一位奇偶校验位,使 $N+1$ 位中的"1"的个数为奇数(奇校验)或偶数(偶校验)。

奇偶校验只能检测 1 位错误,并且不知道哪个位置发生了错误。但经研究表明,计算机内存中发生错误时,1 位错误的占 80%,因此仍有使用价值。

2. 海明校验码

海明校验码是由 Richard Hamming 于 1950 年提出，目前还被广泛采用的一种很有效的校验方法。它只要增加少数几个校验位，就能检测出二位同时出错，也能检测出一位出错并自动恢复该出错位的正确值，后者被称为自动纠错。这种方法在计算机各部件之间进行信息交换时以及计算机网络的信息传输中有着广泛的应用。

2.5 数字逻辑与数字系统

随着电子技术的发展，各种形式的数字系统越来越普及，而数字系统的设计离不开数学工具的支持。逻辑代数作为逻辑门电路的设计与实现的重要理论基础，为数字系统的设计提供了强有力的支持。

2.5.1 基本逻辑运算及逻辑门

逻辑门电路是数字电路的基本单元，所以逻辑门电路的相关研究就是数字系统研究的基础。研究发现：逻辑门的输入和输出之间有一定的逻辑关系，而所有的逻辑关系都可以由"与"、"或"、"非"3 种基本的逻辑运算来实现。实现这些基本逻辑运算的电路就是逻辑门，最基本的逻辑门有"与门"、"或门"和"非门"。

1. "与"运算

对于逻辑问题，如果决定某一事件发生的多个条件必须同时具备事件才能发生，则这种因果关系称为"与"逻辑。逻辑代数中，"与"逻辑关系用"与"运算描述。"与"运算又称为逻辑乘，其运算符号为"·"，有时也用"∧"表示。两变量的"与"运算关系可表示为：

$$F=A \cdot B \quad 或 \quad F=A \wedge B$$

读作"F 等于 A 与 B"。意思是：若 A，B 均为 1，则 F 为 1；否则 F 为 0。该逻辑关系可用表 2-4 来描述。

表 2-4 "与"运算表

A	B	F
0	0	0
0	1	0
1	0	0
1	1	1

由表 2-4 可得出"与"运算的运算法则为：

$$0 \cdot 0=0 \quad 1 \cdot 0=0$$

$$0 \cdot 1=0 \quad 1 \cdot 1=1$$

相当于串联开关电路，如图 2-6 所示，开关通为“1”，断开为“0”；或者说灯亮为“1”，灯灭为“0”。在数字电路中，实现“与”运算的电路称为“与”门，“与”门的逻辑符号如图 2-7 所示。

图 2-6　串联开关电路　　　　图 2-7　“与”门逻辑符号

2. “或”运算

对于逻辑问题，如果决定某一事件发生的多个条件中只要有一个或一个以上条件成立事件便可发生，则这种因果关系称为“或”逻辑。逻辑代数中，“或”逻辑关系用“或”运算描述。“或”运算又称为逻辑加，其运算符号为“+”，有时也用“∨”表示。两变量的“或”运算关系可表示为：

$$F=A+B \quad 或 \quad F=A \vee B$$

读作“F 等于 A 或 B”。意思是：若 A、B 中只要有一个为 1，则 F 为 1；仅当 A、B 均为 0 时，F 才为 0。该逻辑关系可用表 2-5 来描述。

表 2-5　“或”运算表

A	B	F
0	0	0
0	1	1
1	0	1
1	1	1

由表 2-5 可得出“或”运算的运算法则为：

$$0+0=0 \quad 1+0=1$$
$$0+1=1 \quad 1+1=1$$

相当于并串联开关电路如图 2-8 所示，只有当所有并联开关均断开时，电灯才灭。换言之，当输入中只要有一个为“1”，输出就为“1”。在数字电路中，实现“或”运算的电路称为“或” 门，“或”门的逻辑符号如图 2-9 所示。

图 2-8　并联开关电路　　　　图 2-9　“或”门逻辑符号

3. “非”运算

对于逻辑问题，如果某一事件的发生取决于条件的否定，即事件与事件发生的条件之间构成矛盾，则这种因果关系称为“非”逻辑。逻辑代数中，“非”逻辑关系用“非”运算描述。“非”运算又称为逻辑非，其运算符号为“ — ”，有时也用“¬”表示。“非”运算得逻辑关系可表示为：

$$F=\overline{A} \quad 或 \quad F=\neg A$$

读作“F 等于 A 非”。意思是：若 A 为 0，则 F 为 1；反之，若 A 为 1，则 F 为 0。该逻辑关系可用表 2-6 来描述。

表 2-6 “非”运算表

A	F
0	1
1	0

由表 2-6 可得出“非”运算的运算法则为：

$$\neg 0=1 \quad \neg 1=0$$

即当输入为“1”时，输出为“0”；当输入为“0”时，输出为“1”。在数字电路中，实现“非”运算的电路称为“非”门，“非”门的逻辑符号如图 2-10 所示。

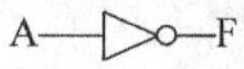

A—▷o—F

图 2-10 “非”门逻辑符号

2.5.2 逻辑代数与逻辑函数

逻辑代数又称布尔代数，是 19 世纪英国数学家乔治·布尔创立的。1938 年香农将布尔代数直接应用于开关电路，开辟了电子技术发展的新时代。如今，布尔代数广泛应用于数字电路的分析与设计中，成为数字逻辑研究的主要数学工具。

1. 逻辑变量和逻辑函数

逻辑代数和普通代数一样，也是用字母表示变量，如变量 A、B、C 为 3 个逻辑变量。与普通代数不同的是，在逻辑代数中，任何逻辑变量的取值只有两种可能性：取值“0”或取值“1”，并且，这里的“0”和“1”不再表示数量关系，而是表征矛盾的双方，如开关的接通与断开、晶体管的导通与截止等。在实际的问题中，逻辑变量通过基本的逻辑运算，往往形成各种复杂程度不一的逻辑关系，这种逻辑关系可以用逻辑函数来表示。设输入变量为 $A_1, A_2, \cdots, A_n$，输出变量为 F，则输出变量和输入变量的函数可表示为：

$$F=f\ (A_1, A_2, \cdots, A_n)$$

与普通代数中函数的概念相比，逻辑函数有它自身的特点。

(1) 逻辑变量和逻辑函数的取值只有“0”和“1”两种可能。

(2) 逻辑函数和普通逻辑变量之间的关系是由“与”、“或”、“非”3 种基本逻辑运算确定的。

逻辑代数的函数和普通代数的函数一样，也存在相等问题。

设有两个逻辑函数：

$$F_1=f_1(A_1,A_2,\cdots,A_n)$$
$$F_2=f_2(A_1,A_2,\cdots,A_n)$$

若对应逻辑变量 $A_1,A_2,\cdots,A_n$ 的任何一组取值，F_1 和 F_2 的值都相同，则称函数 F_1 和 F_2 相等。记作：$F_1=F_2$。

例 2.20 列出逻辑函数 $F=(\neg A\cdot B+A\cdot\neg B)$ 的真值表。

解：

A	B	$\neg A$	$\neg B$	$\neg A\cdot B$	$A\cdot\neg B$	F
0	0	1	1	0	0	0
0	1	1	0	1	0	1
1	0	0	1	0	1	1
1	1	0	0	0	0	0

例 2.21 试用真值表证明两函数相等：

$$F_1=A\cdot B+\neg A\cdot\neg B$$
$$F_2=(A+\neg B)\cdot(\neg A+B)$$

解：

A	B	$\neg A$	$\neg B$	$A\cdot B$	$\neg A\cdot\neg B$	$F1$	$A+\neg B$	$\neg A+B$	$F2$
0	0	1	1	0	1	1	1	1	1
0	1	1	0	0	0	0	0	1	0
1	0	0	1	0	0	0	1	0	0
1	1	0	0	1	0	1	1	1	1

由以上真值表可得：对于逻辑变量 A、B 的任何一组赋值，函数 $F1$ 和 $F2$ 的值均相同，可见所证得两函数相同。

2. 逻辑代数的公理和基本定理

逻辑代数是一个封闭的代数系统，它由逻辑变量、逻辑常量“0”和“1”以及“与”、“或”、“非”三种基本运算组成，这个代数系统应满足下列公理。

交换律：$A+B=B+A\quad A\cdot B=B\cdot A$

结合律：$(A+B)+C=A+(B+C)\quad (A\cdot B)\cdot C=A\cdot(B\cdot C)$

分配律：$A+(B\cdot C)=(A+B)\cdot(A+C)\quad A\cdot(B+C)=A\cdot B+A\cdot C$

0-1 律：$A+0=A\quad A\cdot 1=A\quad A+1=1\quad A\cdot 0=0$

互补律：$A+\neg A=1\quad A\cdot\neg A=0$

根据逻辑代数的公理，可以推出逻辑代数的基本定理。

定理 1：$0+0=0\quad 0+1=1\quad 1+0=1\quad 1+1=1$

$0\cdot 0=0\quad 0\cdot 1=0\quad 1\cdot 0=0\quad 1\cdot 1=1$

推论：$\neg 1=0\quad \neg 0=1$

定理 2：$A+A=A \quad A\cdot A=A$

定理 3：$A+A\cdot B=A \quad A\cdot(A+B)=A$

定理 4：$A+\neg A\cdot B=A+B \quad A\cdot(\neg A+B)=A\cdot B$

定理 5：$\neg\ \neg A=A$

定理 6：$\neg\ (A+B)=\neg A\cdot\neg B \quad \neg(A\cdot B)=\neg A+\neg B$

定理 7：$A\cdot B+A\cdot\neg B=A \quad (A+B)\cdot(A+\neg B)=A$

定理 8：$A\cdot B+\neg A\cdot C+B\cdot C=A\cdot B+\neg A\cdot C$

3. 逻辑代数的应用

在计算机的硬件设计中需要使用许多功能电路，如触发器、计数器、译码器、寄存器、加法器等。这些功能电路都是使用基本逻辑电路经过逻辑组合而形成的，再把这些功能电路有机地集成起来，就可以组成一个完整的计算机硬件系统。

当然，对于功能相同的逻辑电路，其“与”门、“或”门、“非”门的逻辑组合可能有多种形式，即逻辑函数有多种形式。不同的逻辑函数可能的复杂度不同，从而制作相应硬件模块的成本也不同。为了减小复杂度，降低成本、提高可靠性，有必要应用相关的公理或定理对逻辑函数进行化简，求得最简的逻辑函数表达式。

下面通过几个例子说明如何使用逻辑代数进行逻辑函数的化简，更详细的内容请参阅相关《数字逻辑》教材。

例 2.22 试将逻辑函数 $F=A\cdot(\neg A+B)$ 化简。

解：$F=A\cdot(\neg A+B)$

$=A\cdot\neg A+A\cdot B$（分配律）

$=0+A\cdot B$（互补律）

$=A\cdot B$（0-1 律）

例 2.23 试将逻辑函数 $F=(A+B)(B+C)(C+D)$ 化简。

解：$F=(A+B)\cdot(B+C)\cdot(C+D)$

$=(B+A)\cdot(B+C)\cdot(C+D)$（交换律）

$=(B+A\cdot C)\cdot(C+D)$（分配律）

$=B\cdot C+B\cdot D+A\cdot C\cdot C+A\cdot C\cdot D$（分配律）

$=B\cdot C+B\cdot D+A\cdot C+A\cdot C\cdot D$（定理 2）

$=B\cdot C+B\cdot D+A\cdot C\cdot(1+D)$（分配律）

$=B\cdot C+B\cdot D+A\cdot C$（0-1 律）

本 章 小 结

本章介绍了有关计算机科学技术的一些基础知识，包括数制和码制、数的定点与浮点表示、信息的编码、数字逻辑与数字系统。通过本章的学习，读者应对计算机中数据的表示有基本的理解，对数字系统及其设计应有一定认识。

习　题

一、简答题

1. 什么是数制？采用位权表示法的数制具有哪3个特点？

2. 十进制整数转换为非十进制整数的规则是什么？

3. 将下列十进制数转换为二进制数：

9,17,256,0.75,8.125,0.33

4. 将下列二进制数转换为十进制数：

10110,1100110,0.1011,1010.1101

5. 二进制与八进制之间如何进行转换？

6. 二进制与十六进制之间如何进行转换？

7. 将下列二进制数转换为八进制和十六进制数：

1001101.00010101，1010101100.01011101

8. 什么是原码？什么是反码？什么是补码？

9. 写出下列各数的原码、反码和补码：

11000110，−101011，0.111111，−111111，−65,65

10. 列出下列函数的真值表：

(1) $F=(A \cdot B \cdot C+\neg(A \cdot B \cdot C))$

(2) $F=A+B+C$

11. 试用真值表证明下列等式：

(1) $A \cdot B+\neg A \cdot \neg B=(A+\neg B) \cdot (\neg A+B)$

(2) $A+B \cdot C=(A+B) \cdot (A+C)$

12. 试用逻辑代数的基本等价律(公理或定理)证明下列等式：

(1) $A+\neg A \cdot B=A+B$

(2) $(A+B) \cdot (\neg A+C) \cdot (B+C)=(A+B) \cdot (\neg A+C)$

二、探索题

1. 利用百度、谷歌等搜索工具，探寻计算机采用二进制的原因，并探讨是否存在其他数制的计算机。

2. 了解原码、反码和补码的发展历史，并对基于原码、反码和补码的运算规则做出探索。

3. 归纳总结汉字的编码问题。

第3章 计算机算法与数据结构

数据结构与算法是计算机程序设计的重要理论技术基础，是计算机学科的核心课程，在计算机技术发展过程中起着重要的推动作用。本章以基本的数据结构和算法的设计策略为知识单元，简要地介绍数据结构的知识、计算机算法的设计与分析方法，主要内容包括算法基础，线性表、树和图等常见数据结构以及简单的查找与排序算法等。

3.1 算法基础

对于计算机科学来说，算法(algorithm)的概念至关重要。通俗地讲，它是指解决问题的方法或过程。在软件项目开发中，一个好的算法是高质量程序设计的关键。本节以一个简单例子简要的介绍算法的基础知识。

3.1.1 算法的基本概念

算法代表着用系统的方法描述解决问题的策略机制。也就是说，对一定规范的输入，能够在有限时间内获得所要求的输出。如果一个算法有缺陷，或不适合某个问题，执行这个算法将不会解决这个问题。不同的算法可能用不同的时间、空间或效率来完成同样的任务。一个算法的优劣可以用空间复杂度与时间复杂度来衡量。如求解 1＋2＋3＋4＋…＋1000 的和 SUM。

算法一：首尾相加法。基本步骤如下。

第一阶段：取首尾各数分别相加。

第一步：取第一个数和最后一个数相加求得和 $S1$，即 $S1=1+1000=1001$。

第二步：取第二个数和倒数第二个数相加求得和 $S2$，即 $S2=2+1000=1001$。

⋮

第 500 步：取第 500 个数和倒数第 500 个数相加求得和 $S500$，即 $S500=500+501=1001$。

第二阶段：求和式 $S1+S2+\cdots+S500$。

由于 $S1$ 到 $S500$ 这 500 个数的值都为 1001，所以利用乘法求得 SUM＝1001＊500＝500500，得到最后结果 SUM＝500500。

算法二：利用等差数列。

由于待求解的和式为一等差数列且公差为1，所以利用等差数列的求和公式很容易得到 SUM=(1+1000) * 1000/2=1001 * 500=500500，同样得到结果。

基本步骤如下。

第一步：计算首项和末项的和 S，即 $S=1+1000=1001$。

第二步：计算 S 与项数的乘积 M，即 $M=S*1000=1001000$。

第三步：计算 M 除 2 的商 D，即 $D=M/2=1001000/2=500500$，得到最后结果 SUM =500500。

比较算法一和算法二，在算法一中共用 500 次加法运算和 1 次乘法运算，得到正确结果，算法二中用 1 次加法、1 次乘法、1 次除法，也得到了正确结果。如果用计算机分别实现以上算法，由于 1 次乘法(除法)用时相当于 4～5 次加法用时，所以算法一计算较慢，耗时较多；算法二计算较快，性能较好。

由以上例子可以看出：算法是被精确定义的一组规则(执行序列)，这组规则明确规定先做什么，再做什么，并能判断在某种情况下完成怎样的操作，最终在有限的时间内执行有限的步骤后获得结果。规则不同，算法就不同，由此引起的算法性能也不同。

3.1.2 算法的特性

算法反映了求解问题的方法和步骤，不同的问题需要用不同的算法来解决，同一个问题也可能有多种不同的算法。但是，一个算法必须具备以下特性。

1. 有穷性

一个算法必须在有限的操作步骤内以及合理的时间内完成，即表现为时间上和空间上的有穷性。

2. 确定性

算法中的每一个操作必须有明确的含义，不允许存在二义性。

3. 有效性(可行性)

算法中描述的操作都是可执行的，并能最终得到确定的结果。包括以下两个方面：

(1) 算法中每一个步骤可以被分解为基本的在有限时间内可执行的操作步骤。

(2) 算法执行的结果要能够达到预期的目的，实现预期的功能。

4. 输入

一个算法有 0 个或多个输入，以刻画运算对象的初始情况，所谓 0 个输入是指算法本身定出了初始条件。

5. 输出

一个算法有一个或多个输出，以反映对输入数据加工后的结果。没有输出的算法是毫无意义的。

3.1.3 算法的描述工具

描述算法有多种不同的工具,如自然语言、流程图、N-S图、伪代码语言等,不同的算法描述工具在表达算法时有各自的优势,在特殊情况下,算法描述工具选择不当,将影响算法的质量。所以,设计算法前,应选择好合理的描述工具。下面简要介绍常见的算法描述工具。

1. 自然语言

自然语言就是人们日常使用的语言,如中文、英文、德文等。

例 3.1 两整数最大公因子的欧几里得算法可以描述为以下几步。

第一步:读入两个正整数 m 和 n(假设 $m>n$)。

第二步:求 m 和 n 的余数 $r=\mathrm{mod}(m,n)$。

第三步:用 n 的值取代 m,用 r 的值取代 n。

第四步:判断 r 的值是否为 0,如果 $r=0$,则 m 为最大公因子;否则返回到第二步。

第五步:输出 m 的值,即最大公因子。

文字形式的算法描述主要用于人类之间传递思想和智慧。当把算法用于人类和计算机之间传递智能时,文字形式的算法很难让计算机理解和执行。

2. 流程图

流程图是用一组规定的图形符号、流程线和简单的文字说明来描述算法的一种表示方法。常用的有传统流程图和N-S流程图两种。

例 3.2 欧几里得算法的传统流程图描述(见图 3-1)。

N-S流程图:是美国学者于1973年提出的,通过顺序结构、选择结构、当型循环结构和直到型循环结构来描述具体算法。

(1) 顺序结构。程序执行完语句 A 后接着执行语句 B,如图 3-2 所示。

(2) 选择结构。当条件 P 成立时,执行语句 A,否则执行语句 B,如图 3-3 所示。

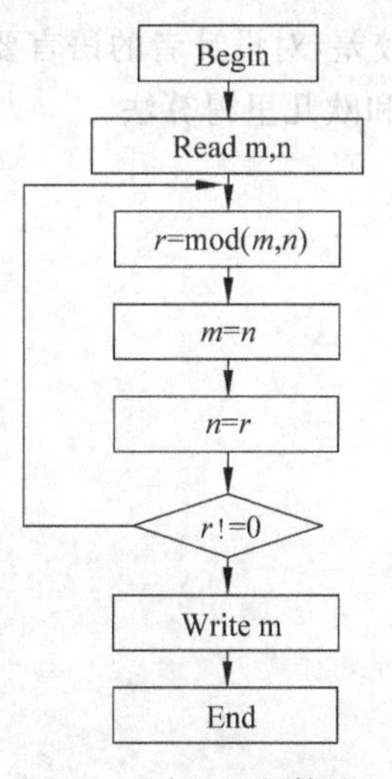

图 3-1 欧几里得算法

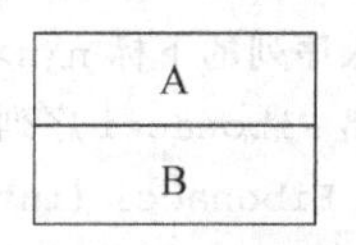

图 3-2 N-S顺序结构

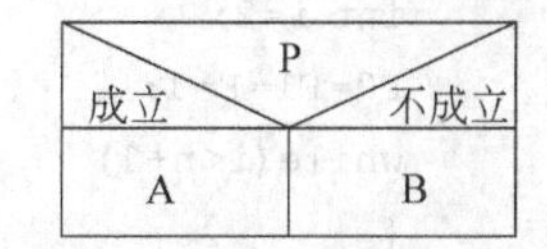

图 3-3 N-S选择结构

(3) 当型循环结构。当条件 P 成立时,则循环执行语句 A,如图 3-4 所示。

(4) 直到型循环结构。循环执行语句 A,直到条件 P 不成立时为止,如图 3-5 所示。

例 3.3 欧几里德算法的 N-S 流程图描述(见图 3-6)。

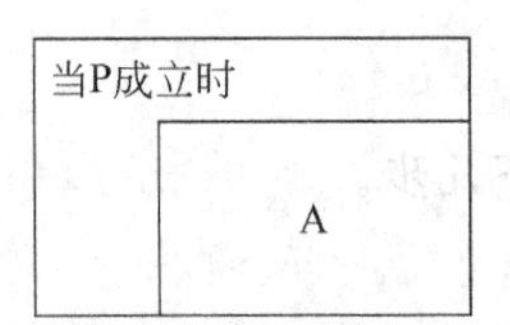

图 3-4 N-S 当型循环结构

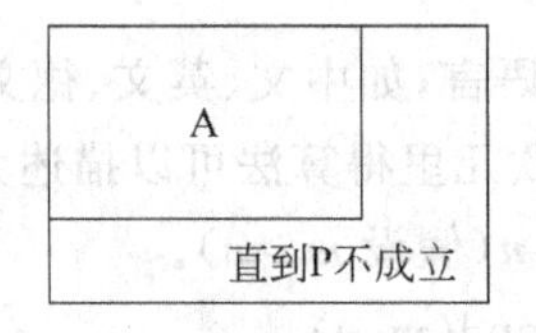

图 3-5 N-S 直到型循环结构

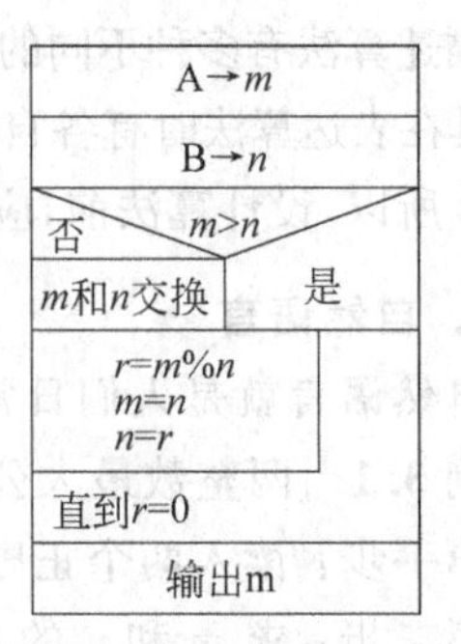

图 3-6 欧几里得算法(N-S 描述)

3. 伪代码

伪代码是一种介于自然语言与计算机语言之间的基于文字和符号的算法描述方法。其基本语句与计算机高级语言的语句非常接近,可以很方便地把伪代码形式的算法转变为计算机可以直接理解和执行的计算机高级语言程序。

例 3.4 欧几里得算法,用伪代码描述,算法如下:

(1) $r=m\%n$。

(2) 循环直到 r 等于 0。

① $m=n$。

② $n=r$。

③ $r=m\%n$。

(3) 输出 n。

4. 程序设计语言(C 程序设计语言)

程序设计语言能直接被计算机编译执行,但抽象性较差,对设计者的语言要求高。以下是用 C 程序设计语言描述的 Fibonacci 序列求解算法和欧几里得算法。

例 3.5 求 Fibonacci 序列的第 n 项。

```
//算法 Fibonacci
    //输入序列的下标 n(n>=0)
    //输出 Fibonacci 序列的第 n 项
      int Fibonacci (int n)
        {
          int F0,F1,F;
          int i=2;
          F0=F1=F=1;
          while(i<n+1)
          {
             F=F0+F1;
```

```
        F0=F1;
        F1=F;
        i++;
    }
    return F;
}
```

例 3.6 用辗转相除法求解两正整数的最大公因子(欧几里德算法)。

```
//算法 GCD
    //输入两正整数 a,b(a>0,b>0)
    //输出 a 和 b 的最大公因子
        int GCD(int a,int b)
        {
        int r,t;
        r=b;
        if(a<b)
        {
            t=a;
            a=b;
            b=t;
        }
        while(r!=0)
        {
            r=a%b;
            a=b;
            b=r;
        }
        return a;
}
```

3.1.4 算法的设计策略

算法设计的任务是对各类具体问题设计高质量的算法,以及设计算法的一般规律和方法。常用的算法设计策略主要有分治法、动态规划法、贪婪法、回溯法和分枝界限法等。

1. 分治法

分治法是把一个大规模问题划分成几个子问题,再把子问题分成更小的子问题……直到最后子问题可以简单地直接求解,求出子问题的解后,再把这些子问题的解答组成整个问题的解答。

2. 动态规划法

动态规划法是当整个问题无法由少数几个子问题的解答组合得出,而依赖于大量子问题的解答,并且子问题的解答又需要反复利用多次时,就系统地列表记录各个子问题的解答，据此求出整个问题的解答。其基本思想是，将原问题分解为相似的子问题，在求解的过程中通过子问题的解求出原问题的解。动态规划的思想是多种算法的基础，被广泛应用于计算机科学和工程领域。

3. 贪婪法

贪婪法是指每一步选择都采用当前看来可行的或最优的策略。这是一种最直接的方法，只是在一些特殊的情况下，贪婪法才能求出问题的解答。对于最优解的问题，贪婪法通常只能求出近似解。

4. 回溯法和分枝界限法

为了寻求问题的解答，有时需要在所有的可能性(候选集)中进行搜索，例如在寻求最优解的问题中，就常碰到这种情况。这时，须把各种候选对象组织成一棵树，每个树叶对应着一个候选对象，于是每个内部顶点就表示若干个候选对象(即在此顶点下面的树叶)。回溯法是从树根开始按深度优先搜索的原则向下搜索，即沿着一个方向尽量向下搜索，直到发现此方向上不可能存在解答时，就退到上一个顶点，沿另一个方向进行同样的工作。分枝限界法也是从树根开始向下搜索，不同的是，分枝限界法常常利用一个适当选取的评估函数来决定应该从哪一点开始下一步搜索(分枝)，以及哪一点下方不可能存在解答，从而这点的下方不必进行搜索(剪枝)。评估函数选得好，就会很快地找到解答，选得不好，就可能找不到解答或者找到的不是最优解(有时它可以作为最优解的一个近似解)。

3.1.5 算法的评价

同一问题可用不同算法解决，而一个算法的质量优劣将影响到算法乃至程序的效率。通常情况下，算法的优劣主要从算法的时间复杂度和空间复杂度来考量。

1. 算法的时间复杂度(时间特性)

算法的时间复杂度是指执行算法所需要的时间。一个程序在计算机上运行时所需消耗的时间取决于程序运行时输入的数据量、对源程序编译所需时间、执行每条指令所需时间以及程序中语句重复执行的次数，其中最重要的是程序中语句重复执行的次数。通常，把整个程序中语句的重复执行次数之和作为该程序运行的时间特性，称为算法的时间复杂度，记为 $T(n)=O(f(n))$，其中 n 为问题的规模，$f(n)$为问题的规模的函数。

在实际的时间复杂度分析中，通常考虑的是当问题规模趋向于无穷大的情形，以此简化时间复杂度 $T(n)$与求解问题规模 n 之间的函数关系，简化后的关系是一种数量级关系。例如，当某个时间复杂度为 $T(n)=3n^5+2n^3$，则表明程序运行所需时间与问题规模 n 之间是成 5 次多项式关系。当 n 趋向于无穷大时，有 $T(n)/n^5=3$，表示算法的时间复杂度与 n^5 成正比，记为 $T(n)=O(n^5)$。

算法的时间复杂度有 $O(1)$、$O(n)$、$O(n^2)$、$O(n^3)$、$O(n^4)$、$O(\log_2 n)$、$O(n\log_2 n)$、$O(2^n)$、$O(n!)$、$O(n^n)$等，其中时间复杂度最好的算法是常数数量级的算法，多数情况下得到的是多项式复杂度，经过优化后，很多能达到对数级复杂度($O(\log_2 n)$、$O(n\log_2 n)$)，这是较为理想的复杂度。对于数量级等同于 $O(2^n)$、$O(n!)$、$O(n^n)$，当问题规模 n 很大时，计算机几乎很难在可接受的时间内完成运算并得到理想的结果，所以设计算法时应尽量避免。

2. 算法的空间复杂度（空间特性）

算法的空间复杂度是指算法需要消耗的内存空间。一个程序在计算机上运行时所占的空间同样也是问题规模 n 的一个函数，称为算法的空间复杂度，记为 $S(n)$，其中 n 为问题规模。为简化空间复杂度的求解，同样引入符号"O"，用于表达空间复杂度和问题规模之间数量级关系。例如 $S(n)=O(n^3)$，表示算法的空间复杂度与 n^3 成正比。

3.2 数据结构基础

计算机是一门研究用计算机进行信息表示和处理的科学。这里面涉及两个问题：信息的表示和信息的处理。而信息的表示和组织又直接关系到处理信息的程序的效率。计算机的普及、信息量的增加、信息范围的拓宽使许多系统程序和应用程序的规模很大，结构又相当复杂。因此，为了编写出一个"好"的程序，必须分析待处理对象的特征及各对象之间存在的关系，这就是数据结构这门课所要研究的问题之一。另外，计算机解决一个具体问题时，还需要给出每种结构类型所定义的各种运算即算法，这是数据结构这门课所要研究的另一重要内容。本节介绍数据结构的基本知识。

3.2.1 基本概念

1. 数据和数据类型

数据是信息的载体，它能够被计算机识别、存储和加工处理，包括数字、字母、汉字、图形、图像、音频和视频，在计算机内部表示为数值型数据和非数值型数据两大类。数据类型是指具有相同数据域并可以实施相同操作（运算）的数据的集合，例如，高级程序设计语言中的整型、字符型等，都是基本的数据类型。

2. 数据项、数据元素和数据对象

数据项是数据不可分割的最小单位。数据项有名和值之分，数据项名是数据项的标识，用变量定义，而数据项的值是它的一个可能的取值。

数据元素是数据的基本单位，具有完整、确定的实际意义。在不同的条件下，数据元素又可以称为元素、站点、项点、记录等。数据元素一般由若干数据项组成。

数据对象又称数据元素类，是具有相同性质的数据元素的集合，是数据的一个子集。在某个具体问题中，数据元素都具有相同的性质，属于同一数据对象，数据元素是数据元素类的一个实例。对于一个学生管理系统来说，某大学所有学生的基本情况就是数据，所有本科生的基本情况、所有硕士生的基本情况可以看作是不同的数据对象。

3. 数据结构

数据结构是指相互之间存在着一种或多种关系的数据元素的集合，它清楚地表达了数据元素本身、数据元素之间的关系，以及基于数据元素和相互关系的操作。概括起来表现为数据的逻辑结构、数据的物理结构及数据操作（运算），称为数据结构的3个要素。

（1）数据的逻辑结构。数据的逻辑结构是指数据元素之际的逻辑关系，根据逻辑关系的不同，通常可以分成三类基本结构。

① 线性结构。数据元素之间存在着一对一的关系，除了第一个元素只有后继，最后一个元素只有前驱外，其余数据元素都有一个前驱和一个后继。典型的线性结构有线性表、栈、队列等。

② 树形结构。数据元素之间存在着一对多的关系，如树、二叉树和森林等。

③ 图形结构。数据元素之间存在着多对多的关系，如有向图和无向图等。邮政路径、铁路交通图都是典型的图形结构。

（2）数据的物理结构。数据的物理结构是指逻辑结构在计算机存储器中的表示。数据的物理结构不仅要存储数据本身，还要存储数据之间的逻辑关系，同时还得考虑数据运算及存储效率等。数据的物理结构主要有顺序结构、链表结构、索引结构和散列结构四大类。

① 顺序结构。顺序结构是把所有数据元素存放在一片连续的存储单元中，逻辑上相邻的元素存储在物理上也相邻的存储单元中，由此得到的存储结构称为顺序存储结构。高级程序设计语言中提供的数组类型就属于这种存储结构，其最大优点就是可以实现随机访问，缺点是必须预先分析出所需定义数组的大小。如果预先定义的大小远远超过实际使用的大小，将造成内存空间的浪费；如果估计数组的最大个数小于实际使用的是数据元素个数，将导致程序无法正常运行。

② 链表结构。逻辑上相邻的数据元素不要求所占据的存储单元的物理位置相邻，元素间的逻辑关系通过附加的指针实现，这种存储结构称为链式存储结构。其优点是内存资源的使用合理，可能浪费的空间较少，缺点是操作的实现比顺序存储结构复杂。

③ 索引结构。针对每种数据结构建立一张索引表，每个数据元素占用表中一项，每个表项包含一个能够唯一识别一个元素的关键字和用于指示该元素所在存储单元的地址指针。

④ 散列结构。构造一个特定的散列函数，根据散列函数的函数值来确定数据元素存放的内存空间的地址。

（3）数据运算。数据运算是指数据操作的集合。常见的数据操作包括数据的插入、删除、查找、遍历等。不同的数据结构具有不同的操作规则和方法。数据操作通常由计算机程序实现，也称算法实现。

3.2.2 常见的数据结构

1. 线性表

1）线性表的定义

线性表是一种最简单最常用的数据结构，由有限个同类型的数据元素构成有序序列，元素之间存在一对一的关系，除了第一个元素只有直接后继，最后一个元素只有直接前驱外，其余元素都有一个直接前驱和一个直接后继。

2）线性表的存储结构

在计算机中线性表可以有多种形式的存储结构，常用的有顺序存储结构和链式存储结构两种。

顺序存储结构是使用一批地址连续的存储单元来依次存放线性表的数据元素，如高级语言中的数组类型。采用这种存储结构实现对线性表的某些运算比较简单，如访问某个位置上的元素、求解线性表的长度等。但如果要实现插入、删除操作，则因为需要移动大量的数据元素而花费较多的时间。

链式存储结构的特点是使用不一定连续的存储单元来存放线性表。为了表示数据元素之间的逻辑关系，需要存储一个指示其直接后继的指针。整个线性表的各个数据元素的存储区域之间通过指针连接成一个链式的结构，因此又称为链表。采用链式存储结构不需要成片的连续存储空间，可以充分利用零碎的存储单元来存放元素。此外，还可以高效地实现插入、删除等运算。但由于需要存放额外的指针域，将会增加存储空间。

3）运算和实现

(1) 遍历是指按某种方式，逐一访问线性表中的每一个元素，并执行读、写或查询等操作。

(2) 查询是指在线性表中，按照查询条件，定位数据元素的位置。一般分为按值查询和按位置查询两种。

(3) 插入是指在保持原有存储结构的前提下，根据插入要求，在适当的位置插入一个元素。

对于顺序存储的线性表，插入元素之前，要确保足够的存放空间，在满足插入条件的前提下，对第 i 个位置进行插入时，需要将 $n-i$ 个元素分别向后移动一个位置，然后在第 i 个位置处插入新的元素，同时线性表的长度增1；对于链式存储结构的线性表，找到插入位置后，通过修改指针的指示方式来完成数据元素的插入。

(4) 删除是指在线性表中找到满足条件的数据元素并删除。如果线性表为空，则删除操作无效。对于顺序存储的线性表，删除第 $i(i>=0$ 且 $i<n)$ 个元素时，通过将第 $i+1$ 到第 n 个元素依次向前移动一个位置的方式实现，同时线性表长度减1；对于链式存储的线性表只要修改相关指针的指向即可。

2. 栈

1）栈的定义

栈是操作受限的线性表，即栈中规定只能在表的一端（表尾）进行插入或删除操作。该表尾称为栈顶(top)。设栈 $S=(a_1,a_2,a_3,a_4,\cdots,a_n)$，$a_1$ 是最先进栈的元素，称为栈底元素，a_n 是最后进栈的元素，称为栈顶元素。栈中元素按 $a_1,a_2,a_3,a_4,\cdots,a_n$ 的顺序进栈，而退栈的第一个元素是栈顶元素 a_n。即进栈和退栈操作是按照“后进先出”(last in first out，LIFO)的原则进行的。

2）栈的存储结构

在计算机中栈可以采用多种形式的存储结构，常用的有顺序存储结构和链式存储结构两种。一般情况下采用顺序存储的方式，即使用一个连续的存储区域来存放栈元素，并设置一个指针 top,用来指示栈顶的位置,进栈和退栈只能在栈顶进行。

图 3-7 给出了栈顶指针 top 与栈内元素之间的关系,其中表示了栈的初始状态(空栈),栈元素 A、B、C、D 依次进栈以及 D 退栈的过程。

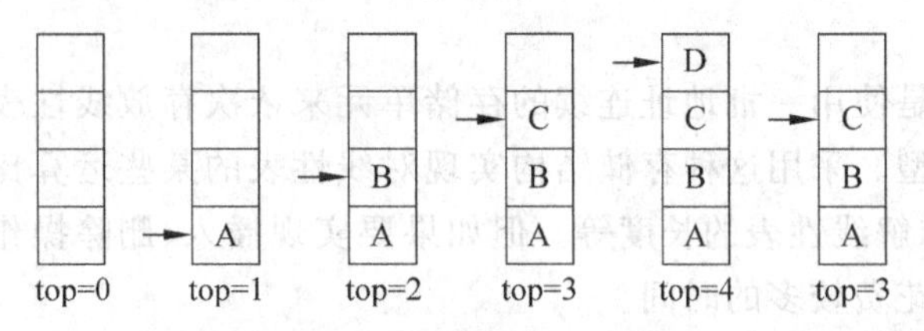

图 3-7　入栈、出栈过程

3) 运算和实现

栈的基本运算主要有入栈、出栈、取栈顶元素和判空等操作。

(1) 入栈,也称压栈,是在栈顶添加新元素的操作,新的元素入栈后成为新的栈顶元素。由于栈的大小是有限的,入栈时必须保证栈有足够的存储空间来存放新的元素;否则,会产生溢出,称为上溢。

(2) 出栈,也称退栈,是将栈顶元素从栈中退出并传递给用户程序的操作,原栈顶元素的后继元素成为新的栈顶。出栈时必须保证栈内数据不空;否则,也会产生溢出,称为下溢。

(3) 取栈顶元素,取得栈顶元素的值,栈中元素不变。

(4) 判空,检查栈内数据是否为空,返回结果为一个逻辑值。如果栈顶和栈顶重合,说明栈为空,返回真值。

3. 队列

1) 队列的定义

队列也是一种受限的线性表。与栈不同的是,在队列中规定只能够在表的一端(队尾 rear)进行插入,而在另一端(队头 front)进行删除操作。设 $Q=(a_1,a_2,a_3,a_4,\cdots,a_n)$,$a_1$ 为最先进入队列的队首元素,a_n 为最后进入队列的队尾元素。队列中元素按 $a_1,a_2,a_3,a_4,\cdots,a_n$ 的顺序进入,而退出队列的第一个元素是栈顶元素 a_1。即入队和出队操作是按照"先进先出"(frst in first out,FIFO)的原则进行的。这和日常生活中的排队是一致的。入队和出队操作的示意图如图 3-8 所示。

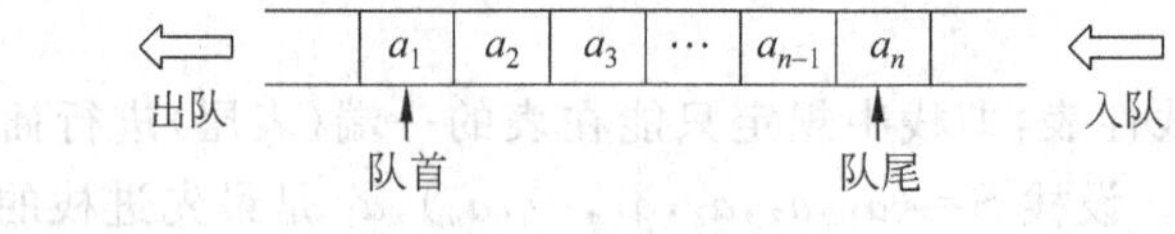

图 3-8　入队、出队过程

2) 队列的存储结构

由于队列的数据结构变化较大,如果使用顺序存储结构,其中的数据要频繁地移动。因此,队列通常采用链式存储结构,用链表表示的队列称为链队列。一个链队列需要设置两个指针(队首指针和队尾指针),分别指向队列的头和尾,从而方便出队和入队操作。

3）队列的运算

队列的基本运算主要有入队、出队、取队首元素和判空等。

(1) 入队是在队列中插入一个新的数据元素的过程。插入在队尾进行，新插入的元素成为新的队尾。入队时必须保证队列有足够的空间以存放新的元素；否则，队列会产生溢出。

(2) 出队是在队列中删除一个元素的过程。删除在队首进行，并出队的数据元素传递给用户程序，原队首元素的后继元素成为新的队首。出队时必须保证队列不能为空；否则，队列也会发生溢出。

(3) 取队首元素是取得队首的元素值，队列保持不变。

(4) 判空用来检查队列是否为空，返回结果为一个逻辑值。

4. 树

1）树的定义

在树形结构中，每个数据元素称为一个结点，除了唯一的根结点外，其他每个结点都有且仅有一个父结点，每个元素可以有多个子结点。

树形结构是一种非常重要的非线性数据结构，可以用来描述客观世界中广泛存在的以分支关系定义的层次结构。在计算机领域中，树形结构可以用于建立文件系统、大型列表搜索、组织人工智能系统等诸多问题。

2）树的存储结构

树主要采用链表来实现，通常情况下，将树表达成二叉树加以实现。在二叉树中，设有称为左孩子的左指针(Left)和设有称为右孩子的右指针(Right)，分别指向该结点的左子树和右子树，如图 3-9 所示。

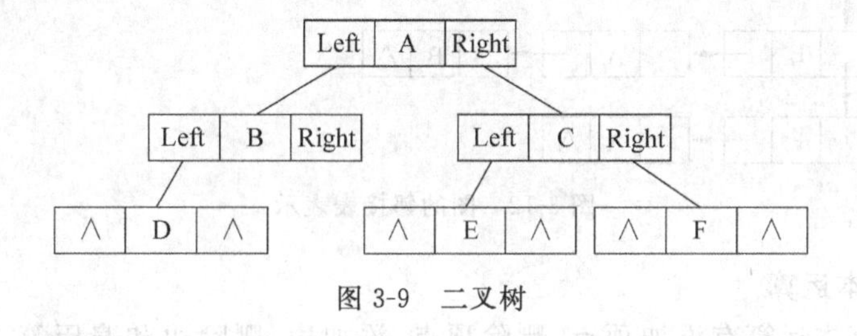

图 3-9　二叉树

3）树的基本运算

树常见的基本运算有插入、删除和遍历。

(1) 遍历是按照某种顺序对树中的每一个结点逐一进行访问的过程。

(2) 插入是在树中合适的位置添加一个结点。插入新的结点后，仍然应该保持其本身所具有的性质。

(3) 删除是在树中找到满足条件的结点并删除。删除结点后，仍然应该保持其本身所具有的性质。

5. 图

1) 图的定义

图结构是一种比树形结构更复杂的非线性结构。在图结构中,每个数据元素称为一个顶点,任意两个顶点之间都可能相关,这种相关性用一条边来表示,顶点之间的邻接关系可以是任意的。

2) 图的存储结构

图(见图 3-10)通常用数组和链表两种结构来实现。对于各个顶点和顶点之间的关系分别用邻接矩阵(见图 3-11)和邻接表(见图 3-12)来描述。

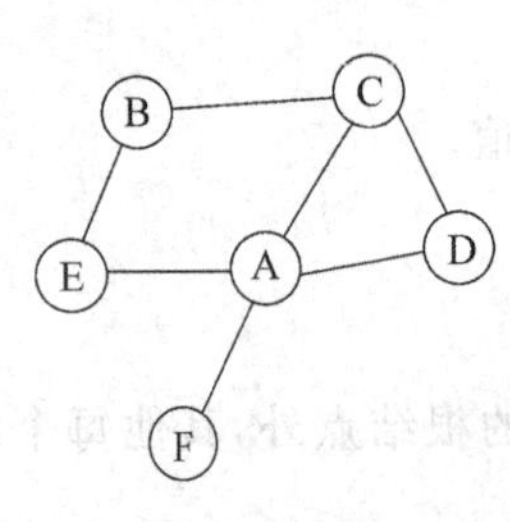

图 3-10 图

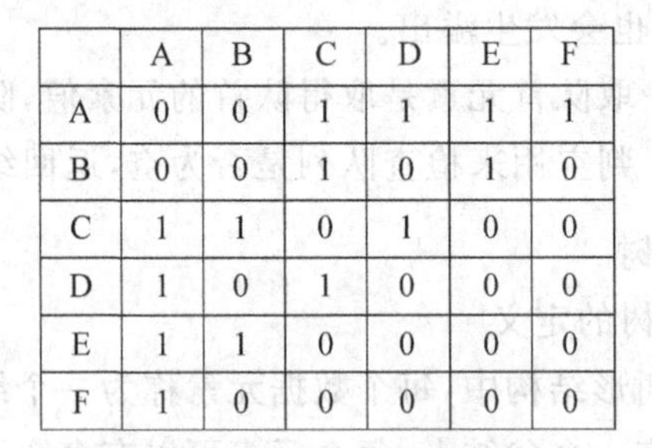

	A	B	C	D	E	F
A	0	0	1	1	1	1
B	0	0	1	0	1	0
C	1	1	0	1	0	0
D	1	0	1	0	0	0
E	1	1	0	0	0	0
F	1	0	0	0	0	0

图 3-11 图邻接矩阵表示

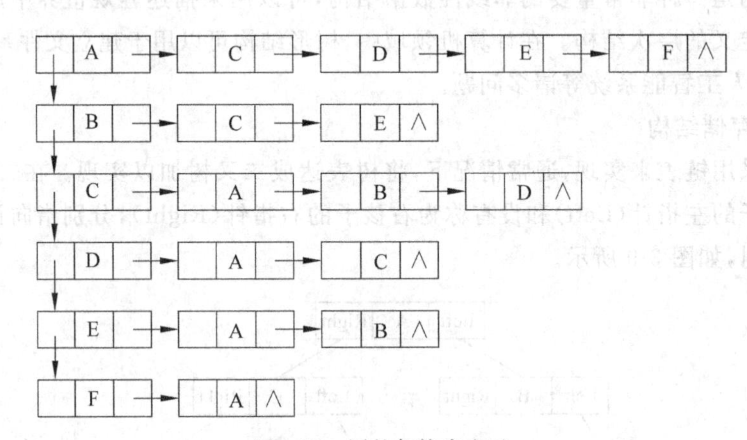

图 3-12 图的邻接表表示

3) 图的基本运算

图常见的基本运算有添加顶点、删除顶点、添加边、删除边和遍历等,具体内容将在《数据结构》课程中讨论。

3.2.3 查找

在日常生活中,人们几乎每天都要进行"查找"工作。例如,在电话号码簿中查阅"某人"或"某单位"的电话号码;在淘宝网商店中查找想要的商品;等等。其中"电话号码"和"商店的商品库"都可视为一张查找表。

查找的方法主要有顺序表查找、有序表查找(二分查找)、索引查找(分块查找)、数表的动态查找(二叉排序树查找、平衡二叉树、AVL 树、B 树、B+树)、哈希查找等。

1. 顺序表查找

顺序表查找是从表中最后一个记录开始,对逐个进行记录的关键字和给定值比较,若某个记录的关键字和给定值比较相等,则查找成功,找到所查记录;反之,若直至第一个记录,其关键字和给定值比较都不等,则表明表中没有所查记录,查找不成功。

2. 有序表查找

有序表查找一般通过折半查找(二分查找)来实现,其实现过程为:将表中间位置记录的关键字与查找关键字进行比较,如果两者相等,则查找成功;否则利用中间位置记录将表分成前、后两个子表,如果中间位置记录的关键字小于查找关键字,则进一步查找前一子表(假设表按从小到大排列),否则进行查找后一子表。重复以上过程,直至找到满足条件的记录,使查找成功,或直至子表不存在,此时查找失败。

例 3.7 已知如下 11 个数据元素的有序表(关键字即数据元素的值):

(05 13 19 21 37 56 64 75 80 88 92)

现要查找关键字为 21 和 85 的数据元素。

假设 low 和 high 分别指向待查元素所在范围的下界和上界,指针 mid 指示区间的中间位置,即 mid=(low+high)/2。在此例中,low 和 high 的初值分别为 1 和 11,即[1,11]为待查范围。

下面先看 key=21 的查找过程:

第一步: 05 13 19 21 37 56 64 75 80 88 92

↑ low(05) ↑ mid(56) ↑ high(92)

第二步: 05 13 19 21 37 56 64 75 80 88 92

↑ low(05) ↑ mid(19) ↑ high(37)

第三步: 05 13 19 21 37 56 64 75 80 88 92

↑ low mid(21) ↑ high(37)

此时,mid 指针所指元素的值和待查关键字相等,查找成功,返回 mid 的值。

再看 key=85 的查找过程:

第一步: 05 13 19 21 37 56 64 75 80 88 92

↑ low(05) ↑ mid(56) ↑ high(92)

第二步: 05 13 19 21 37 56 64 75 80 88 92

↑ low(64) ↑ mid(80) ↑ high(92)

```
第三步： 05  13  19  21  37  56  64  75  80  88  92
                                          ↑     ↑
                                         low   high
                                         mid
第四步： 05  13  19  21  37  56  64  75  80  88  92
                                      ↑   ↑
                                    high  low
```

此时下界 low>上界 high，则说明表中没有关键字等于 key 的元素，查找不成功。

该方法的优点是比较次数少，查找速度快，平均性能好；缺点是要求待查表为有序表，且插入、删除困难。

3. 索引查找

索引查找又称分块查找，它是顺序表查找的一种改进方法。

分块的原则是将 n 个数据元素"按块有序"划分为 m 块（$m \leqslant n$）。每一块中的结点不必有序，但块与块之间必须"按块有序"；即第 1 块中任一元素的关键字都必须小于第 2 块中任一元素的关键字；而第 2 块中任一元素又必须小于第 3 块中的任一元素，等等。

索引查找时首先选取各块中的最大关键字构成一个索引表；然后查找分两个部分：先对索引表进行二分查找或已确定待查记录在哪一块中；最后在已确定的块中用顺序法进行查找。

3.2.4 排序

排序是计算机程序设计中的一种重要操作，它的功能是将一个数据元素的任意序列重新排列成一个按关键字有序的序列。排序的方法很多，但就其全面性而言，很难找到一种最好的方法，每种方法都有各自的优缺点和适用场合。本章简要介绍直接插入排序、冒泡排序和快速排序，其他方法或详细的算法请参阅《数据结构》教材。

1. 直接插入排序

直接插入排序是一种最简单的排序方法，它的基本操作是将一个记录插入已经排好序的有序表中，从而得到一个新的、记录数增 1 的有序表。

2. 冒泡排序

冒泡排序是将待排序列中的元素进行两两比较，即第一个元素和第二个元素进行比较，若为逆序则交换，然后比较第二个元素和第三个元素，同样若为逆序则交换。依次类推，直到第 $n-1$ 个是元素和第 n 个元素进行过比较为止。此时完成了第一趟冒泡排序。接着进行第二趟、第三趟，直到排好序为止。

3. 快速排序

快速排序是对冒泡排序的一种改进。它的基本思想是，通过一趟排序将待排记录分割成前后独立的两部分，其中前一部分记录的关键字均小于后一部分的关键字，然后分别对前后两部分记录进行同样规则的排序，直到排序完成。

本章小结

数据结构与算法是计算机科学的重要组成部分，在整个计算机学科中占有重要地位。本章围绕算法和数据结构两大核心概念，介绍了算法的特性、描述方法、设计策略以及算法的优劣评价，还简要介绍了几种典型的算法以及常见的数据结构，对简单的查找和排序算法也作了介绍，对后续课程的继续学习起了启发作用。

习　题

一、简答题

1. 什么是算法？它有哪些特点？
2. 简述常用算法的描述工具。
3. 什么是数据结构？
4. 什么是线性表？线性表如何存储？
5. 什么是堆栈？什么是队列？它们如何存储？

二、探索题

1. 探讨计算机科学中典型算法的基本思想及设计实现，如贪婪法、分枝界限法。
2. 请列举你最为常用的查找和排序算法，给出设计思想及描述。

第4章 计算机系统的硬件

计算机系统的硬件是计算机的物理基础,它能给计算机的软件提供支持。只有计算机的硬件工作正常,计算机的软件才能很好地工作。因此只有对计算机的硬件系统有了很好的认识,才能更好地使用计算机。

在本章中,首先以一位加法器的设计为例来说明计算机中的数字电路。然后,介绍计算机之父冯·诺依曼所提出的计算机体系结构。接下来,本章将具体地介绍计算机中的各硬件组成部分: CPU、常用的存储设备、输入设备和输出设备、各种总线和接口、各种适配卡。最后,将介绍计算机的整体结构和计算机指令的具体工作过程。

4.1 计算机硬件中的数字电路简介

计算机中使用的电路是数字电路,其电路的电压有两个状态: 高电平和低电平。一般来说,高电平代表二进制中的"1"(或数字逻辑中的"真"),低电平代表二进制中的"0"(或数字逻辑中的"假")。在本书的第2章已介绍了数字电路是由基本的逻辑门电路组成的,这些门电路包括非门、或门和与门。在计算机的硬件中通过这些基本门电路的组合,人们可设计出计算机中的加法器、减法器、乘法器、除法器等器件。下面,以一位加法器的设计为例,来说明用数字电路来设计计算机中的运算部件的方法。

首先来看如何用基本逻辑器件(非门、与门、和或门)来设计不带进位的一位加法器。

从二进制的一位加法的规则可以知道此器件的输入(a_1 和 b_1)与输出(o_1)符合表4-1所示的规则,即 0+0=0,1+0=1,0+1=1,1+1=0。

表4-1 不带进位的一位加法器的输入与输出

a_1	b_1	o_1
0	0	0
0	1	1
1	0	1
1	1	0

从此表中,可以看出输出 o_1 仅在$\overline{a_1}b_1$ 为真或 $a_1\overline{b_1}$为真时为真。这样,可把输出 o_1 表

示为

$$o_1 = \overline{a_1}b_1 + a_1\overline{b_1} \tag{4-1}$$

(这里的加号'+'表示逻辑或的关系)。此逻辑等式亦可用表 4-2 来证明。

表 4-2 一位加法器的真值表

a_1	b_1	$\overline{a_1}$	$\overline{b_1}$	$\overline{a_1}b_1$	$a_1\overline{b_1}$	$\overline{a_1}b_1+a_1\overline{b_1}$	o_1
0	0	1	1	0	0	0	0
0	1	1	0	1	0	1	1
1	0	0	1	0	1	1	1
1	1	0	0	0	0	0	0

从此表中,可以看出 o_1 和$\overline{a_1}b_1+a_1\overline{b_1}$的两列是相同的。因此,$o_1=\overline{a_1}b_1+a_1\overline{b_1}$。

由式(4-1),可以得到如图 4-1 所示的不带进位的一位加法器的设计图。

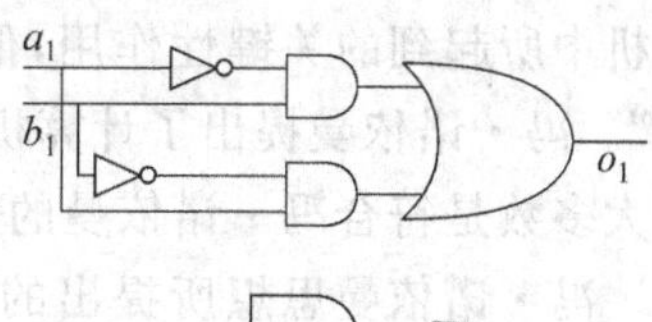

图 4-1 不带进位的一位加法器的设计图

现在,来考虑带进位的一位加法器的设计。这时,需要增加一个输出信号 c_1 来表示进位。因为仅当 a_1 和 b_1 同时为真时,才产生进位,所以 c_1 仅当 a_1 和 b_1 同时为真时才为真,其余情况下为假。c_1 的真值表如表 4-3 所示。

表 4-3 一位加法器的进位 c_1 的真值表

a_1	b_1	c_1
0	0	0
0	1	0
1	0	0
1	1	1

类似地,由此真值表可以把 c_1 表示为 $c_1=a_1b_1$。这样,进位 c_1 可用如图 4-2 所示的门电路来实现。

把图 4-1 和图 4-2 合在一起,就得到了用基本逻辑门电路来设计一位加法器的设计图,如图 4-3 所示。

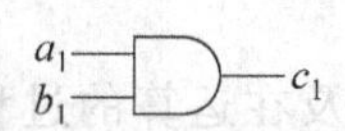

图 4-2 一位加法器的进位 c_1 的设计图

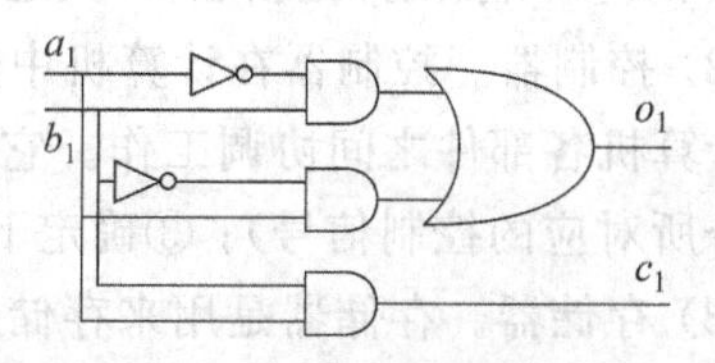

图 4-3 一位加法器的设计图

从以上可以看出，可以由基本的逻辑门电路来设计二进制的一位加法器。实际上，计算机中的加法器、减法器(减法器可由采用了补码的加法器来实现)、乘法器、除法器都可以由基本门电路来实现。具体的设计方法在后续的课程“数字逻辑电路”中会详细介绍。由此可以看出基本的逻辑门电路是计算机中运算部分的基本器件。随着科技的发展，现在一个逻辑门电路已设计到 32nm($1nm=10^{-9}m$)大小(Intel 公司所推出的芯片已采用 32nm 的技术)。这样，在 $1cm^2$ 的范围内会集成有 900 亿多个逻辑门电路。

4.2 冯·诺依曼的计算机体系结构

冯·诺依曼(见图 4-4)发明了第一代计算机 ENIAC。鉴于冯·诺依曼在发明电子计算机中所起到的关键性作用，他被西方人誉为“计算机之父”。冯·诺依曼提出了计算机的体系结构。目前的计算机大多数是符合冯·诺依曼的体系结构的。

图 4-4　计算机之父冯·诺依曼

冯·诺依曼思想所提出的计算机的体系结构包括以下几点：

(1) 用二进制表示计算机中的数据和指令。

(2) 采用存储程序的方式，程序和数据预先存入同一个存储器中。

(3) 计算机硬件系统由运算器、存储器、控制器、输入设备、输出设备五大部分组成。

冯·诺依曼体系结构的核心思想是存储程序概念。然而，冯·诺依曼的体系结构也有其缺点。由于程序和数据在程序执行前已放入计算机的存储器中，且在程序执行的过程中不允许改变存储器中的程序。这样，计算机不能随着外界条件的变化而改变其中的程序。

4.3 计算机硬件中的各组成部分

计算机硬件系统由运算器、存储器、控制器、输入设备、输出设备五大部分组成。

(1) 运算器。运算器是计算机用来执行数学和逻辑运算的器件。它所能执行的运算包括加、减、乘、除、逻辑或、逻辑与、逻辑非、移位等。

(2) 控制器。控制器在计算机中使其能按照系统和用户程序中的指令而工作，同时控制计算机各部件之间协调工作。它的工作过程包括：①取指令；②指令译码(产生和此指令所对应的控制信号)；③确定下一条指令的地址。

(3) 存储器。存储器是用来存储用户或系统的程序，以及在运算的过程中所用到和产生的数据的器件。它是计算机中的一个重要组成部分。存储器的大小和访问速度的快慢影响着计算机系统的性能。计算机的存储器分为内存和外存。其中，内存是计算机内部的存储器,外存包括硬盘、U盘、光盘等。

(4) 输入设备。计算机输入设备的功能是把自然界的信息转化为计算机能够处理的信号或数据。这方面的设备有键盘、鼠标、话筒、扫描仪、数码照相机、数码摄像机、条码阅读器等。

(5) 输出设备。计算机输出设备的功能是把计算机处理的结果转化为人能够理解的形式呈现出来。这方面的设备有显示器、打印机、绘图仪、音箱等。

在通常的计算机中,运算器和控制器是集成在一个器件中的。这个器件叫做中央处理单元(central processing unit,CPU)。

了解计算机的五个组成部分之后,下面将具体地介绍计算机的各个部件和设备。

4.3.1 中央处理器

中央处理器(CPU)是计算机的核心,它相当于人的大脑,控制着计算机的行为。在CPU中,除了有以上介绍的运算器和控制器外,还有寄存器(register)和缓存(cache)。

寄存器包括指令寄存器和数据寄存器。其中,指令寄存器用来保存当前的指令,数据寄存器用来保存当前计算的源操作数、计算的结果、内存中堆栈的指针、指令在内存中的地址等信息。

由于计算机的CPU的运算速度比访问内存的速度快很多倍,如果不采取一定措施,CPU会经常因为等待内存中的数据而处于空闲状态。这样,会浪费大量CPU的计算资源。为解决这一问题,CPU的芯片上通常设计了缓存(cache)区域。缓存中存放的是预计CPU将要读或写的数据。这样,CPU在向内存读或写数据时,先检查这一数据是否已经在缓存中。若此数据在缓存中,CPU将直接利用缓存中的数据,而不访问内存了。这样,可大量减少CPU访问和等待内存的时间。

下面将介绍在CPU中常采用的一些技术,包括指令流水(pipeline)技术、多核(multi-core)技术、CISC和RISC技术。

1) 指令流水技术

在这里,以一个例子来说明在CPU的设计中所采用的指令流水技术。假设一个CPU需要30ns来完成一个指令,其中10ns用来从内存中取指令,10ns用来完成该指令所要求的计算,10ns用来把计算结果存入内存中。如果不采取指令流水技术,其设计出的CPU的框图如图4-5所示。

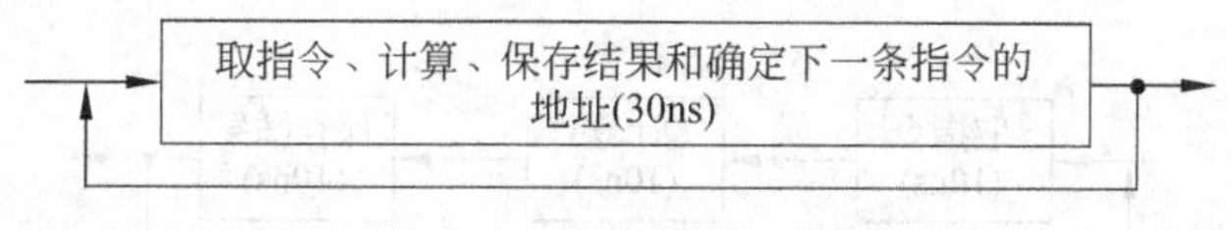

图4-5　不采用指令流水的CPU

从图中可以看出该CPU平均每30ns才能完成和处理一条指令,且将一条指令整个处理好才能处理下一条指令,其处理能力是每秒33×10^6个指令($1/(30\times10^{-9})$)。

现在,利用指令流水技术设计出的CPU的框图如图4-6所示。在此,CPU并不等一条指令完全处理好而立即投入到下一条指令的处理过程中。

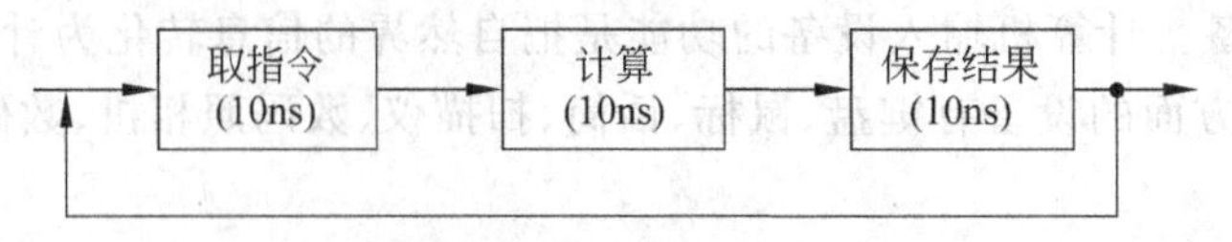

图 4-6 采用指令流水的 CPU

从图 4-6 中可以看出，此 CPU 取一条指令完成后，并不等此指令处理完而立即去取下一条指令。类似地，此 CPU 的计算部分计算好一条指令的结果后，并不等保存结果执行完而立即计算下一条指令的结果。同理，保存结果部分并不等下一条指令的地址确定好，而立即开始保存下一条指令的结果。这样，经过 30ns 的首次延迟后，此 CPU 平均每 10ns 就能处理一条指令，其处理指令的能力是没有采取指令流水的 CPU 的 3 倍。其指令处理过程如图 4-7 所示。

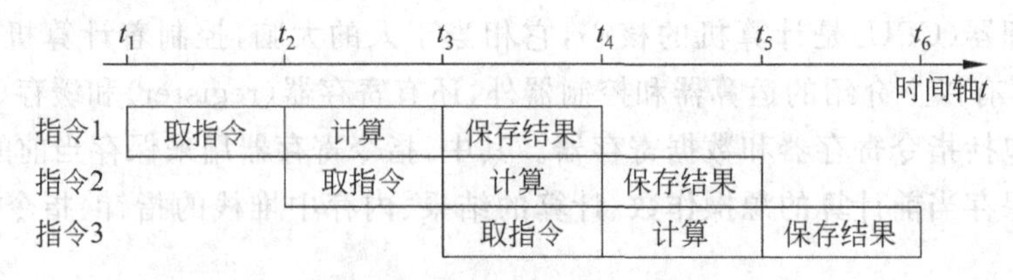

图 4-7 采用指令流水的 CPU 中指令的执行过程

2）多核技术

在大规模集成电路中，在现有的基础上再提高门电路的密度已十分困难。这主要是受以下两个方面的限制：①如果一个门电路的面积过小，与此相对应的光刻技术就变得十分困难和难以掌握；②如果单位面积内的门电路的数目过多，与此相对应的散热技术就十分困难。而散热如果解决不好，集成电路的芯片很快就会因过热而烧坏。

因此，在 CPU 的设计中，继续靠增加门电路的密度（单位面积内的门电路数）来提高 CPU 的处理能力就变得十分困难。为此，为进一步提高 CPU 的处理能力，人们采取并行或多核的技术。在此技术中，靠多安排处理单元（核）来提高处理能力。其中双核的框图如图 4-8 所示。

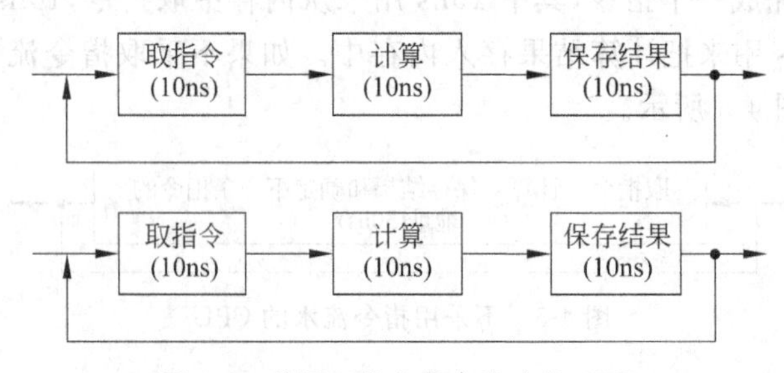

图 4-8 采用双核和指令流水的 CPU

这样，在计算可以并行的情况下，可以提高速度。而如何把一个问题的解决过程转化为可以并行计算的过程就成了计算机专业人员的一个挑战。

3) CISC和RISC技术

一个CPU所能完成或识别的指令构成了一个指令集。目前在CPU的指令集的设计中存在两种技术。一个是CISC(complex instruction set computer,复杂指令集)技术,其指令集中的指令的长度是不相等的,且执行每个指令所花费的CPU的周期数是不一样的。另一个是RISC(reduced instruction set computer,精简指令集)技术,其指令集中的每个指令的长度是一样的,且执行每个指令所需要的CPU周期数是一样的。由于这个特性,采用RISC技术设计的CPU的硬件代价低且处理速度快。在相同的工艺下,RISC技术的CPU的平均处理速度是CISC技术的2～5倍。

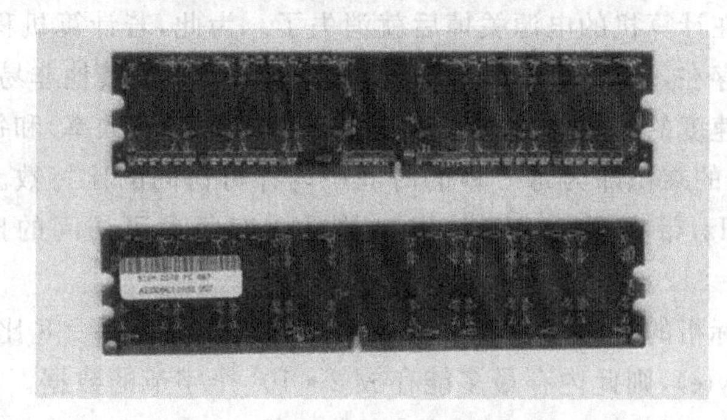

图4-9　DDR2内存条(DDR2-001)

4.3.2　主存储器

主存储器包括计算机中的内存(RAM)、CMOS存储器和只读存储器(ROM)。

1. 内存

内存是计算机中存放数据和程序的地方。为了能快速访问内存中的内容,内存被划分为许多单元。每一个单元都有唯一的编号,用来区别于其他单元。这个编号在计算机中叫做地址。这样,要访问内存中的某一个单元的内容时,只需给出此单元的地址就行了。

内存中的数据是既可读也可写的。为了区别读和写,计算机中专门有一个信号Read用来指示当前是读还是写。当Read为“1”时,进行读操作;当Read为“0”时进行写操作。在内存的访问中,需要用到计算机中的地址总线和数据总线。(关于总线,后面有具体的介绍,在此把总线理解为传输数据的线路就行了)。其中,从内存中读取数据操作的步骤如下:

(1) CPU产生使Read为“1”的信号。

(2) CPU把要访问的内存单元的地址放到地址总线上。

(3) 内存把此地址单元的数据放到数据总线上。

(4) CPU从数据总线上读取数据。

CPU把数据写入内存的操作的步骤如下:

(1) CPU产生使Read为“0”的信号。

(2) CPU 把要写入的数据单元的地址放到地址总线上。

(3) CPU 把要写入的数据放到数据总线上。

(4) 内存把数据总线上的数据写入地址总线上的地址所指示的单元中。

现今的内存设计技术分为 SRAM(静态 RAM)和 DRAM(动态 RAM)两种。其中，SRAM 中的数据在计算机加电的情况下不会消失；而在 DRAM 中，由于会产生漏电，其中存放的数据如果不定时刷新，会在一定时间后消失掉。其中，刷新是把 DRAM 中的数据再重新写入 DRAM 的过程。在 SRAM 中，每个数据单元需占用好几个晶体管；而 DRAM 中只需 1 个晶体管就够了。为此，DRAM 是现今的主流方向。

内存中的数据在计算机的电源关掉后就消失了。为此，若计算机程序想使计算机关掉后某些数据依然存在，应当把内存中的这些数据写入硬盘或其他非易失存储器中。

衡量内存访问速度的主要指标有每秒可访问的次数(工作频率)和每次访问的比特数(带宽)。其中，两者的乘积即为每一秒的时间中内存可访问的比特数。例如：某内存的工作频率为 800MHz，带宽为 64 比特(bit)，则此内存每秒可访问的比特数为 $800\text{M}\times 64=800\times 10^6\times 64=512\times 10^8$。

内存容量的指标指的是内存中最多能存放多少字节(1 字节＝8 比特)。例如：某内存的容量为 2GB(Byte)，则此内存最多能存放 $2*10^9$ 个字节的数据。在计算机中，$1\text{K}=2^{10}=1024\approx 1000$，$1\text{M}=2^{20}=1048576\approx 10^6$，$1\text{G}=2^{30}\approx 10^9$，$1\text{T}=2^{40}\approx 10^{12}$。内存的容量是计算机中的一个重要指标。因为，如果内存太小，内存中不足以存放计算中经常要访问的数据和程序，它们会被放到硬盘中。而硬盘的访问速度比内存的访问速度要慢很多。这样，会大大降低程序的运行速度。现今，台式计算机的内存容量通常在 1GB 以上。

2. CMOS 存储器

计算机中的 CMOS 存储器靠电池来供电，其中存放了计算机的各种配置信息，如硬盘的各种属性、当前的时间、用户的密码等信息。因此，CMOS 中的信息在关机后依然存在。

3. 只读存储器

ROM 是 read only memory 的缩写。因此，从它的名字中可以知道 ROM 只能用来从其中读取信息，而不能向其中写入信息。计算机的 ROM 通常用来存放开机后的引导程序。ROM 中的信息在计算机关电后依然存在。

4.3.3 辅助存储器

从以上的介绍中，可以看出计算机内存中的数据在计算机关闭电源后将不再存在，同时计算机内存的容量是很有限的，因此需要辅助存储器来长时间和大容量地保存一些信息。现在，常用的辅助存储器包括硬盘、光驱、光盘和 U 盘等。图 4-10 所示为西部数据硬盘。

1. 硬盘(hard disk)

硬盘发明于 20 世纪 50 年代，硬盘中的数据可以保存很多年，且硬盘中的数据可以反复读写很多次。一个硬盘包括很多盘片，硬盘中的数据就存放在这些盘片上。这些盘片套在一个共同的旋转轴上。同时，硬盘中每个盘片有和其相对应的读写磁头。每个硬盘盘片被划分成很多同心圆，相邻同心圆之间的区域构成一个磁道(track)。每个磁道又被划分为大小相同的扇形区域，这个扇形区域叫做扇区(sector)。如图4-11所示，黄色的区域为一个磁道，蓝色的区域为一个扇区。

图4-10　西部数据硬盘(500GB/7200转)

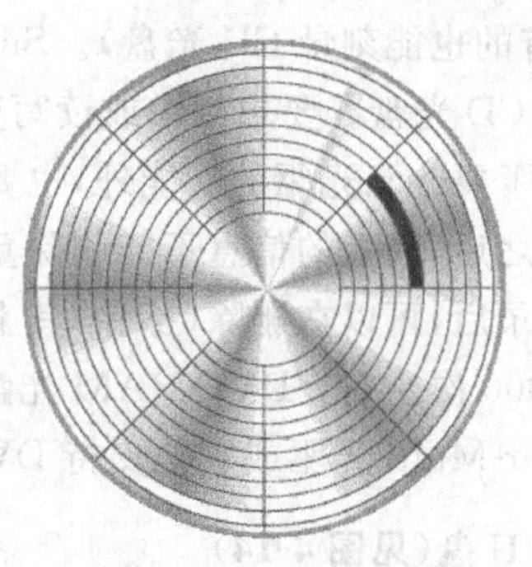

图4-11　硬盘的磁道与扇区

在磁带的访问中，要访问某一位置上的数据是比较困难的，必须从磁带的开头开始寻找这一位置，非常耗时。硬盘的访问就不同了，硬盘中的磁头可以很快地定位到要访问的位置。因此，硬盘属于随机访问存储器，而磁带属于顺序访问存储器。

衡量硬盘的性能有以下3个指标：①硬盘的容量，即最多能存放的字节数；②数据传输率，即硬盘每秒可传输给CPU的字节数；③寻道时间，即从盘片的磁头的当前位置移动到要访问的数据的位置所花费的平均时间。

在硬盘上，并不是每个扇区都可以用来存放用户数据，有些扇区是用来存放计算机启动时的引导信息和操作系统的数据的。

在内存往硬盘上写数据时，由于往硬盘上写的速度比往内存中写的速度慢很多，通常先将要写入的数据保存在内存的特定的一块区域中，这个区域叫做缓冲池。当缓冲池中的数据达到一定大小或者用户发出清缓冲池的命令时，才一次性将缓冲池中的内容写入硬盘中。这样，可以减少写硬盘的次数和时间，从而提高效率。这种技术叫做缓冲池(Buffer)技术。类似地，从硬盘中读数据可以采用缓冲池技术。

2. 光驱(见图4-12)和光盘(见图4-13)

图4-12　光驱(三星TS-H662A)

图4-13　光盘

计算机的光盘具有容量大、便于携带的特点。因此，光盘可以用来保存电影、电视节目、歌曲等，当然也可以用来保存数据。通常一张 CD 光盘的容量为 700MB(700 兆字节)，一张 DVD 光盘的容量一般为 4.7GB。最新的蓝光(blue-ray)光盘的容量为 25GB。计算机要想读写光盘，需要有光驱。光驱的类型有很多种，在选购时应注意其特点和人们的需求。DVD-ROM 光驱只能用来读 DVD 或 CD，不能用来刻录光盘。CD-RW 光驱可以用来读和刻录 CD 光盘。DVD-RW 光驱可以用来读和刻录 DVD 光盘，一般也可读 CD 光盘(有的也能刻录 CD 光盘)。Super-Multi 可以用来读和刻录 DVD 光盘，也可用来读和刻录 CD 光盘。要想刻录或读写蓝光光盘，需要蓝光光驱。

除了要注意光驱的功能外，也要依据光盘的读写特点选购光盘。CD-R 或 DVD-R 光盘刻录之后，其上的信息不能删除重写。CD-RW、CD＋RW、DVD-RW 或 DVD＋RW 的光盘刻录后，可以在删除(擦除)其上的所有内容后再重新进行刻录。其可刻录的最大次数在 1000 次左右。DVD-RAM 光盘上的内容可读、可写，不过其盘片价格较贵，另外需要 Super-Multi 光驱或其他支持 DVD-RAM 的光驱。

3. U 盘(见图 4-14)

U 盘(U disk)的应用现在已日益广泛。U 盘的体积小、便于携带，同时其存储容量大(现在 1 个 U 盘的容量一般在 1GB 以上)。U 盘的使用也很方便，只要插入计算机的 USB 口就可读写 U 盘了，是即插即用的(plug and play)。由于 USB 口的访问速度很快，U 盘的访问速度也很快。由于这些特点，U 盘已取代以前的软盘而成为现今移动存储的主流。

图 4-14　U 盘 (联想 T180(8GB))

图 4-15　存储卡 (三星 SDHC(16GB))

4. 存储卡(见图 4-15)

现在，使用存储卡的设备越来越多，如手机、数码照相机、数码摄像机、MP3、MP4 等。这些存储卡采用 Flask RAM(闪存)的技术来保存数据。这些数据在关掉电源后依然存在。同时，这些数据的访问也是很方便的，可以把存储卡从数码照相机中取出插到计算机的存储卡接口或读卡器中，计算机就能访问其中的数据了。或者，通过 USB 线把数码照相机等设备和计算机的 USB 口相连。

4.3.4　输入/输出系统

输入/输出系统也是计算机中的重要组成部分，通过它们才能和计算机进行交互，把数据输入计算机中，并在计算机对其处理后看到处理结果。

1. 输入设备

计算机的输入设备包括键盘、鼠标、条码阅读器、扫描仪、数码照相机、数码摄像机、触摸屏、手写笔和绘图板等。

1）键盘（见图 4-16）

键盘是计算机中常用的输入设备，除有 A～Z 的 26 个英文字母键，0～9 的 10 个数字键之外，还有大写锁定键（Caps Lock）、Del 键、回车（Enter）键、Ctrl 键、Alt 键、功能键 F1～F10 等。其中，Ctrl 键和 Alt 键经常和别的键合起来组成一个快捷键，以快捷地执行某菜单命令。如 Ctrl＋A 键在 Word 等程序中可以快捷地执行全选操作。要完成此键的功能，需要先按住 Ctrl 键，与此同时按 A 键。在键盘中，若按大写锁定键，则以后输入的字符将大写。键盘中，按 Del 键可删除当前字符。按 Num 键，可激活键盘中右边的小键盘（包括数字 0～9 等）。按 Enter 键可换行或执行某个命令。按 Esc 键可退出当前状态。

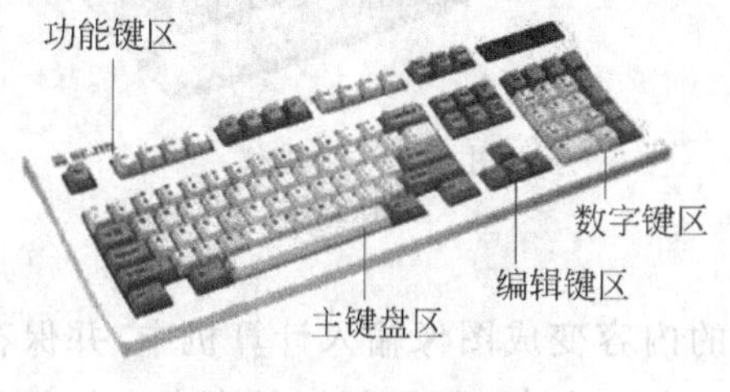

图 4-16　键盘

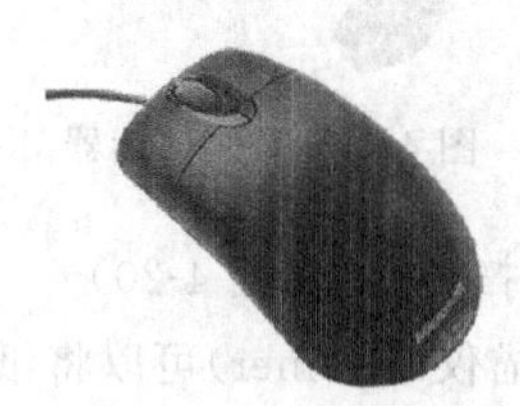
图 4-17　鼠标

2）鼠标（见图 4-17）

鼠标是由道格·恩格尔巴特（Doug Engelbart）（见图 4-18）在 1968 年 12 月 9 日于美国加州旧金山发明的。鼠标的出现使人和计算机的交互变得更容易。因为可以靠鼠标的滑动来很快和精确地定位到显示器屏幕上的某一位置。而此操作如果仅靠键盘上的上下左右键来完成，需要很耗时的许多步骤。

图 4-18　鼠标发明者和世界上第一个鼠标

鼠标的操作包括滑动、单击或双击鼠标上的某键。其中单击左键可选择某个菜单或命令，单击右键可弹出快捷菜单，双击左键在 Windows 下可运行某个程序。

现在的鼠标有机械式鼠标和光电式鼠标。随着技术的发展，无须连线的无线鼠标和无线键盘已出现并被广泛应用。

3) 条码阅读器(见图 4-19)

条码阅读器现今在超市和图书馆中已广泛应用。通过它，计算机可识别物品上的条码，从而确定是什么物品。条码阅读器的原理是通过把粗细不同的明暗条纹转换成长短不同的电压波形，经译码后确定此条纹的编码。因此，把符号变成粗细不同的条形码，就可通过条码阅读器把条形码所代表的符号读入计算机中。

图 4-19 条码阅读器

图 4-20 扫描仪

4) 扫描仪(见图 4-20)

扫描仪(scanner)可以将纸张、照片等上的内容变成图像输入计算机中，并保存成图像文件。扫描仪在日常生活中已有很广泛的应用。例如，如果想把某本书中的某些内容输入到计算机中，手工输入是非常耗时的。这时，可以利用扫描仪先把书上的内容变成图像文件输入计算机中。然后，利用自动识别字符的软件来自动识别图像中的文字。最后，只要把识别结果检查一下，修改其中的错误就行了。这种方法的效率要比手工输入高很多。

扫描仪的很重要的一个指标是其扫描精度。扫描仪是按点或像素的方式来记录信息的。所以单位面积的点越多，扫描出的图像就越清晰和逼真，但同时图像文件所占的字节数也越多。扫描仪的扫描精度通常用 DPI 来表示，DPI 即每平方英寸面积内的像素点数。例如，某扫描仪的扫描精度为 500DPI，则在此精度下扫描出的图像，每平方英寸有 500 个点。通常情况下，300DPI 的扫描精度就能符合大多数情况下的要求了。扫描仪的另外一个指标是其扫描速度。

5) 数码照相机(见图 4-21)

数码照相机的出现使拍摄照片更加快捷、方便。对于拍摄的不满意的照片，可以随时删除。同时，无须照片底片和冲洗照片，只需要把数码照相机中的照片打印出来即可，还可以把喜欢的照片存放在计算机中或刻录成光盘。这样，可以很方便地存储很多张照片。数码相机的一个重要指标是其像素点数，其实就是指其所拍照片最大能达到的像素点数。例如，某数码照相机的像素点数为 1024×768(即每一行有 1024 个像素点，每一列有 768 个像素点)，则其为 78 万($1024\times768=786432\approx78$ 万)像素的数码照相机。现在，数码照相机通常的像素点数在 500 万以上。

图 4-21　数码照相机

图 4-22　数码摄像机

6）数码摄像机(见图 4-22)

数码照相机一般来说只能拍摄静止的图像，而数码摄像机可以拍摄动态的图像并能记录声音。这个动态的图像通常为每秒 30 帧以上，即每秒钟有 30 幅以上的图像。数码摄像机除了具有像素点数这个重要指标外，其镜头的放大倍数也是非常重要的指标。放大倍数高的话，拍摄远处或广角镜头的视频就比较清晰。受现在电池技术的限制，家用的数码摄像机现在一般只能连续拍摄两个小时。

7）触摸屏(见图 4-23)

触摸屏不仅可以作为计算机的显示屏幕，用户还可以用手指触摸此屏幕，以选择触摸位置的菜单或执行命令。这样，人和计算机的交互就变得更方便了。触摸屏现在除了在计算机屏幕上的应用外，还应用于手机、MP3、MP4、iTouch 等设备的屏幕上。其便捷的使用方式受到人们的青睐。

图 4-23　汉华 17 英寸专业手写触摸显示器图片

图 4-24　WACOM 手写笔和绘图板

8）手写笔和绘图板(见图 4-24)

手写笔可以在绘图板上书写，同时绘图板把手写笔所书写的信号转换为电信号输入计算机中。这样，所书写的内容可以在计算机屏幕上显示出来，并可以保存。除此之外，很多手写笔与绘图设备带有自动识别软件，可以识别用户在绘图板上书写的符号，如汉字、数字、英文字母等。这样，对于不会中文输入法或不会用键盘输入的用户，可以使用手写笔与绘图板来轻松地输入汉字或其他信息。

2. 输出设备

计算机中的输出设备包括显示器、打印机、绘图仪等。

1）显示器（见图 4-25）

显示器是常用的计算机输出设备。有了它，才能更好地了解计算机的当前工作状态，进行浏览网页、查看照片、欣赏电影等活动。显示器的分辨率是其性能的一个重要的指标。例如，对于一个分辨率为 1024×768 的显示器，其水平方向每行的可显示点数有 1024 个，垂直方向每列的可显示点数为 768 个。显示器的分辨率越高，显示出的图像越清晰。显示器的刷新频率也是一个重要指标，它指的是显示器每秒所显示的图像数。例如，一个显示器的刷新频率为 80Hz，则这个显示器每秒显示 80 幅图像。如果显示器的刷新频率过低，所看到的内容就会有抖动感，同时对人们的眼睛也会有伤害。

显示器的分辨率和刷新频率可以在 Windows 中进行修改，以根据当前显示器的能力设定一个合适的值。修改的过程如下：①打开“控制面板”窗口；②选择“外观和主题”选项卡；③选择“显示”选项；④这时会弹出一个对话框，在这个对话框的顶头选择“设置”选项；⑤这时就可以设置分辨率了；⑥若要想设置刷新频率，还需单击“高级”按钮；⑦这时会弹出另一个对话框，可以在其中设置刷新频率这一项；⑧所有的设置都完成之后，单击“确定”按钮，以保存所做的设置。

图 4-25　BenQ 显示器

图 4-26　惠普激光打印机 HP LaserJet P1008(CC366A)

2）打印机（见图 4-26）

通过打印机，可以把计算机中的文档或照片等信息打印出来。常用的打印机分为针式打印机、喷墨打印机、和激光打印机这 3 种。

其中，针式打印机的打印速度较慢，且只能打印文本文件，不能打印图片等信息。

喷墨式打印机的打印速度适中，且可以打印文本、照片等信息。尤其在打印彩色照片上，喷墨式打印机的表现十分出色，打印出的照片非常逼真。喷墨式打印机的缺点在于：①其墨盒在打印了几百张纸之后就没墨了，需要更换；②其墨盒的价格比较高，因此使用喷墨式打印机的成本比较高。

激光打印机的打印速度在这 3 种类型的打印机中是最快的。同时，激光打印机可打印出文本及图像。激光打印机在黑白打印这一点上，其性能是很好的。只是在打印彩色图像时，激光打印的效果不如喷墨打印。同时，激光打印的耗材硒鼓的价格并不高，且一个硒鼓能打印 2000 张左右。因此，在黑白打印这一点上，激光打印的成本还是比较低的。

因此，在选购打印机时，要充分考虑到这 3 种打印机的特点和自己的需求。若是仅打印文本且对打印速度无要求,可选择针式打印机。若是想经常打印较清晰的照片,应选择喷墨打印机。若是要经常黑白打印各种文件,应选择激光打印机。

3) 绘图仪(见图 4-27)

绘图仪可以用来产生建筑图纸、机械设计图纸。同时,也可以产生打印机不能输出的所占面积很大的图像和文本,如面积很大的广告宣传画等。通常,绘图仪所产生的图像和文本的质量很高,非常清晰。

图 4-27 惠普 DesignJet 430A1 (C4713A)

4.3.5 总线与接口

计算机的总线和接口使得计算机中的内存或者外部设备可以和计算机的 CPU 相连,其示意图如图 4-28 所示。

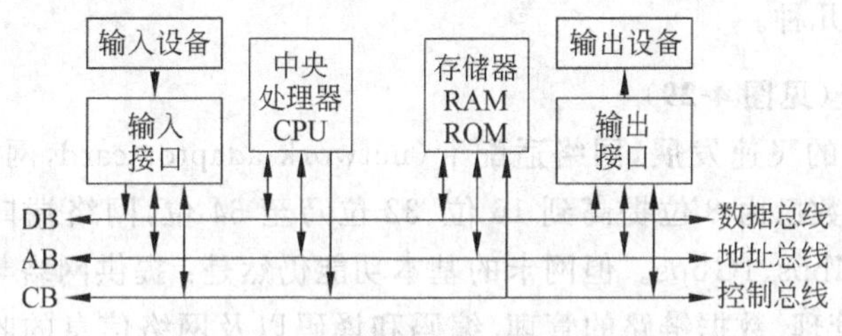

图 4-28 计算机总线与接口示意图

1. 总线(bus)

总线是计算机的各部件之间通信的接口。从另一个角度来看,如果说主板(mother board)是一座城市,那么总线就像是城市里的公共汽车(bus),能按照固定行车路线,传输来回不停运作的信息:比特(bit)。一个线路在同一时间内都仅能负责传输一个比特。因此,必须同时采用多条线路才能传送更多资料,而总线可同时传输的资料数就称为宽度(width),以比特为单位。总线宽度愈大,传输效能就愈佳。总线的带宽(bandwidth)即单位时间内可以传输的字节数(单位是 Bytes/sec),可由下式计算出来:总线带宽=总线频率×宽度。

总线按其功能可分为地址总线、数据总线和控制总线 3 种,分别用来传输地址、数据和控制信息。总线按其所处的位置可分为内部总线、系统总线和外部总线。其中内部总线用于连接 CPU 和计算机内部各芯片;系统总线用于连接各插件板和系统主板;外部总线用于连接计算机和外围设备。当前计算机中常用的总线技术是 PCI(peripheral component interconnect)总线。它定义了 32 位总线,且可扩展为 64 位。PCI 总线的最大传输速率可达 132Mbps。

2. 接口

接口是计算机和外部设备的连接口。接口包括串口、并口、通用串行总线接口等。

1) 串口(serial port)

串口用于连接一些低速的外部设备,如键盘、鼠标等。在串口中,外部设备和计算机中的数据的传送是一位一位地进行的，即每次只传输一个二进制的比特。

2）并口(parallel port)

并口可用于连接一些高速设备，如打印机等。在并口中，外部设备和计算机的数据传送可几个二进制位同时进行，即一次可传输几个二进制的比特。

3）通用串行总线接口(universal serial port，USB)

USB口现今已广泛应用，USB口的传输速度非常快。其中，USB 1.1提供的传输速率有1.5Mbps(即每秒传输1.5M比特)和12Mbps两种。目前的USB 2.0可提供480Mbps的速率。由于USB接口的传输速率比并口和串口快很多，现在很多设备都采用USB口，如键盘、鼠标、打印机、数码照相机、数码摄像机、移动硬盘、U盘、MP3等。

4.3.6　各种适配卡

若要计算机很好地工作，除了需要以上介绍的部件或设备外，还需要各种适配卡。常见的适配卡有以下几种。

1. 网络适配卡(见图4-29)

由于网络技术的飞速发展，网络适配卡(network adaptor card，网卡)在计算机内部输入输出的总线位数已由8位提高到16位、32位乃至64位，网络端口的数据速率也由10Mbps升至100Mbps、1Gbps。但网卡的基本功能仍然是：提供网络与计算机的接口电路、数据缓存器的管理、数据链路的管理、编码和译码以及网络信息的收发。上述功能在网卡内由不同的模块完成，尽管实现时都已集成在一片或几片集成电路中。网卡的主要工作原理是：发送数据时，计算机把要传输的数据并行写到网卡的缓存，网卡对要传输的数据进行编码(10Mbps以太网使用曼彻斯特码，100Mbps以太网使用差分曼彻斯特码)，串行发到传输介质上；接收数据时，则相反。对于网卡而言，每块网卡都有唯一的网络节点地址，它是网卡生产厂家在生产时烧入ROM(只读存储芯片)中的，这个地址叫做MAC地址(物理地址)，且保证绝对不会重复。有了网卡，就可以利用网线连接到Internet，或者连接到内部局域网。

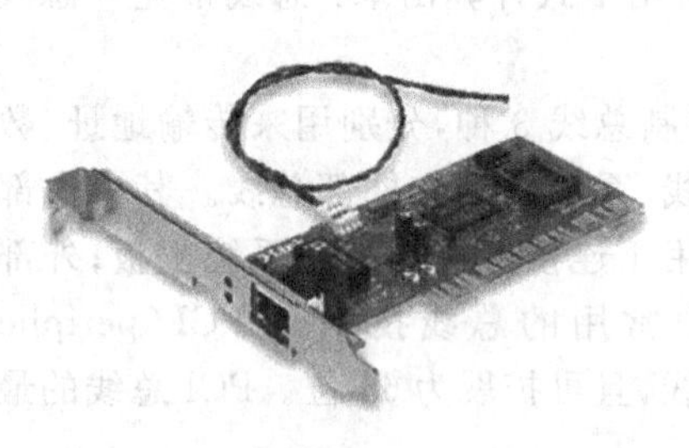

图4-29　网卡(D-Link DFE-530TX)

图4-30　显卡(双敏速配2 GT240大牛版)

2. 显卡(见图4-30)

显卡是计算机中负责处理图像信号的专用设备，在显示器上显示的图形都是由显卡生成并传送给显示器的，因此显卡的性能好坏决定着计算机的显示效果。显卡分为主板集成的显示芯片的集成显卡和独立显卡，在品牌机中采用集成显卡和独立显卡的产品约各占一半，在低端的产品中更多是采用集成显卡，在中、高端市场则较多采用独立显卡。

独立显卡是指显卡以独立的板卡存在，需要插在主板的AGP接口上，独立显卡具备单独的显存，不占用系统内存，而且技术上领先于集成显卡，能够提供更好的显示效果和运行性能；集成显卡是将显示芯片集成在主板芯片组中，在价格方面更具优势，但不具备显存，需要占用系统内存(占用的容量大小可以调节)。

显示芯片是显卡的核心芯片，它负责系统内视频数据的处理，它决定着显卡的级别、性能。对于不同的显示芯片，无论从内部结构设计还是性能表现上，都有着较大的差异。显示芯片在显卡中的地位就相当于计算机中CPU的地位，它是整个显卡的核心。目前应用于品牌机中的显示芯片主要有：(独立显卡)Nvidia公司的Geforce2 MX400、Geforce4 MX440、Geforce4 MX4000、Geforce FX5200、Geforce FX5200U、Geforce4 FX5600、ATI公司的Radeon9200SE、Radeon9200、Radeon9600等；集成显卡有845G系列、865G、nForce2-G等芯片组。对于在目前品牌机中所采用的显卡，其中集成显卡和MX400、MX440、MX4000都属于性能有限的显卡，对于普通应用的、一般的3D游戏能提供比较好的支持；FX5200、FX5200U、Radeon9200SE、Radeon9200则属于较中端的显卡，支持DX9.0，能够提供不错的显示效果，但性能与低端产品差异并不大，在运行新的3D游戏时，也较为吃力；而FX5600、FX5700、Radeon9600等则是高端的显卡，显示效果和性能都很出众，但采用此类显卡的产品一般价格都较高。以上各类显卡都能满足目前家庭、商业用户的办公、普通娱乐、学习的要求。

图4-31　SCSI卡(Adaptec 39160)

3. SCSI卡(见图4-31)

SCSI是“small computer system interface”(小型计算机系统接口)的英文缩写，它是专门用于服务器和高档工作站的数据传输接口技术。SCSI卡是SCSI控制卡的简称。就像显卡工作在主板和显示器之间一样，SCSI卡工作在计算机主板和SCSI设备(如SCSI硬盘、SCSI光驱、SCSI接口的扫描仪)之间，如图4-32所示。

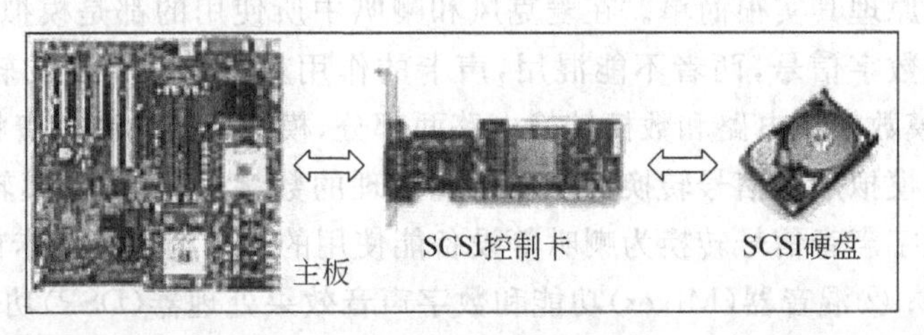

图4-32　SCSI卡的作用

需要说明的是，SCSI卡是一种32位或64位PCI设备，需要插在主板的32位或64位PCI插槽上。如果主板上已经集成了SCSI控制器，则没有必要安装SCSI卡，就像整合型主板集成了显卡就没有必要再安装一块显卡一样。

SCSI 卡的功能就是串接和控制 SCSI 设备，在计算机主板和连接的 SCSI 设备之间快速传递数据。SCSI 卡的类型不同，连接的 SCSI 设备数量也不同，早期的 SCSI 卡可以连接 6 个 SCSI 设备，较新的 SCSI 卡可以连接 16 个 SCSI 设备。

一块 SCSI 卡由 SCSI 控制芯片、SCSI BIOS、内置 SCSI 接口、外置 SCSI 接口、PCI 插脚和 SCSI 终结器 6 个部分构成，如图 4-33 所示。

使用传统 IDE 接口时，CPU 需要随时在线地全程控制数据的传输动作，所以在 IDE 传输数据的过程中，CPU 不能做任何事，必须等在旁边，直到传输结束才可执行后续的指令。在 SCSI 接口下，CPU 将传输指令给 SCSI 之后，可随即处理后续的指令，传输的工作则交由 SCSI 卡上的处理芯片自行负责；且传输过程以 DMA(direct memory access)方式，由 SCSI 直接访问内存。从理论上来说，最快的 SCSI 总线有 320MBps 的带宽，即 Ultra 320/s SCSI。

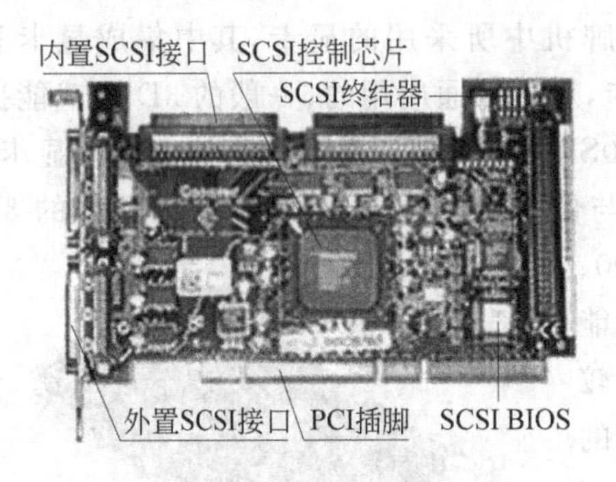

图 4-33　SCSI 卡的组成部分

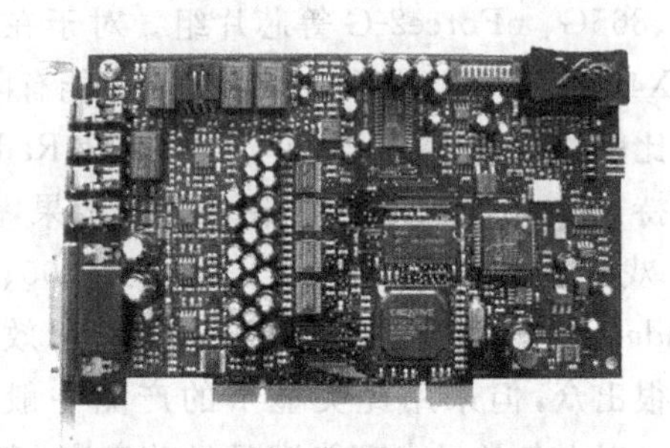

图 4-34　声卡(创新 Sound Blaster X-Fi Elite ProSB0550)

4. 声卡(见图 4-34)

声卡是多媒体计算机中用来处理声音的接口卡。声卡可以把来自话筒、收录音机、激光唱机等设备的语音、音乐等声音变成数字信号交给计算机处理，并以文件形式存盘，还可以把数字信号还原成为真实的声音输出。声卡尾部的接口从机箱中伸出，上面有连接麦克风、音箱、游戏杆和 MIDI 设备的接口。

声卡的工作原理其实很简单。在麦克风和喇叭中所使用的都是模拟信号，而计算机所能处理的都是数字信号，两者不能混用，声卡的作用就是实现两者的转换。从结构上分，声卡可分为模数转换电路和数模转换电路两部分，模数转换电路负责将麦克风等声音输入设备采到的模拟声音信号转换为计算机能处理的数字信号；而数模转换电路负责将计算机使用的数字声音信号转换为喇叭等设备能使用的模拟信号。声卡的功能有：①音乐合成发音功能；②混音器(Mixer)功能和数字声音效果处理器(DSP)功能；③模拟声音信号的输入和输出功能。

声卡发展至今，主要分为板卡式、集成式和外置式 3 种接口类型，以适应不同用户的需求，3 种类型的产品各有优缺点。

(1) 板卡式声卡。板卡式产品是现今市场上的中坚力量，产品涵盖低、中、高各档次，售价从几十元至上千元不等。早期的板卡式产品多为ISA接口，由于此接口总线带宽较低、功能单一、占用系统资源过多，目前已被淘汰；PCI接口则取代了ISA接口成为目前的主流，它们拥有更好的性能及兼容性，支持即插即用，安装使用都很方便。

(2) 集成式声卡。声卡只会影响到计算机的音质，对PC用户较敏感的系统性能并没有什么关系。因此，大多用户对声卡的要求都满足于能用就行，更愿将资金投入到能增强系统性能的部分。虽然板卡式产品的兼容性、易用性及性能都能满足市场需求，但为了追求更为廉价与简便，集成式声卡出现了。此类产品集成在主板上，具有不占用PCI接口、成本更为低廉、兼容性更好等优势，能够满足普通用户的绝大多数音频需求，自然就受到市场青睐。而且集成声卡的技术也在不断进步，PCI声卡具有的多声道、低CPU占有率等优势也相继出现在集成声卡上，它也由此占据了主导地位，占据了声卡市场的大半壁江山。

(3) 外置式声卡。外置式声卡是创新公司独家推出的一个新兴事物，它通过USB接口与PC连接，具有使用方便、便于移动等优势。但这类产品主要应用于特殊环境，如连接笔记本实现更好的音质等。目前市场上的外置声卡并不多，常见的有创新的Extigy、Digital Music两款，以及MAYA EX、MAYA 5.1 USB等。

3种类型的声卡中，集成式产品价格低廉，技术日趋成熟，占据了较大的市场份额。随着技术进步，这类产品在中低端市场还拥有非常大的前景；PCI声卡将继续成为中高端声卡领域的中坚力量，毕竟独立板卡在设计布线等方面具有优势，更适于音质的发挥；而外置式声卡的优势与成本对于家用PC来说并不明显，仍是一个填补空缺的边缘产品。

4.4 计算机的整体结构

下面以一个计算机的装机步骤为例来说明计算机的整体结构，图4-35为计算机主机内部的结构图。这个计算机的装机步骤如下。

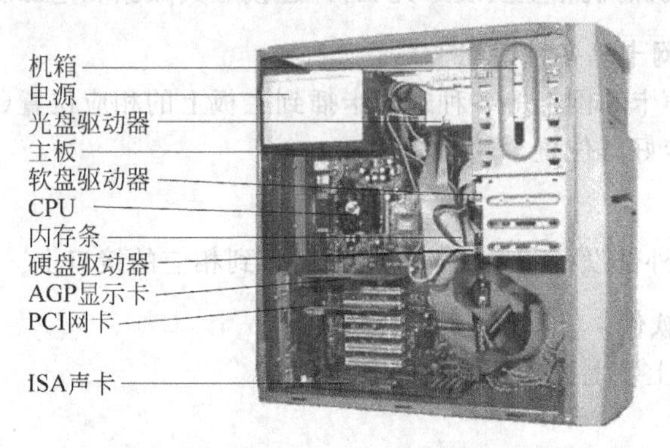

图4-35 计算机主机内部的结构图

1. 机箱

买来的机箱上有的安装好了计算机的电源。如果没有安装，需要先在机箱上安装上电源。计算机的主机的各部分都要安装在机箱内部，机箱可以对其内部的部件起一个保护和支撑的作用。

2. CPU

接着，把 CPU 插在计算机的主板的相应插槽上。

3. 内存

然后，把内存插在主板上的相应插槽上。

4. 主板（见图 4-36）

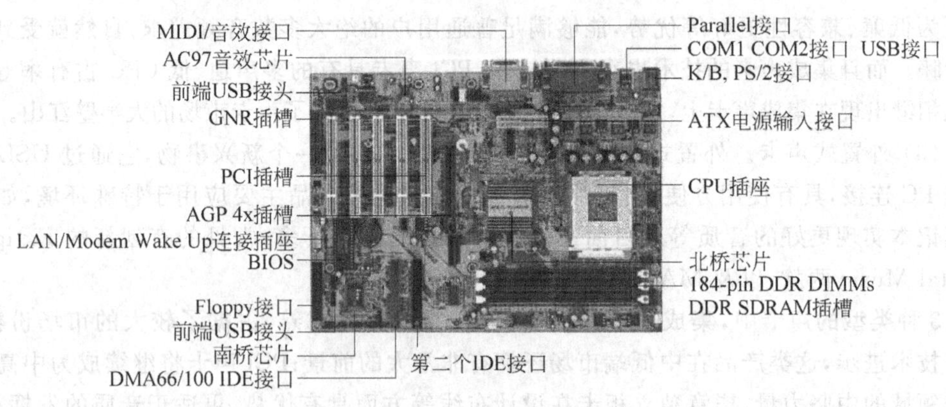

图 4-36 微机的主板

下面，就需要在机箱上安装好计算机的主板（mother board）。主板上集成了计算机的各种总线，并提供 CPU、内存和各种适配卡的插槽。

5. 硬盘

接着，在计算机的机箱上安装好硬盘，并连接好其数据和电源线。

6. 光驱

接下来，在计算机的机箱上安装好光驱，并连接好其数据和电源线。

7. 显卡、声卡、网卡等各种适配卡

接着，把显卡、声卡和网卡等各种适配卡插到主板上的相应位置（PCI 插槽或 AGP 插槽），并在机箱上固定好其位置。

8. 外部设备

接下来，把各种外部设备和主机的连接线插入到相应的接口上。

9. 操作系统和软件

最后，在计算机上装上操作系统和各种软件。

4.5 计算机指令的具体工作过程

下面将以假想的一条计算机指令和与此相应的指令结构为例，来说明计算机指令的工作过程。

假设这条指令为 0110111100。这个计算机的指令结构如图 4-37 所示。

操作码	源数据1的地址	源数据2的地址	目的数据的地址	下一条指令的地址

图 4-37　假想的计算机的指令结构

其中，此指令的各部分占 2 个比特。由此可以知道，这条指令的操作码为 01，源数据 1 在内存 10 单元中，源数据 2 在内存 11 单元中，执行的结果放在内存 11 单元中，下一条指令在内存的 00 单元中。

这样，CPU 拿到这条指令后，先进行指令的译码，把操作码 01 翻译成相对应的操作。假设这个 CPU 所能进行的操作和其对应的操作码如表 4-4 所示，则 CPU 知道当前需进行减法。

表 4-4　操作码和其对应的操作

操作码	操作
00	+
01	−
10	×
11	÷

接着，CPU 根据这条指令知道作这个减法的源数据位于内存的 10 和 11 号两个单元中。因此，CPU 先把 10 这个地址放到地址总线上，把 Read 信号置“1”(表示进行内存读操作)、Ready 信号置“0”放到控制总线上，然后等待内存的 Ready 信号。内存根据 CPU 的信号知道要读内存中第 10 单元的数据。假设这个数据为 A，则内存把 A 放到数据总线上，并把 Ready 信号置“1”(表示已完成读操作)。CPU 根据 Ready 信号知道内存中的数据已放到数据总线上，因此 CPU 把此数据拿到 CPU 中，并把当前空闲的一个寄存器 R_1 置为 A。同理，CPU 将向内存取内存中第 11 单元的数据，并把当前空闲的一个寄存器 R_2 置为内存中第 11 单元的值 B。然后，CPU 执行这个指令的操作：减法，使空闲的一个寄存器 R_3 的值为 $[R_3]=[R_1]-[R_2]=A-B$。接着，CPU 要按这条指令的要求，把计算结果放入内存的第 11 单元中。为此，CPU 把“11”放到地址总线上，把寄存器 R_3 中的数据 A－B 放到数据总线上，把 Read 信号置“0”(表示进行内存写)、Ready 信号置“0”放到控制总线上。内存根据 Read 信号把 A－B 写入内存的第 11 个单元中，然后把 Ready 信号置“1”(表示已完成写操作)。CPU 根据 Ready 信号知道写入操作已完成，于是将取下一条指令。由于下一条指令的地址为 00，CPU 将把“00”放到地址总线上，把 Read 信号置“1”、Ready 信号置“0”放到控制总线上，然后等待内存中的数据。内存将把第 00 单元的内容放到数据总线上，并置 Ready 信号为“1”。CPU 将取数据总线上的内容作为下一条指令，开始下一条指令的执行过程。

这里，虽然假想的指令比较简单，但其执行过程和实际计算机的执行指令的过程和原理是类似的。

本章小结

在本章中，首先以一位加法器的设计为例来介绍了计算机中的数字电路。接着，介绍了计算机之父冯·诺依曼所提出的计算机的体系结构，当前的计算机大多是符合这一体系结构的。总地来说，计算机的硬件系统由运算器、存储器、控制器、输入设备、输出设备5大部分组成。其中，运算器和控制器是集成在计算机的CPU中的。接着，本章介绍了CPU设计中的指令流水、多核和精简指令集技术。然后，本章介绍了计算机中的主要存储设备：内存、CMOS和ROM，辅助存储设备：硬盘、光驱和光盘、U盘、存储卡。接着，介绍了计算机中的输入设备：键盘、鼠标、条码阅读器、扫描仪、数码照相机、数码摄像机、触摸屏、手写笔和绘图板，输出设备：显示器、打印机、绘图仪。接下来，介绍了计算机中的各种总线：地址总线、控制总线、数据总线，接口：串口、并口、USB口，适配卡：网卡、显卡、声卡、SCSI卡。然后，以计算机的装机过程为例，介绍了计算机的整体结构。最后，以一个假想的计算机的指令为例，介绍了计算机指令的具体工作过程。

习　题

一、简答题

1. 简述冯·诺依曼所提出的计算机的体系结构。
2. 简述计算机的五大组成部分。
3. 简述CISC技术和RISC技术之间的异同点。
4. 简述指令流水的作用和功能。

二、选择题

1. CPU中包含计算机内的________器件。

A）运算器和控制器　　B）运算器和内存

C）控制器和内存　　D）运算器、控制器和内存

2. 以下________存储器中的信息在断电后会消失。

A）RAM　　B）ROM　　C）CMOS　　D）Flash RAM

3. 假设一假想的计算机的指令结构如图4-37所示，则指令“1010110110”所指示的目的数据的地址为________。

A）00　　B）01　　C）10　　D）11

4. 假设一假想的计算机的指令结构如图4-37所示，操作码如表4-5所示。则指令“1010110110”所指示的操作为________。

A）＋　　B）－　　C）×　　D）÷

5. 计算机的操作系统一般来说是保存在________中。

A）内存　　B）CPU　　C）硬盘　　D）U盘

6. 硬盘中存储数据的最小单位为________。

A）盘片　　B）柱面　　C）磁道　　D）扇区

7. 以下________是既可读也可写的。

A）CD-ROM　　B）CD-RW　　C）DVD-ROM　　D）ROM

8. 对于快速黑白打印的需求，应首选________打印机。

A）激光　　B）喷墨　　C）热敏　　D）针式

9. 若一个数码摄像机的分辨率为2048×1024，则其大约为________万像素的数码照相机。

A）100　　B）200　　C）300　　D）400

10. 现希望打印机每平方英寸打印的点数至少在500以上，以下________DPI的打印机是符合这一要求的。

A）300　　B）400　　C）100　　D）600

11. 存储卡中使用的是________技术来保存数据的。

A）CMOS　　B）ROM　　C）Flash RAM　　D）RAM

12. 以下________是计算机中的输入设备。

A）手写笔　　B）显示器　　C）音箱　　D）打印机

13. 以下________可通过串口连接到计算机。

A）鼠标　　B）USB　　C）打印机　　D）移动硬盘

14. 硬盘和主板之间的联系需要________卡。

A）显卡　　B）声卡　　C）SCSI卡　　D）网卡

15. 以下________数据存储容量可达4.7GB。

A）CD+RW　　B）CD-R　　C）CD-RW　　D）DVD-R

三、计算题

1. 画出输出$O=\overline{A}BC+AB$的数字电路的设计图。

2. 假设某CPU采用四核三级指令流水技术设计，指令流水中的每部分的处理时间为10ns。则在一秒内，此CPU最多能处理多少指令？

四、上网题

1. 在网上搜索关于超线程处理器的文章，据此撰写一篇有关超线程的优点的文章。

2. 上网搜索关于蓝光光驱和光盘的文章，据此预测蓝光光驱和光盘的市场前景。

五、探索题

1. 请设计出带进位的两位二进制加法器。

2. DMA传输方式的优点在哪里？

第5章 计算机系统的软件

5.1 计算机软件概述

计算机系统是硬件和软件紧密结合的统一整体，硬件与软件相辅相成、缺一不可；硬件提供了机器指令执行的基础，软件是程序的集合，为了实现用户的具体工作，由程序组成的软件来完成用户不同的需要。硬件是计算机的躯体，软件是计算机的灵魂。随着计算机硬件技术的不断发展和应用，计算机软件也日趋完善和丰富。

本章将简要介绍现代计算机系统中软件的基本概念和发展、软件的分类、操作系统、程序设计语言及其翻译系统和常用的工具软件。

5.1.1 计算机软件及其发展

只有硬件设备的计算机是无法完成给定任务的，因为硬件设备只能识别电位的高低，没有人机之间的语言交流工具，用户无法与硬件进行联系，也就无法指挥硬件做任何事情。要使计算机能真正发挥作用，必须有指挥硬件系统工作的命令，这些命令的有机结合称为程序。为了便于与硬件相区分，把计算机中使用的各种程序称为软件，并且将所有程序的集合称为软件系统。

软件是相对硬件而言的，与硬件相比，软件有许多特点，主要体现在以下几个方面：

(1) 软件是程序的集合，是一种逻辑实体，因而它具有抽象性，软件是看不见、摸不着的，它以程序和文档的形式存储在存储器中，软件只有在计算机中运行才能体现出它的功能和作用。

(2) 软件是纯智力的产品。软件是在研制、开发中被创造出来的，是脑力劳动的结晶。

(3) 软件可以无限制复制。软件一旦研制成功，就可以大量地复制同一内容的副本，因此生产成本远低于研制成本。

(4) 软件没有老化问题。软件在运行和使用期间，不会像硬件那样会有机械磨损、老化的问题。软件故障往往是在开发时产生的，所以要保证软件的质量，就必须重视软件的开发过程。

5.1.2 计算机软件的分类

计算机软件通常分为系统软件和应用软件两大类。

系统软件靠近硬件层，它们是管理和充分利用计算机资源、方便用户使用和维护、发挥和扩展计算机功能、提高使用效率的通用软件，与具体的应用领域无关。用户通常都要使用它们，但一般不应修改它们。

系统软件主要包括以下四部分：

(1) 操作系统是管理计算机软硬件资源的软件。

(2) 语言处理程序包括汇编程序、各种高级语言的解释程序、编译程序等。

(3) 服务程序包括系统诊断程序、测试程序、编辑程序、装配连接程序等。

(4) 数据库管理系统是用于管理、操作和维护数据库的软件。数据库可存储大量的各种数据。

应用软件是用户在各个领域中，为解决各类实际问题而开发的软件，应用软件在系统软件的支持下，用于解决特定领域的具体问题。例如某种工程设计软件、文献检索软件、人事管理软件、财务管理软件等。

5.2 操作系统

大多数计算机用户都使用过操作系统，只配备了硬件的计算机称为裸机，无法直接使用，因此要在裸机上配置相应的软件，操作系统就是在裸机上需要安装的第一个软件。使用过计算机的用户都知道，一台没有安装操作系统的计算机是无法使用的，但是对于什么是操作系统，操作系统是如何管理计算机系统中的软件和硬件的，多数用户并不能够清楚和完整地回答这个问题。本节内容将回答这些问题，让读者对操作系统有一个初步的认识。

5.2.1 操作系统的概念

操作系统(operating system，OS)是计算机硬件之上的第一层软件；也是最大的系统软件，它管理着计算机系统中所有的硬件和软件资源，其任务是合理地组织计算机的工作流程，有效地组织各种资源协调一致地工作以完成各种任务，充分发挥资源效率，在人和计算机之间起到一个接口作用。

在了解操作系统概念以后，来看一下操作系统在计算机系统中所处的位置。计算机系统通常可以划分的层次模型如图 5-1 所示，第一层为裸机，即计算机硬件设备，其中包含了中央处理器、存储器、控制器、输入/输出设备、总线等。第二层到第四层可以称为软件层，其中第二层为操作系统，它是计算机系统中最大的系统软件，是裸机之上的第一层软件；第三层为其他系统软件层，如编译器、解释器、数据库管理系统等；第四层为应用软件层,可以运行具体的应用程序,如飞机票预订系统,超市进销存管理系统、银行应用系统等。

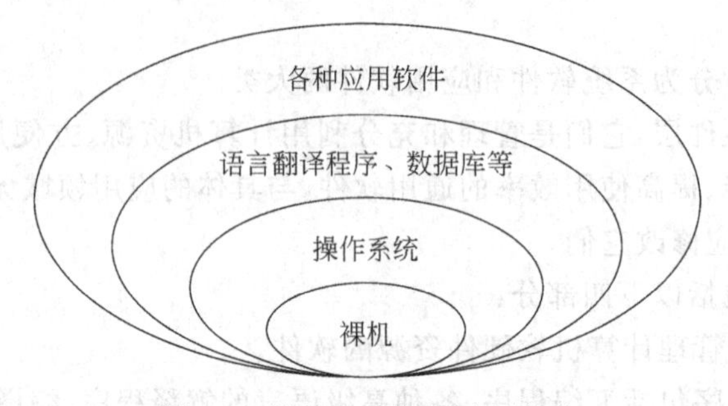

图 5-1 计算机系统的层次模型

从计算机系统的层次模型可以看出,操作系统是和硬件紧密相连的软件,是对硬件功能的首次扩充,其他软件都建立在操作系统之上,并且在操作系统的管理和支持下各自运行。任何计算机都要安装操作系统之后,才能为用户操作和使用。

5.2.2 操作系统的形成和发展

操作系统的形成迄今为止已有 50 多年的历史。20 世纪 50 年代中期出现了单道批处理系统;60 年代中期产生了多道程序批处理系统;不久又出现了基于多道程序的分时系统,与此同时也诞生了用于工业控制和武器控制的实时操作系统。20 世纪 80 年代开始至 21 世纪初是微型机、多处理机和计算机网络高速发展的年代。操作系统的形成与发展和计算机的发展密不可分,随着计算机性能的不断提高,运行在其上的操作系统也从无到有、从简单到复杂,成为非常重要的系统软件。

1. 手工操作方式

手工操作方式是第一代计算机发展阶段,计算机的主要元器件是电子管,CPU 的运算速度比较慢,每秒钟只能做几千次加法运算,体积庞大,没有操作系统,也没有任何软件,编程使用机器语言,手工操作方式处理机和 I/O 设备之间串行工作,系统资源利用率低,可靠性差。

2. 批处理系统

20 世纪 50 年代中期发明了晶体管,人们用晶体管作为主要元器件制作计算机,出现了第二代计算机。特点是体积小、功耗降低,可靠性也得到了提高。出现了单道批处理系统,将几个作业合成一批一起提交给计算机运算,内存中始终只保存一道作业。20 世纪 60 年代中期,人们开始利用小规模集成电路来制作计算机,生产出第三代计算机,相对于第二代计算机而言,无论在体积、功耗、速度和可靠性上都有了显著的改善。多道批处理就是将多道程序的技术引入到批处理系统中,用户所提交的一批作业先在外存上排成队列,然后由作业调度程序选择若干个作业进入内存,使它们共享 CPU 和系统中的各种资源。多道批处理的特点是:资源利用率高、系统吞吐量大、无交互能力。

3. 分时系统

批处理系统虽然提高了资源的利用率和吞吐量，但是无法实现人机交互，为了解决这一问题，引入了分时系统。

分时系统是指一台主机与多个终端相连，允许多个用户通过终端同时以交互的方式使用计算机系统，共享资源，这种系统使得每个用户感觉到好像自己独占一台计算机一样。

在分时系统中，为了使一个计算机系统能同时为多个终端服务，系统采用了分时技术，即把 CPU 时间分割成一定大小的时间片，每个终端用户每次可以使用一个时间片的 CPU 时间。这样，多个终端就轮流地使用 CPU。如果一个用户在一个时间片内还没有完成它的全部工作，这时也要把 CPU 让给其他用户，等待下一轮再使用一个时间片的 CPU 时间，如此循环轮转，直至结束。

4. 实时操作系统

所谓"实时"是指对随机发生的外部事件作出及时的响应并且能对它进行处理。外部事件是指与计算机系统相连接的设备所提出的服务要求。实时操作系统的特点是响应及时和可靠性高。如工业自动控制系统、导弹制导系统、票务预订系统、银行证券系统等。

实时操作系统通常包括实时过程控制系统和实时信息处理系统两种。

(1) 实时过程控制系统。在这类应用中要求计算机系统实时采集被测量系统数据，并且对其进行加工处理和输出。它主要用于生产过程和军事自动控制领域。

(2) 实时信息处理系统。在这类应用中要求计算机系统能及时对用户的服务请求作出应答，并能及时修改、处理系统中的数据。它是主要用于如飞机票的预订、银行证券的财务管理等大量数据处理的实时系统。

5. 微型计算机操作系统

微型计算机的出现导致了计算机的产业革命。如今微型计算机已经进入社会的各个领域，拥有庞大的使用量和最广泛的用户。从 20 世纪 70 年代中期到 80 年代早期，微型计算机上运行的一半是单用户单任务的操作系统，如 CP/M、MS-DOS。20 世纪 80 年代后期到 90 年代初，微机操作系统开始支持单用户多任务和分时操作，以 MP/M、XENIX 为代表。近年来，微机操作系统得到了进一步的发展，以 Windows、OS2、MAC OS 和 Linux 为代表的新一代操作系统具有图形接口、多用户和多任务、虚拟存储器管理、网络通信支持、多媒体支持等功能。

6. 网络操作系统

计算机网络是指有独立自主能力的计算机系统，通过通信设施互相连接，完成信息交换，资源共享、互操作和协同工作等功能构成的系统。网络操作系统是在一般操作系统功能的基础上提供网络通信和网络服务功能的操作系统，它是为网上计算机进行方便而有效的网络资源共享，提供网络用户所需各种服务的软件和相关协议的集合。网络功能与操作系统的结合程度是网络操作系统的重要性能指标。

目前，计算机网络操作系统有三大主流：UNIX、Netware 和 Windows NT。UNIX 是唯一能跨多种平台的操作系统。Windows NT 工作在微型机和工作站上。Netware 主要面向微机。

7. 分布式操作系统

分布式操作系统是以计算机网络为基础的，它的基本特征是处理上的分布，即功能和任务的分布。分布式操作系统的所有系统任务可在系统中任何处理机上运行，自动实现全系统范围内的任务分配并自动调度各处理机的工作负载。分布式计算机系统是指由多台分散的计算机经互连网络连接而成的系统，每台计算机高度自治又相互协同，能在系统范围内实现资源的管理、任务分配，能并行地运行分布式程序。

5.2.3 操作系统的功能

操作系统是计算机系统资源的管理者。在计算机系统中，能分配给用户的各种硬件资源和软件设施总称为资源。操作系统的重要任务之一是对资源进行抽象研究，有序地管理计算机中的硬件、软件资源，跟踪资源的使用情况，监视资源的状态，满足用户对资源的需求，协调各程序对资源的使用冲突，为用户提供简单、有效的资源管理手段，最大限度地实现各类资源共享，提高资源利用率。

操作系统面向系统中的所有软件和硬件资源，能实现对处理机、存储器、I/O设备、文件和网络的管理；在网络已经相当普及的今天，已经有越来越多的用户接入网络中，为了方便计算机联网，又在操作系统中增加了面向网络的服务功能。从资源管理和面向用户的角度看，操作系统的功能可以包括以下几个方面。

1. 处理机管理

在操作系统所管理的系统资源中，处理机是最重要的资源。操作系统要支持多用户、多任务对处理机的共享，处理机管理就成为操作系统中最重要的一个组成部分。在单用户单任务的情况下，处理器仅为一个用户所独占，处理器的管理十分简单。为了提高处理器的利用率，操作系统中采用了多道程序设计技术。在多道程序或多用户的情况下，组织多个任务和作业执行时，就要解决处理器的调度、分配和回收等问题。为了描述多道程序的并发执行，操作系统中引入了进程和线程的概念，对处理器的管理最终归结为对进程和线程的管理和调度，包括进程控制、进程同步和互斥、进程通信、线程控制和管理、死锁问题和处理机调度问题。处理机管理的主要功能是创建和撤销进程(线程)，对各个进程(线程)的运行进行协调，实现进程(线程)之间的信息交换，以及按照一定的算法把处理机分配给线程。

2. 存储器管理

存储器管理的主要任务是为多道程序的运行提供良好的环境，方便用户使用存储器，提高存储器的利用率以及实现虚拟存储器的功能，从逻辑上扩充内存。存储器管理的主要功能有：①内存分配，存储器管理根据用户程序的需要分配存储器资源，在程序运行完成需要撤销时再将存储器资源回收；②内存保护，确保每道用户程序都只在自己的内存空间内运行，彼此互不干扰，也不允许用户程序访问操作系统的程序和数据；③地址转换，用户编程时所使用的逻辑地址与内存空间的物理地址不一致时，为了使程序能正确运行，存储管理必须提供地址映射的功能，在硬件的支持下，将逻辑地址转换为内存空间中与之相对应的物理地址；④内存扩充，一台计算机的物理内存是有限的，而外存容量大而且价格便宜，存储器管理借助于虚拟内存技术，从逻辑上去扩充内存，为用户提供一个比内存实际容量大得多的逻辑编程空间。

3. 设备管理

计算机所配置的外部设备品种繁多，其物理特性和工作原理各不相同，操作系统必须采取统一的文件系统界面来管理外部设备，而将设备本身的物理特性交给设备驱动程序去解决，从而提高系统对多种设备的适应性。

设备管理具有以下功能：①缓冲管理，为了有效地缓解CPU与I/O设备速度不匹配的矛盾，提高CPU的利用率，进而提高系统的吞吐量，在计算机系统中引入缓冲区来改善系统的性能；②设备独立性，为了方便用户和提高设备利用率，操作系统采用"设备独立性"的概念，即操作系统仅向用户提供逻辑设备名，而物理设备的分配交给操作系统控制和管理；③设备分配，根据用户进程的I/O请求、系统的现有资源情况以及按照某种分配策略为其分配所需要的设备；④虚拟设备，为了提高设备的利用率，操作系统利用共享设备来模拟独占设备，将独占设备在逻辑上改造为共享设备。

4. 文件管理

现代计算机管理中，程序和数据是以文件的形式保存在外存储器上的。文件管理是对系统文件和用户文件进行管理，实现了按名存取功能，为用户提供了一个方便、快捷、可以共享的，同时又可以保护文件的使用环境。具体来说可以包括：①文件存储空间管理，由文件系统对各文件及文件存储空间进行统一管理，系统设置相应的数据结构，用于记录文件存储空间的使用情况，为存储空间的分配提供参考，同时还应该具有对存储空间的回收功能；②目录管理，目录管理的主要任务是为每个文件建立其目录项，并对众多目录项加以有效的组织，以实现按名存取，还要提供文件共享和快速的目录查询手段；③文件的保护，防止文件被非法窃取和破坏，文件系统中必须提供有效的存取控制功能。

5. 网络管理

随着计算机网络功能的不断加强，网络的应用越来越广泛，操作系统也应提供计算机与网络进行数据传输和网络安全防护的功能。操作系统至少应具备以下网络管理的功能：①网上资源管理功能，网络操作系统应实现网上资源的共享，管理用户对资源的访问，保证信息资源的安全性和完整性；②数据通信管理功能，计算机联网后，节点之间可以相互传送数据，按照通信协议的规定;完成网络上计算机之间的信息传送；③网络管理功能，包括故障管理、安全管理、性能管理和配置管理等。

6. 提供良好的用户界面

操作系统是计算机和用户之间的接口，所以操作系统必须为用户提供一个良好的用户界面，才能更便于用户操作和使用计算机。操作系统提供的接口包括两大类：①用户接口，它是提供给用户使用的接口，用户可以通过该接口获取操作系统的服务；②程序接口，它是提供给程序员在编程时使用的接口，是用户程序取得操作系统服务的唯一途径。用户通过这些接口能方便地调用操作系统功能，有效地组织作业及其工作和处理流程，并使整个系统高效地运行。

5.2.4 操作系统的特征

不同的操作系统虽然都有各自的特点,但它们都具有并发、共享、虚拟和异步这 4 个最基本的特征,其中并发性是操作系统最重要的特征。

1. 并发性

并发性(concurrence)是指两个或两个以上的事件在同一时间间隔内发生,而并行性是指两个或两个以上的事件在同一个时刻发生。在多道程序环境下,并发性是指在一段时间内宏观上有多个程序同时执行,但在单处理机系统中,每个时刻却仅有一道程序在执行,所以微观上这些程序是分时交替地使用处理机的。如果在多处理系统中,这些可以并发执行的程序就可以分配到多个处理机上,实现真正的并行执行。在操作系统中有个非常重要的概念叫"进程",引入进程的目的就是为了使程序并发执行,提高系统的效率。

2. 共享性

共享(sharing)是指系统中的资源可以供内存中多个并发执行的进程共同使用,以此来提高系统中资源的使用效率。由于资源的性质不同,所以共享的方式也不同,可以分为互斥共享和同时访问。

(1) 互斥共享。系统中的打印机、磁带机或绘图仪这样的资源属于互斥共享的资源,这些资源的特点是每次最多只能为一个进程服务,因此操作系统需要建立一种机制来保证这类资源的正确使用,当资源空闲时允许一个进程申请使用这个资源,当资源忙时,申请使用这个资源的进程必须等待。这种互斥共享的资源称为临界资源。

(2) 同时访问。系统中另外一类资源允许多个进程在一段时间内同时对它进行访问。当然,这里的"同时"是从宏观角度上观察的,在微观上,这些进程是交替地使用这个资源的。最典型的同时访问的资源是磁盘,不同的进程可以在某一段时间内交替地访问同一磁盘。

3. 虚拟性

操作系统中的虚拟(virtual)是指通过技术手段把物理上的一个实体变成逻辑上的多个对应物。物理实体是实际存在的,逻辑上的对应物实际上是虚的,是用户感觉到的。在操作系统中常采用的有虚拟处理机技术、虚拟内存技术和虚拟设备技术。例如,在分时系统中,虽然只有一个物理 CPU,但是连接了若干个终端,采用分时技术,将若干个终端用户的任务进行排队,由 CPU 轮流处理,由于轮转的速度非常快,给每个终端用户的感觉好像是自己拥有一个 CPU 一样,这就是虚拟处理机技术。

4. 异步性

在多道程序环境下允许多个进程并发执行,但只有进程在获得所需要的资源后才能执行。但是由于资源的特性以及控制方式的不同,进程的执行并非是一气呵成的,有可能是断断续续的,内存中的每个进程在什么时候开始执行,什么时候结束,每个进程需要多长时间才能完成,都是不可预知的。先进入内存的进程不一定先完成,即进程是以异步的方式运行的。但是只要运行环境相同,无论什么时候开始执行,每次运行的结果都是相同的，也就是操作系统必须保证的程序的可再现性。

5.2.5 几种常用的操作系统

配置在微机上的操作系统有 Microsoft 公司的 MS-DOS 和 Windows、IBM 公司的 OS/2、SCO 公司的 SCO UNIX、自由开放集体的 Linux、Sun 公司的 Solaris、APPLE 公司的 MAC OS 等。下面对几个著名的操作系统进行介绍。

1. MS-DOS 操作系统

1981 年 IBM 公司首次推出了 IBM-PC，该机上配置了 MS-DOS 操作系统。MS-DOS 是美国微软公司(Microsoft)的产品，最初是为微型计算机及其兼容机研制的磁盘操作系统(disk operating system，DOS)，因而得名 MS-DOS。最早的版本是 1981 年 8 月推出的 1.0 版本，一直发展到 1995 年的 7.0 版本。在 1990 年微软公司推出 Windows 3.0 之前 DOS 一直占据微机操作系统的霸主地位，从 1995 年推出 Windows 95 开始，DOS 逐步退出了操作系统时代。虽然 DOS 已被 Windows 取代，但在 Windows 操作系统中仍然保留了 DOS 常用的操作命令。

2. Windows 操作系统

Windows 操作系统是微软公司开发的一个操作系统系列，包括早期的 Windows 95、后来的 Windows 98、Windows NT、Windows 2000、Windows 2003、Windows XP、Windows Vista 和 Windows 7 等。

Windows 是基于图形界面、多任务的操作系统，又称为视窗操作系统；Windows 正如它的名字一样，它在计算机与用户之间打开了一个窗口，用户可以通过这个窗口直接使用、控制和管理计算机，从而使操作计算机的方法和软件的开发方法产生了巨大的变化。

Windows 操作系统是微软公司于 1983 年开始研制的，Windows 的第一个版本于 1985 年问世，1987 年又推出了 Windows 2.0。1990 年推出的 Windows 3.0 是一个里程碑，它在市场上的成功奠定了 Windows 操作系统在个人计算机领域的垄断地位。这些平台是基于 DOS 操作系统的，它们不能被称作是完整的操作系统。真正意义上的操作系统是 1995 年微软公司推出的 Windows 95 版本，该版本对原来的 Windows 3.x 进行了全面的改进，不但功能增强，在用户界面上也作了改进，从而使用户对系统中的各种资源的浏览和操作既方便又合理。后来又推出了 Windows 98，它在网络支持等方面有更大的改进。微软公司此后推出的 Windows NT 是一个从底层重新设计的、全新的、与 Windows 兼容的、32 位的操作系统，可以支持从桌面系统到网络服务器等一系列机器，系统的安全性比较好。之后推出的 Windows 2000 是微软公司结合 Windows 98 和 Window NT 的优点研发的 32 位的操作系统，它在用户界面、硬件支持、文件系统、可靠性和安全性等方面比之前的 Windows 操作系统有了更大的完善。

2001 年 3 月，微软公司正式宣布把个人用版本 Windows98、Windows ME 和商用版本 Windows 2000 合二为一，推出新的版本 Windows XP。Windows XP 是以 NT 技术为核心，是一个纯 32 位的操作系统，Windows XP 在许多方面都取得了重大进展，例如文件管理、速度和稳定性。Windows XP 图形用户界面得到了升级。2003 年 3 月推出的 Windows Server 2003 是广泛应用于服务器的操作系统。

Windows Vista 于 2006 年 11 月正式发布，包含了很多新功能，如新版的图形用户界面、新的多媒体创作工具，重新设计的网络、音频、打印和显示系统，安全性也有了比较大的改进。

Windows 7 于 2009 年10 月 23 日正式发布，Windows 7 是微软公司迄今为止最华丽但最节能的 Windows 操作系统，具有用户的个性化、视听娱乐的优化、用户易用性的新引擎等特点，操作更容易，系统更安全、稳定。图 5-2 所示为 Windows 7 窗口界面。

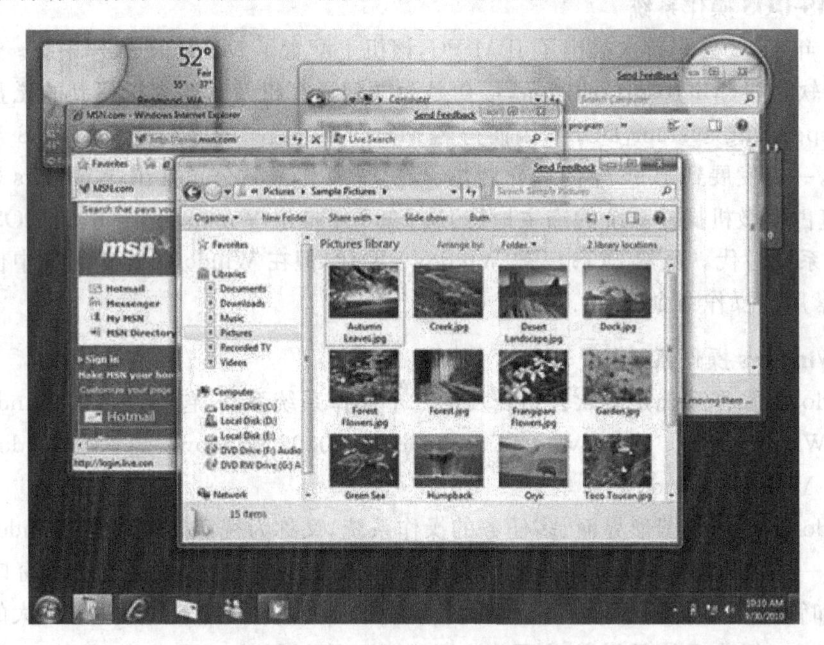

图 5-2 Windows 7 操作系统

3. UNIX 操作系统

UNIX 操作系统是一种典型的多用户多任务的操作系统，是一个在微型机、工作站、小型机、大型机各种机型上都可以使用的操作系统。UNIX 操作系统是 20 世纪 60 年代末由美国电话电报公司(AT&T)贝尔(Bell)实验室的计算机科学家 K. Thompson 和 D. M. Ritchie 等研制的。除了贝尔实验室的正宗 UNIX 版本外，UNIX 还有大量的变种，如 Sun Solaris、IBM AIX、HP-UX、SCO Unixware 等。不同变种的功能、接口、内部结构基本相同而又各有不同。由于其结构简洁、易于移植、兼容性好，以及伸缩性、互操作性强等特色，成为使用广泛、影响较大的主流操作系统之一，被认为是开放系统的代表。图 5-3 所示为 Solaris 操作系统。

4. Linux 操作系统

Linux 是目前全球最大的一个自由软件，支持多用户、多线程、多进程，实时性好，功能强大而稳定的操作系统。Linux 是由 Linus Benedict Torvalds 等众多软件高手共同开发的，能运行于多种平台，源代码公开、免费，遵循 POSIX 标准，是一个自由传播的类

图 5-3 Solaris 操作系统

UNIX 操作系统。

Linux 最早出现于 1990 年，源于一名叫 Linus Torvalds 的计算机爱好者，当时他是芬兰赫尔辛基大学的学生，他的目的是想要设计一个代替 Minix 的操作系统，这个操作系统可用于 Inter x86 系列 CPU 的计算机，并且具有 UNIX 的全部功能，因而开始了 Linux 雏形的设计，这个系统后来是由世界各地的成千上万的程序员设计和实现的，其目的是建立不受任何商品化软件的版权制约的，全世界都能自由使用的 UNIX 兼容产品。

现在主要流行的 Linux 版本有 Red Hat、Debian、ubuntu、Fedora 等。中文版本有红旗 Linux、蓝点 Linux 等。图 5-4 所示为 Fedora 操作系统窗口界面。

图 5-4 Fedora 操作系统窗口界面

5.3 程序设计语言及其翻译系统

已经知道了什么是操作系统，以及操作系统是如何工作的。但是如果想让计算机去完成一个自己规定的任务，也就是说指挥计算机帮助人们解决问题，那么该如何告诉计算机这个任务是什么，计算机无法识别人类的语言怎么办？这是这一节要讲述的内容。

5.3.1 程序设计语言

首先了解什么是程序。程序就是实现特定功能的一组指令序列的集合。其中指令可以是机器指令、汇编语言指令，也可以是高级语言的语句命令。

程序设计语言是规定如何生产可被计算机处理和执行指令的一系列语法规则。程序设计语言是人与计算机进行信息交换和沟通的工具，要想让计算机按照人们的意愿进行工作，就必须用程序设计语言编写程序，然后计算机按照程序里的指令序列去执行，运行完成后就得到了人们想要的结果。

随着计算机的日益普及、硬件的飞速发展和计算机性能的不断提升，程序设计语言也得到了迅猛的发展。程序设计语言发展到今天经历了机器语言时代、汇编语言时代和高级语言时代。

1. 机器语言

直接与计算机打交道的，用二进制代码指令表达的计算机编程语言称为机器语言，也就是指令系统。一个机器的语言即指令系统只能运行在这个计算机上。机器语言是计算机中最早使用的，也是硬件系统唯一能识别和执行的语言。

机器语言的特点是：不需要翻译就可以直接提供给计算机使用的语言，执行速度快，占用存储空间少。但是由于机器语言都是用“0”和“1”所表示的二进制代码，很难阅读和理解，且每台计算机的指令系统往往各不相同，所以在一台机器上执行的程序要想在另一台机器上执行，必须重新编程。因此直接用机器语言编程不是一件容易的事情，但是由于针对的是特定型号计算机的语言，因此运算效率是所有语言中最高的。

2. 汇编语言

为了便于编写程序和提高机器的使用效率，人们在机器语言的基础之上研制产生了汇编语言。汇编语言是用一些简洁的英文字母、符号串等助记符来代替一个特定指令的二进制串。如用 ADD 代表加法，用 MOV 代表数据传递；这样人们就很容易读懂并理解程序在干什么，因此汇编程序比机器语言程序易读、易查、易修改。同时，它又保持了机器语言编程质量高、执行速度快、所占存储空间小的优点。但是由于机器语言和汇编语言都属于低级语言，机器语言用指令代码编写程序，汇编语言用符号语言编写程序，由于依赖具体的机型，所编程序与机器硬件紧密相关，不具备通用性和可移植性，但是效率仍然很高，针对特定硬件而编制的汇编语言程序能准确发挥计算机硬件的功能和特长，程序精练而质量高，因此常用于编写外部设备的驱动程序。

3. 高级语言

为了进一步实现程序自动化和便于程序交流，使不熟悉计算机具体结构的人也能方便地使用计算机，人们又创造了高级语言。程序中可以采用具有一定含义的数据命名和容易理解的执行语句，接近于数学语言或人类的自然语言，同时又不依赖于计算机硬件，编出的程序能在所有机器上通用的语言。

目前世界上的高级语言已达到上百种之多，如目前比较流行的C/C++，Visual Basic、Visual FoxPro、Delphi、FORTRAN、PASCAL等。本节只对得到广泛应用的主要高级语言作简要介绍。

1）FORTRAN语言

FORTRAN是世界上第一个高级程序语言，是在20世纪50年代由John Backus领导的一个小组研制的，是目前仍在使用的最早，主要用于科学计算方面的高级语言，如FORTRAN在计算地质学、气象学等领域仍得到非常广泛的应用。FORTRAN是英文Formula Translator的缩写，含义是“公式翻译”，允许使用数学表达式形式的语句来编写程序。

2）BASIC语言

BASIC（beginner's all-purpose symbolic instruction code，初学者通用符号指令码）是一种国际通用的计算机高级语言。一般认为它是从FORTRAN中提炼、简化而来，它的特点是简单、易学，一经推出就很快流行起来。

3）COBOL语言

COBOL（common business oriented language，通用商业语言）广泛应用于数据管理领域，例如财会工作、统计报表、计划编制，人事管理等，被称为“用于管理的语言”。现在，银行等行业仍有COBOL程序在运行，在大中型机的环境下，COBOL仍然是一种可选用的程序设计语言。

4）C语言

C语言是20世纪70年代由美国贝尔实验室为编写UNIX操作系统而开发的，在国际上非常流行。C语言同时具有汇编语言和高级语言的优点，语言简洁、紧凑、使用方便、运算符丰富、可移植性好、可以直接操作硬件、生成的目标代码质量高，因此C语言得以迅速传播，称为当代最优秀的程序设计语言之一。目前，在微型计算机上得到广泛应用的有Turbo C、MS C、Quick C、C++、Visual C++等。

5）PASCAL语言

PASCAL是一种通用的高级语言，为数不多但非常紧凑的编程机制使得PASCAL语言具有相当强的表达能力，PASCAL语言的特点是严格的结构化形式，也是第一个结构化的编程语言，它语法严谨、层次分明、程序易写，具有很强的可读性。

6）C++语言

C++语言最先由AT&T公司贝尔实验室计算机科学研究中心的Bjarne Stroustrup在20世纪80年代初设计并实现，它是以C语言为基础的支持数据抽象和面向对象的通用程序设计语言。C++在语法上与C兼容，支持数据的封装和类的继承。微软公司推出的C#语言在更高层次上重新实现了C/C++,可以在功能和开发效率上达到比较好的平衡,是一种先进的、面向对象的语言。

7) Java语言

Java语言是由Sun Microsystems公司于1995年推出的一个支持网络计算的面向对象程序设计语言。Java语言吸收了Smalltalk语言和C++语言的优点,并增加了并发程序设计、网络通信和多媒体数据控制等特性,也是目前得到广泛应用的一种面向对象程序设计语言。

8) Visual C++.Net

2002年初,微软公司又推出了Visual C++的最新版本Visual C++.Net,是一种可视化的程序设计语言,以图形化的编程方式将面向对象技术的特征体现出来,通过鼠标拖曳图形化的控件就可以完成Windows风格界面的设计工作,Windows风格界面主要由窗口、按钮、菜单等元素组成,大大减轻了程序设计人员的编程工作量。它继承了以往C++版本的优点,增加了许多新的特性,使得开发能力更强、开发效率更高。

9) LISP语言

LISP是表处理(LISt processing)的缩写,LISP语言在1958年由美国麻省理工学院的人工智能小组提出。LISP语言中设计了一套符号处理函数,它们具有符号集上的递归函数的计算能力,原则上可以解决人工智能中的任何符号处理问题。在人工智能领域中,LISP语言和PGOLOG(逻辑程序设计)语言仍在使用,最近几年又出现了可视化的Visual LISP语言和Visual PGOLOG。

5.3.2 程序设计语言翻译系统

前面讲过,计算机在发展过程中出现了机器语言、汇编语言和高级语言,现在人们已经普遍采用高级程序设计语言或汇编语言来编写程序,计算机硬件只能识别机器语言(即用0和1表示的代码),所以就要将汇编和高级程序设计语言编写的程序"翻译"成硬件可以识别的机器语言,通常完成"翻译"任务的系统称为程序设计语言的翻译系统,在计算机中是由程序来完成。被翻译的程序称为源程序或源代码,经过翻译程序"翻译"出来的结果程序称为"目标程序"。翻译程序有两种实现途径:编译方式和解释方式。

1. 汇编语言翻译系统

实际上,计算机只能直接执行由机器语言编写的程序。用汇编语言编写的源程序,首先需要翻译成等价的机器语言程序(称为目标程序),才能被计算机执行。完成这种翻译工作的程序称为汇编程序或汇编器(assembler)。汇编语言的执行过程如图5-5所示。

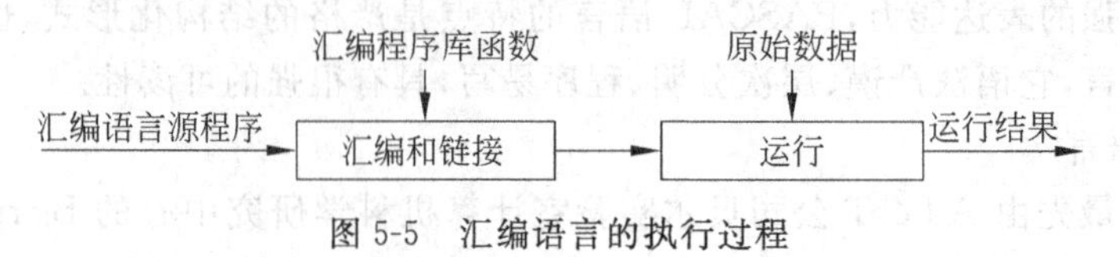

图5-5 汇编语言的执行过程

2. 程序设计语言翻译系统

高级程序设计语言翻译系统是将用高级语言书写的源程序翻译成等价的机器语言程序的处理系统，也称为编译程序或编译器。编译程序是把高级语言程序编写的源程序作为一个整体来处理，首先将程序源代码“翻译”成目标代码（机器语言），编译后与系统提供的代码库链接，形成一个完整的、可执行的机器语言程序（目标代码程序）。因此目标程序可以脱离其语言环境独立执行，使用方便，效率高。如果要可执行程序修改，必须在修改源程序之后再重新编译生成新的目标代码，再重新执行。

编译程序将源程序翻译成目标程序是一个复杂的过程，编译程序的整个工作过程是分阶段来进行的，通常划分为 6 个阶段：词法分析、语法分析、语义分析、中间代码生成、中间代码优化、目标代码生成。编译程序的工作过程如图 5-6 所示。

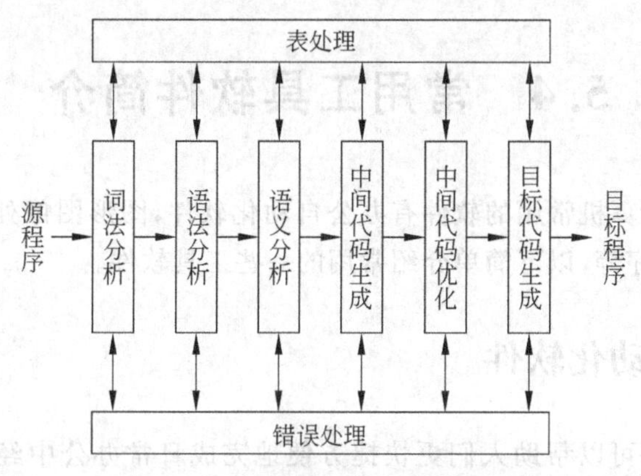

图 5-6 编译程序工作过程

词法分析程序：词法分析又称为扫码器，是编译过程的第一个阶段，它从左到右逐个字符对源程序进行扫描和分解，从而识别出每个单词（也称单词符号或符号），这里单词是指逻辑上紧密相连的一组字符，这些字符具有具体含义。过滤掉源程序中的注释和空白，发现词法错误后指出错误的位置并给出错误信息。

语法分析程序：语法分析是在词法分析的基础上将单词序列分解成各类语法短语。如“语句”、“表达式”、“程序”等。通过语法分析确定整个输入串是否构成一个语法正确的程序。

语义分析：语义分析是检查程序的语义正确性，以保证程序各部分能有意义地结合在一起，并为以后的代码生成阶段收集类型信息。

中间代码生成程序：它的功能是将语法单位转换为某种中间代码。中间代码是一种结构简单、含义明确的记号系统，常见的中间代码形式有三原式、四元式、树形表示。

中间代码优化程序：中间代码优化的任务是对中间代码进行变换或改造，目的是使生成的目标代码更高效，即节省时间和空间。

目标代码生成程序：它的任务是把中间代码变换成特定机器上的绝对指令代码或可重定位的指令代码或汇编指令代码。这是编译的最后阶段，它的工作与硬件结构和指令含义有关，涉及硬件系统功能部件的运用、机器指令的选择、各种数据类型变量的存储空间分配以及寄存器和后援寄存器的调度等。

3. 程序设计语言解释系统

对高级语言程序除了先编译后执行以外，还有一种“解释”执行的方式，一个源程序的解释程序是以该高级语言写的源程序作为输入，读入一个语句代码，并将该语句翻译成一个或多个机器指令，然后立即执行这些指令，边解释边执行，但是不产生目标程序。如果下一次又要执行这个程序，还需要重新解释和执行的过程。

解释程序的优点是当解释某个语句发生错误时，就会立即停止解释执行，程序员可以在解释程序解释下一条语句之前更正代码或者调试源程序；缺点是解释方式执行程序的速度不如编译快。早期的BASIC语言就是采用解释的方式运行的。

解释程序和编译程序的根本区别就在于是否生产目标代码。

5.4 常用工具软件简介

人们日常使用计算机常用的软件有办公自动化软件，图形图像处理软件、压缩软件、下载工具、杀病毒程序等，以下简单介绍常用的一些工具软件。

5.4.1 办公自动化软件

办公自动化软件可以帮助人们更快捷方便地完成日常办公中经常要处理的文档任务。有了办公自动化软件，编辑文稿、排版印刷、管理文档、处理电子表格、制作演示文稿、网页设计等都变得方便和高效。办公自动化软件除了最熟悉的Microsoft Office以外，还有金山公司的WPS Office、永中Office以及OpenOffice。以下简单介绍常见的办公自动化软件。

1. Microsoft Office

Office最初出现于20世纪90年代早期，最初是一个推广名称，指一些以前曾单独发售的软件的合集。对于多数中国用户而言，最先接触的版本是1996年微软发布的Office 97。1999年初发布了Office 2000，功能特性在Office 97的基础上全面更新和增强。尤其在网络上的加强使网络信息创建、共享和发布变得简单方便。2001年6月，微软公司在中国大陆正式发布了Office XP中文版。智能标记的出现、任务窗格、强大的电子表格以及内容丰富的幻灯片所需要的工具、管理个人信息和通信、先进的桌面数据库管理系统解除对业务数据的锁定，在功能上又有了一个质的飞越。2003年11月，微软的Office 2003中文版在北京正式发布，提出了Microsoft Office System的新概念。Office 2003只是Office System的核心部分，除此之外还包括FrontPage 2003、Visio 2003、Publisher 2003和Project 2003；两个全新的程序OneNote和InfoPath及4个服务器产品。2006年，微软公司在年底发布了Office 2007，在用户界面上有了全新的特性，包括Ribbons的使用、上下文标签、即时预览等效果。2010年6月发布了Office 2010，共历经了5个版本。主要的组件包括 Word(文字处理软件)、Excel(电子表格软件)、PowerPoint(文稿演示软件)、FrontPage(网页制作软件)、Access(数据库管理软件)、Outlook(桌面管理软件)、Publisher(出版软件)等。这些软件具有统一的界面,易学易用,操作简单且具有方便的联机帮助功能,提供实用的模板,具有非常强大的网络功能。各组件之间可以相互调用,这样使文字处理、电子表格、演示文稿、数据库、出版物,以及 Internet 通信结合起来,从而创建适用于不同场合的专业、生动、直观的文档。

2. WPS Office

WPS(word processing system,文字编辑系统)是金山软件公司出品的一种办公软件。最初出现于 1989 年,在微软 Windows 系统出现以前,DOS 系统盛行的年代,WPS 曾是中国最流行的文字处理软件,经过 20 年的发展,也推出了多个版本,WPS 1.0、WPS 97、WPS 2000、WPS Office 2003、WPS Office 2005、WPS Office 2007,目前 WPS 最新版本为 2010 版,WPS Office 2010 个人版永久免费,可以在 WPS Office 的官网上下载到,具有软件轻巧、互联网化、安全等特点,主要包含 WPS 文字、WPS 表格、WPS 演示三大功能软件,与 Microsoft Office 的 Word、Excel、PowerPoint 软件一一对应,可以和 Microsoft Office 无障碍兼容,用户可以根据需要从容切换;除此之外还具有强大的 PDF 转换功能,在 PDF 输出时,能够完整保留原文档各种特殊内容,并提供完善的 PDF 文件权限设置功能,而且自动形成目录,带有索引功能。还提供了很多实用的插件,如屏幕截取、在线素材、查单词、高级查找替换、增强符号栏等。在互联网协同办公方面又迈出了一步,实现了多人协同共享文档、编辑文档功能。另外,WPS 新版产品在安全性、易用性上也获得了新突破。WPS Office 提供了丰富的在线模板功能,WPS Office 2010 提供丰富而强大的模板库,可以帮助用户快捷高效地完成工作。专业模板包含精致的设计元素和配色方案,套装模板专业解决方案使用户的文档标新立异,胜人一筹。图 5-7 所示为 WPS 文字处理软件。

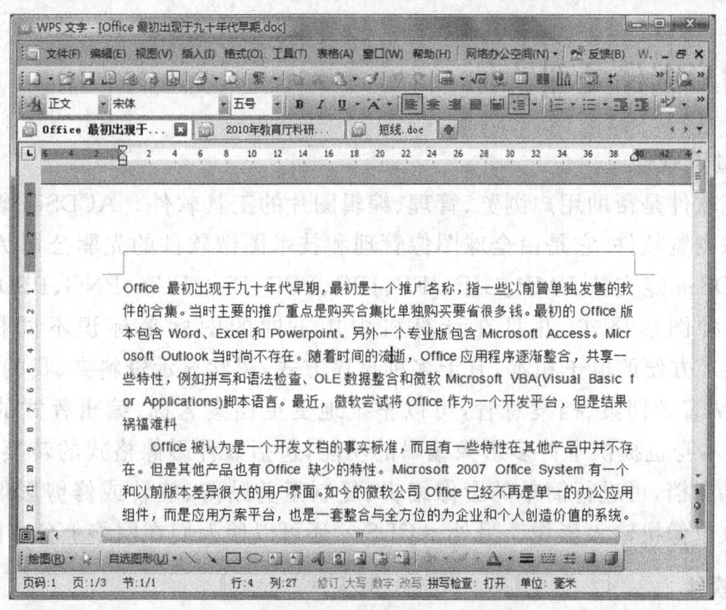

图 5-7 WPS 文字处理软件

3. OpenOffice. org

OpenOffice. org 是一套跨平台的办公室软件套件，能在 Windows、Linux、MacOS X (X11) 和 Solaris 等操作系统上执行。它与各个主要的办公室软件套件兼容。OpenOffice. org 是自由软件，任何人都可以免费下载、使用及推广。OpenOffice. org 的主要模块包括文本文档、电子表格、演示文档、公式、绘图和数据库。OpenOffice. org 不仅是六大组件的组合，而且与同类产品不同的是，OpenOffice. org 套件不是独立软件模块形式创建的，从一开始，它就被设计成一个完整的办公软件包。图 5-8 所示为 OpenOffice 软件套件。

图 5-8　OpenOffice 软件套件

5.4.2　图形图像处理软件

1. 图像浏览软件

图像浏览软件是帮助用户浏览、管理、编辑图片的工具软件。ACDSee 软件是一款功能完善的图像浏览软件，它是由全球图像管理和技术图像软件的先驱公司 ACD Systems 开发的。ACDSee 能支持 BMP、GIF、IFF、JPG、PCD、PIC、PCX、PNG、PSD、TGA、TIF、WMF 等十多种图形格式，并且在计算机中用不同的图标来标识不同格式的文件。ACDSee 提供了方便的电子相本，有十多种排序方式，树状显示资料夹、我的最爱、拖曳功能、播放 WAV 音效档案、档案总管，可以整批地变更档案名称、编辑程式的附带描述说明。ACDSee 本身也提供了许多影像编辑的功能，包括数种影像格式的转换，可以藉由档案描述来搜寻图档，可进行简单的影像编辑、复制至剪贴簿、旋转或修剪影像、设定桌面，并且可以从数位像机输入影像。另外 ACDSee 还可以使人们在网络上分享图片。

2. 截图软件

截图软件是可以帮助人们截取计算机屏幕图像的工具软件。使用截图软件可以帮助人们随时随地截取屏幕上的图像,并可以对图像进行编辑、加工、保存。

Greg Kochaniak 公司开发的截图软件 HyperSnap-DX 是一款非常优秀的屏幕截图工具,它不仅能抓取标准桌面程序,还能抓取 DirectX、3Dfx Glide 的游戏视频或 DVD 屏幕图,也可以截取 DOS 模式下的图,它能以 20 多种图形格式(包括 BMP、GIF、JPEG、TIFF、PCX 等)保存并阅读图片,用户可以将捕获下来的图片插入到自己的文档中,制作出图文并茂的文档。可以用快捷键或自动定时器从屏幕上抓图。它的功能还包括在所抓取的图像中显示鼠标轨迹,收集工具,有调色板功能并能设置分辨率,还能选择从 TWAIN 装置中(扫描仪和数码照相机)抓图。HyperSnap-DX 还提供图像的高级编辑处理功能,可实现剪裁、伽马修正、调整大小、镜像、旋转、像素、灰度的调整等。

除了 HyperSnap-DX 外常见的截图软件还有红蜻蜓抓图精灵、SnagIt、SPX Instant Screen Capture 等。

5.4.3 文件压缩软件

简单地说,压缩文件就是经过压缩软件压缩的文件,压缩的原理是把文件的二进制代码压缩,用更紧凑的格式来存储文件的内容,以达到节省文件存储空间的目的。当从互联网上下载程序和文件时,可能会遇到很多 ZIP 文件。这种压缩机制是一种很方便的发明,尤其是对网络用户,因为它可以减小文件中的比特和字节总数,使文件能够通过较慢的互联网联接实现更快传输,此外还可以减少文件的磁盘占用空间。下载压缩文件后,再用文件压缩软件对文件进行“解压缩”,将其复原到原始大小。如果一切正常,展开的文件与压缩前的原始文件将完全相同。

目前流行的文件压缩软件有 WinRAR 和 WinZip,界面友好,使用方便,在压缩率和速度方面都有很好的表现,当有大量的文字、图片和音频文件需要同时发送时,可以采用文件压缩软件将多个文件打包处理,缩小文件的体积,便于网络传输。

5.4.4 下载软件

在访问互联网时,不仅要浏览里面丰富的内容,有时还需要将感兴趣的软件、文档、图像、音乐等下载到自己的计算机中,为了提高下载速度,下载软件应运而生。下载软件是指利用网络,通过网络通信协议协议,下载数据(电影、软件、图片等)到计算机上的软件,常见的网络通信协议有“HTTP://”、“FTP://”、“ed2k://”、“.torrent”等。

专业的下载工具软件下载速度快,不仅提供了强大的下载文件管理功能,还提供了病毒检测、下载后自动杀毒以及恶意插件检测等。常见的下载工具有网际快车(FlashGet)、迅雷(Thunder)、网络蚂蚁(Netants)、电驴(eMule)、比特彗星(BitComet)等。

5.4.5 PDF 文件阅读软件

PDF(portable document format)是 Adobe 公司开发的电子文件格式。这种文件格

式与操作系统平台无关，在Microsoft Windows、UNIX、Mac OS中都是通用的，所以越来越多的电子图书、产品说明、公司文告、网络资料、电子邮件开始使用PDF格式文件。Adobe Reader是美国Adobe公司开发的一款优秀的PDF文件阅读软件。PDF文件格式可以将文字、字型、格式、颜色及独立于设备和分辨率的图形图像等封装在一个文件中。该格式文件还可以包含超文本链接、声音和动态影像等电子信息，支持特长文件，集成度和安全可靠性都较高。文档的撰写者可以向任何人分发自己制作（通过Adobe Acobat制作）的PDF文档而不用担心被恶意篡改。PDF文档和Word文档可以相互转换。

5.4.6 词典工具

金山词霸是由金山公司推出的一款多功能的电子词典工具，它提供了英汉、汉英网络查词，百万线上词典及例句免费查询，常用资料线上更新等功能，并进一步完善了屏幕取词和模糊听音查词等功能。金山词霸对于单词的翻译比较好用，对中文句子的翻译功能还有待完善。金山词霸提供了屏幕取词，即指即译，提供在线升级功能，会对词库、资料库等进行定期更新。金山词霸是一款非常实用的电子词典软件。

5.4.7 防病毒软件

计算机病毒（computer virus）是指在计算机程序中插入的破坏计算机功能或者破坏数据，影响计算机使用并能自我复制的一组计算机指令或者程序代码。病毒对计算机运行安全和信息安全的影响是非常严重的，要保证计算机的数据安全，采取防护措施是积极而有效的方法。从思想上要有反病毒的警惕性，养成使用计算机良好的习惯，安装病毒防护软件都可以在一定程度上防止新病毒广泛的传播。

以下简单介绍几种常用病毒防范软件。

诺顿杀毒软件是Symantec公司个人信息安全产品之一，是一个被广泛应用的反病毒程序。该项产品发展至今，除了原有的防毒功能外，还有防间谍等网络安全风险的功能。它可以严密防范黑客、病毒、木马、间谍软件和蠕虫等攻击，可保护账号密码、网络财产、重要文件等。运用智能病毒分析技术，动态仿真反病毒专家系统分析识别出未知病毒后，能够自动提取该病毒的特征值，自动升级本地病毒特征值库，实现对未知病毒“捕获、分析、升级”的智能化。即使在Windows系统漏洞未进行修复的情况下，依然能够有效检测到黑客利用漏洞进行的溢出攻击和入侵，实时保护计算机的安全。避免用户因不便安装系统补丁而带来的安全隐患。

金山毒霸（Kingsoft Anti-Virus）是金山软件股份有限公司研制开发的高智能反病毒软件。融合了启发式搜索、代码分析、虚拟机查毒等经业界证明成熟可靠的反病毒技术，使其在查杀病毒种类、查杀病毒速度、未知病毒防治等多方面达到世界先进水平，同时金山毒霸具有病毒防火墙实时监控、压缩文件查毒、查杀电子邮件病毒等多项先进的功能。紧随世界反病毒技术的发展，为个人用户和企事业单位提供完善的反病毒解决方案。

360 杀毒是 360 安全中心出品的一款免费的云安全杀毒软件。360 杀毒具有以下优点：查杀率高、资源占用少、升级迅速等。同时，360 杀毒可以与其他杀毒软件共存，是一个理想杀毒备选方案。360 杀毒是一款一次性通过 VB100 认证的国产杀软件，完全永久免费。查杀率高，可以彻底扫除病毒威胁；可以检测隐藏文件及进程病毒，360 杀毒无缝整合了国际知名的 BitDefender 病毒查杀引擎，以及 360 安全中心潜心研发的木马云查杀引擎。双引擎的机制拥有完善的病毒防护体系，不但查杀能力出色，而且对于新产生病毒木马能够第一时间进行防御。

本章小结

本章介绍了计算机中的软件，包括系统软件和应用软件；系统软件重点介绍了操作系统和翻译程序，操作系统是计算机中最大的系统软件，编译程序是将高级语言程序翻译成机器语言；介绍了常用的程序设计语言和常见的操作系统产品，操作系统在计算机中的地位，由低级语言到高级语言以及编译系统的功能；最后介绍了计算机中常用的工具软件，下载软件、防病毒软件、压缩软件、图形图像工具软件、阅读软件和词典工具软件等，熟练地应用这些软件，可以为人们日常使用计算机处理数据带来非常多的便利。

习　　题

一、简答题

1. 什么是操作系统，它有哪些功能？
2. 操作系统的主要特征有哪些？
3. 高级语言和机器语言有什么区别？
4. 编译程序的作用是什么，它和解释程序有什么区别？
5. 什么是并发？并发和并行有什么区别？

二、选择题

1. 计算机能直接执行的程序语言是________。

   A）自然语言　　B）机器语言　　C）汇编语言　　D）高级语言

2. 能将高级语言转换成目标程序是________。

   A）调试程序　　B）解释程序　　C）编译程序　　D）汇编程序

3. ________是一种符号化的机器语言。

   A）C 语言　　B）汇编语言　　C）机器语言　　D）汇编语言

4. 操作系统是一种________。

   A）应用软件　　B）工具软件　　C）系统软件　　D）翻译软件

5. 批处理系统的主要缺点是________。

A）缺乏交互性　B）吞吐量大　C）处理机利用率不高　D）不能并发

三、探索题

1. 利用你身边的资源，结合日常使用操作系统的经验，讲述一个你如何认识进程，你对进程有哪些直观的理解。

2. 利用你身边的资源（网络、书或杂志），试了解三大主流操作系统最新的发展情况。

3. 除了本章中介绍的各种工具软件，你还知道哪些具有类似功能的工具软件？

4. 你还知道哪些防病毒软件？它们的优势是什么？

第6章 软件工程

6.1 软件工程概述

编写软件既是一门艺术也是一门科学，作为一名计算机专业的学生，深入理解这句话是非常重要的。软件在生活中随处可见，计算机的出现为人类社会的进步作出了非常大的贡献，很难想象没有计算机、没有软件会是怎样，但是软件的开发是一个非常复杂的过程，如何更快更好地开发出各种适合不同应用的软件，是亟待解决的问题。20世纪60年代后期，逐渐形成了一门新兴的工程学科——计算机软件工程学(软件工程)。

6.1.1 软件工程的产生

1. 软件的定义

软件是计算机系统中与硬件对应的另一部分，包括一系列程序、数据及其他相关文档的集合。程序是按照特定顺序组织的计算机数据和指令的集合；数据是使程序能正常执行计算机程序的数据结构；文档是程序开发、维护和使用有关的图文资料。计算机软件的核心是程序，而文档则是软件不可分割的组成部分。

要理解软件的真正含义，首先要了解软件有哪些特征。与软件相对应的是硬件，在计算机的体系结构中，人们当初利用智慧创造出的硬件是有物理形态的。现在，人们利用结构化的思想创造出的软件却是逻辑的，而不是具有固有形态的实体，所以，计算机软件和硬件有着截然不同的特征。

(1) 复杂性：软件是一个庞大的逻辑系统，主要是依靠人脑的“智力”构造出来的，多种人为因素使得软件难以统一化，更增加了其复杂性。在写出程序代码并在计算机上试运行之前，软件开发过程的进展情况较难衡量，软件质量也较难评价，因此管理和控制软件开发过程十分困难；在运行时出现错误的软件几乎都是在开发时期就存在而一直未被发现的，改正这类错误通常意味着改正或修改原来的设计，这就在客观上使得软件维护远比硬件维护困难。软件开发是一个复杂的过程，而且软件开发的成本非常高。

(2) 软件不存在磨损和老化问题：一般的器械设备在运行的周期中会存在磨损和老化，而软件的情况截然不同，软件不会磨损但是它却会退化，因此，软件在其生命周期中一般都需要进行多次维护。

(3) 易变性：软件在生产过程中甚至在投入运行之后，也还可以再改变。软件必须经历变化并容易改变，这是软件产品的特有属性。软件易变性的好处是改变软件往往可以收到改变或者完善系统功能的功效；修改软件完毕比更换硬件容易，使得软件易维护、易移植、易复用。当人们的应用需求变化发展时，往往要求通过改变软件来使计算机系统满足新的需求，维护用户业务的延续性。

(4) 移植性：软件的运行受计算机系统的影响，不同的计算机系统平台可能会导致软件无法正常运行，这里就涉及软件的可移植性。好的软件在设计时就考虑到软件如何应用到不同的系统平台。

2. 软件危机

在软件开发的早期阶段，人们过高地估计了计算机软件的功能，认为软件能承担计算机的全部责任，甚至有些人曾误解为软件可以做任何事情。在软件发展的第二阶段，随着计算机硬件技术的进步，要求软件功能与之相适应。然而软件技术的进步一直没有能够满足形势发展所提出的要求，导致问题积累起来，形成日益尖锐的矛盾，这就导致了软件危机。

这场软件危机主要表现在：软件的规模越来越大，复杂度不断增加，软件的需求量也日益增大，且价格昂贵，供需差日益增大。而软件开发的过程是一种高密集度的脑力劳动，而软件开发常常受挫，质量差，很难按照指定的进度来完成预定的任务，软件开发往往会失去控制。软件的开发模式已经不能适应软件发展的需要，因此导致大量低质量的软件涌入市场，有的软件甚至在开发过程中就夭折了。所以软件开发的问题是如何开发出完成预定功能的软件，如何维护大量已经存在的软件，以及开发速度如何跟上目前软件越来越多的需求。随着硬件规模的不断增长，软件的规模和复杂度也随之增加，软件从早期的程序发展成复杂的软件产品，软件的开发逐步产业化，参与开发软件的人员越来越多，软件开发面临许多新的问题，如软件开发的规范化管理、软件开发方法和技术、软件开发的质量管理、软件开发的成本控制等。软件工程师为了适应软件产业化发展需要，逐步发展起来的一门有关软件项目开发的工程方法学。

3. 工程化思想

软件工程化思想的核心是：把软件看作是一个工程产品，这种产品的完成需要经过需求分析、设计、实现、测试、管理和维护几个阶段。要用完善的工程化原理研究软件生产的规范化方法，这样，软件的开发不仅会在指定的期限内完成，还会节约成本，保证软件的质量。

软件工程是一门研究如何用系统化、规范化、数量化等工程化思想和方法进行软件开发、维护和管理的学科。因此，软件工程学所涉及的范围很广，包括计算机科学、管理学、系统工程学和经济学等多个领域。

软件开发中工程化的思想主要体现在软件项目管理方面。软件项目管理的作用一方面是提高质量，降低成本；另一方面则是为软件的工程化开发提供保障。软件开发过程中一些问题和危机逐渐暴露出来，如项目时间总是推迟，项目结果不能令客户满意，项目预算成倍超支、项目人员不断流动等都是软件开发商可能面临的问题。

6.1.2 软件工程的概念

软件工程(software engineering,SE)是指导计算机软件开发和维护的一门工程学科。采用工程的概念、原理、技术和方法来开发和维护软件,把经过时间考验而证明正确的管理技术和当前能够得到的最好的技术方法结合起来,经济地开发出高质量的软件并有效地维护它,这就是软件工程。

软件工程的概念是在20世纪60年代末提出的。提出这一概念的目的是倡导以工程的原理、原则和方法进行软件开发,用来化解当时出现的软件危机。

人们给软件工程下过许多定义。

B. W. Boehm为软件工程下的定义为:"运行现代科学技术知识来设计并构造计算机程序及为开发、运行和维护这些程序所必需的相关文件资料。"

Fritz Bauer为软件工程下的定义为:"软件工程是为了经济地获得能够在实际机器上有效运行的可靠软件而建立和使用的一系列完善的工程化原则。"

1983年IEEE(国际电气与电子工程师协会)提出了IEEE软件工程标准术语,将软件工程定义为:"开发,运行、维护和修复软件的系统方法"。其中,"软件"定义为:"计算机程序、方法、规则、相关文件资料以及在计算机上运行时所必需的数据。"

软件工程的目标是:根据需求分析确定可行性后,在给定的时间内开发出具有可修改性、有效性、可靠性、可维护性、可重用性、可适应性、可移植性并满足用户需要的软件产品。

6.1.3 软件生命周期

同任何事物类似,软件也有一个从生到死的过程。这个过程一般称为软件生命周期(software life cycle,有时翻译为"软件生存周期")。软件生命周期被划分为定义、开发和运行3个阶段,每个阶段又细分为若干个子阶段。把整个软件生命周期划分为若干阶段,使得每个阶段有明确的任务,使规模大、结构复杂和管理复杂的软件开发变得容易控制和管理。

通常,软件生命周期包括可行性分析与开发项计划、需求分析、设计(概要设计和详细设计)、编码、测试、维护等活动,可以将这些活动以适当的方式分配到不同的阶段去完成。然而随着新的面向对象的设计方法和技术的成熟,软件生命周期设计方法的指导意义正在减少。

软件生命周期的基本理念是把复杂的问题趋于简单化,有效地控制和管理方法学。对软件开发过程的研究实际就是软件生命周期方法学的研究,所以软件生命周期方法学是软件工程方法学的核心内容。

软件生命周期的6个阶段如下:

(1) 问题的定义及规划。在此阶段,软件开发人员和客户进行需求分析,确定软件的开发目标及其可行性。

(2) 需求分析。在此阶段,软件开发人员在确定软件开发可行的情况下,对软件需要实现的各个功能进行详细的分析。需求分析是很重要的阶段,这一阶段做得好,将为整个软件开发项目的成功打下良好的基础。需求分析是在整个软件开发过程中不断变化和深入的,因此必须制订需求变更计划来应对这种变化,以保证整个项目的顺利进行。

(3) 软件设计。此阶段主要根据需求分析的结果来对整个软件系统进行设计,如系统框架设计、数据库设计等。软件设计一般分为总体设计和详细设计。好的软件设计将为软件程序编写打下良好的基础。

(4) 程序编码。将软件设计的结果转换成计算机可运行的程序代码。在程序编码中必须要制定统一、符合标准的编写规范,以保证程序的可读性、易维护性,提高程序的运行效率。

(5) 软件测试。软件设计完成后要进行严密的测试,以发现软件在整个设计过程中存在的问题并加以纠正。整个测试过程分为单元测试、集成测试、确认测试以及系统测试4个阶段。测试的方法主要有白盒测试和黑盒测试两种。在测试过程中要建立详细的测试计划并严格按照测试计划进行,以减少测试的随意性。

(6) 运行维护。此阶段是软件维护时软件生命周期中持续时间最长的阶段。在软件开发完成并投入使用后,可能由于多方面原因,软件将不能继续适应用户的要求。要延续软件的使用寿命,就必须对软件进行维护。

6.2 软件开发模型

为了研究软件开发项目中各种活动的一般规律,以及对软件开发过程进行定量度量和优化,人们提出了所谓的软件开发模型,也叫做软件生命周期模型或软件过程模型,需要使用直观的图形表示软件的开发过程,是在软件开发实践中总结出来的软件开发方法和步骤。软件开发模型是一种开发策略,是软件开发过程中的全部工作和任务的结构框架。以下介绍几种经典的软件开发模型。

6.2.1 瀑布模型

瀑布模型(waterfall model)是最早也是应用最广泛的软件过程模型,现在它仍然是软件工程中应用最广泛的过程模型。瀑布模型提供了软件开发的基本框架,规定了各项软件工程活动,包括制订开发计划、进行需求分析和说明、软件设计、程序编码、测试及运行维护,并且规定了软件生命周期的各个阶段如同瀑布流水逐级下落、自上而下、相互衔接的固定次序。开发过程是通过一系列阶段顺序展开的,从制订计划开始直到产品发布和维护,每个阶段都会产生循环反馈,因此有信息未被覆盖或者发现了问题,最好返回上一个阶段并进行适当的修改。采用瀑布模型的软件开发过程如图6-1所示。

瀑布模型存在顺序性和依赖性,后一阶段的工作必须等前一阶段的工作完成之后才能开始,同时前一阶段的输出文档就是后一阶段的输入文档,因此只有前一阶段的输出文

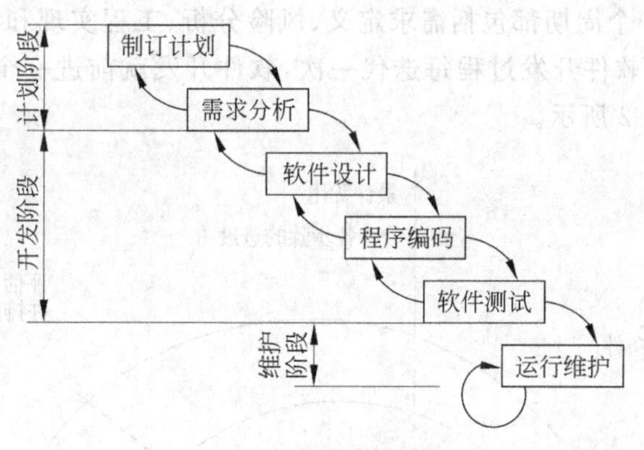

图 6-1 瀑布模型

档正确才能保证后一阶段的工作获得正确的结果。瀑布模型在编码之前设置了系统分析和系统设计的各个阶段，分析与设计阶段的基本任务规定在这两个阶段主要考虑目标系统的逻辑模型，不涉及软件的编程实现，清楚地区分逻辑设计和物理设计，尽可能推迟程序的编程实现，是按照瀑布模型开发软件的一条重要指导思想。瀑布模型着重强调文档的作用，并要求每个阶段都要仔细验证文档，但瀑布模型的线性过程太理想化，已不再适合现代软件的开发模式，其主要问题在于，各阶段完全固定，各阶段产生大量的文档极大地增加了工作量；由于开发模型是线性的，客户只有等到开发周期的晚期才能看到程序运行的测试版本，而在这时若发现大的错误，后果可能是灾难性的；实际的项目大部分情况难以按照该模型给出的顺序进行，而这种模型的迭代是间接的，这很容易由微小的变化而造成大的混乱；采用这种线性模型，会经常在过程的开始和结束时需要等待其他成员完成其所依赖的任务才能进行下去，有可能用在等待上的时间比开发的时间要长。

6.2.2 增量模型

增量模型(incremental model)也称为渐增模型，是在项目开发过程中以一系列的增量方式开发系统。在增量模型中，软件被作为一系列的增量组件来设计、实现、集成和测试，每一个组件是由多种相互作用的模块所形成的提供特定功能的代码片段构成。

增量模型在各个阶段并不交付一个可运行的完整产品，而是交付满足客户需求的一个子集的可运行产品。整个产品被分解成若干个构件，开发人员逐个构件地交付产品，这样做的好处是软件开发可以较好地适应变化，客户可以不断地看到所开发的软件，从而降低开发风险。在使用增量模型时，第一个增量往往是实现基本需求的核心产品。核心产品交付用户使用后，经过评价形成下一个增量的开发计划，它包括对核心产品的修改和一些新功能的发布。这个过程在每个增量发布后不断重复，直到产生最终的完善产品。

6.2.3 螺旋模型

螺旋模型(spiral model)是在 1988 年由 Barry Boehm 正式提出的，适合大型复杂的系统。这种模型每一个周期都包括需求定义、风险分析、工程实现和评审 4 个阶段,由这 4 个阶段进行迭代。软件开发过程每迭代一次,软件开发就前进一个层次。采用螺旋模型的软件过程如图 6-2 所示。

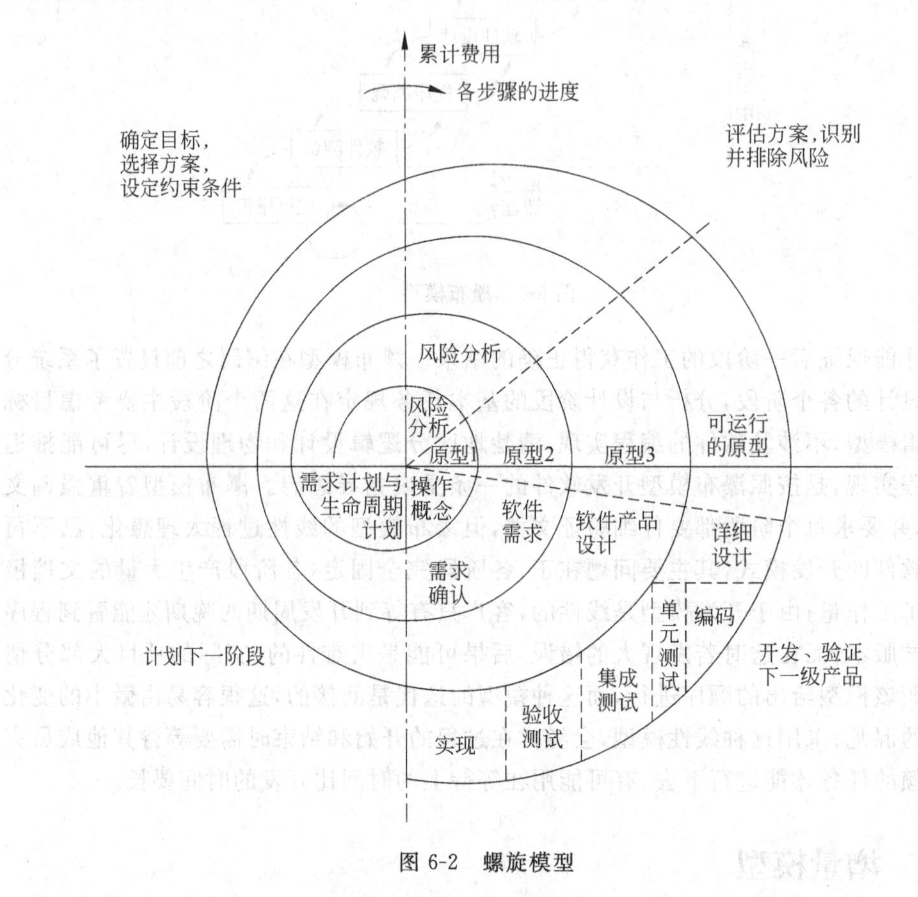

图 6-2 螺旋模型

在“瀑布模型”的每一个开发阶段前引入非常严格的风险识别、风险分析和风险控制,它把软件项目分解成一个个小项目,每个小项目都表示一个或多个主要风险,直到所有的主要风险因素都被确定。该模型沿着螺旋线进行若干次迭代,图 5-2 中的 4 个象限分别代表了以下活动:

(1) 确定目标、选择方案、设定项目开发的约束条件。

(2) 评估方案、识别并排除风险。

(3) 实施软件开发、验证下一级产品。

(4) 客户评价开发工作,提出修正建议,计划下一阶段。

螺旋模型对可选方案和约束条件的强调有利于已有软件的重用,也有助于把软件质量作为软件开发的一个重要目标;减少了过多测试或测试不足所带来的风险;螺旋模型中维护的只是模型中的一个周期,支持用户需求的动态变化,为用户参与软件开发的所有关键决策提供了方便,有助于提高目标软件的适应能力,从而降低了软件的开发风险。但螺旋模型也有一定的限制条件:螺旋模型吸收了软件工程的“演化”概念,强调风险分析,使得开发人员和用户对每个演化层出现的风险有所了解，继而作出应有的反应，特别适合大型软件的开发。螺旋模型的优越性比起其他模型来说是明显的，但不是绝对的。使用这个模型的需要具有相当丰富的风险评估经验和知识，如果风险较大却又没有及时发现，势必造成重大损失。

6.2.4 统一过程模型

UP(unified process，统一过程)是风险驱动的、基于用例技术的、以构架为中心的、迭代的、可配置的软件开发流程。UP是一个面向对象且基于网络的程序开发方法论，可以为所有方面和层次的程序开发提供指导方针、模板以及事例支持。UP和类似的产品(例如面向对象的软件过程和OPEN Process)都是理解性的软件工程工具，把开发中面向过程的方面和其他开发组件整合在一个统一的框架内。它建立了简洁和清晰的过程结构，为开发过程提供了较大的通用性。

统一过程是一个软件开发过程，是一个通用的过程框架，可用于各类软件和应用领域。统一过程是以用例驱动的，以构架为中心，迭代和增量的过程是在重复一系列组成系统的生命周期的循环。每一次循环包括4个阶段：初始、细化、构造和移交。每个阶段又进一步分为多次迭代的过程。每次循环迭代会产生一个新的版本，每个版本都是一个准备交付的产品。统一过程也定义了5个核心工作流：需求、分析、设计、实现和测试。每个工作流在各个阶段所处的地位和工作将不同。

统一过程为软件开发团队的有效部署给出一个经过商业化验证的软件开发方法。它的目标是在可预见日程和预算的前提下，确保开发出满足最终用户需求的高质量产品。为使整个团队有效利用最佳实践，统一过程为每个团队成员提供了必要准则、模板和工具指导。

(1) 迭代的开发软件。针对复杂的软件系统，UP使用连续的开发方法，并支持专注于处理生命周期中每个阶段中最高风险的迭代开发方法，极大地减少了项目的风险。迭代方法通过可验证的方法来帮助减少风险。因为每个迭代过程可执行版本告终，开发团队停留在产生的结果上，频繁的状态检查确保项目能按时进行，同样，迭代方法更容易适应在需求时间上的战略性改变。

(2) 需求管理。统一过程描述了如何提取、组织和文档化需要的功能和限制。它们给开发和发布系统提供了连续的和可跟踪的限制。捕获功能性需求使用的用例和场景，并确保由它们来驱动设计实现和测试软件，使开发出来的软件更加满足最终用户的需要。

(3) 使用基于构件的体系结构。所谓构件就是功能清晰的模块或子系统。在开发之前，关注早期的开发和健壮可执行体系结构的基线，它描述了如何设计灵活的、可容纳修改的、直观便于理解的、能促进有效软件重用的弹性结构。UP提供了使用新的及现有组件定义体系结构的系统化方法，从而有助于降低软件开发的复杂性，提高软件的重用率。

(4) 可视化建模。为了更好地理解问题，人们常常采用建立问题模型的方法。所谓模型，就是为了理解事物而对事物作出的一种抽象，是对事物的一种无歧义的书面描述。Rational软件公司创建的工业级标准——统一建模语言(unified modeling language,

UML)是可视化软件建模成功的基础。

(5) 验证软件质量。软件投入运行后再去查找和修改出现的问题,比在开发的早期阶段就进行这项工作需要花费更多的人力和时间。UP 帮助计划、设计、实现、执行和评估这些测试类型。质量评估不再是事后型的或由单独小组进行的鼓励活动,而是内建在贯穿于整个开发过程的、由全体成员参与的所有活动中。

(6) 控制软件变更。在变更是不可避免的环境中,必须具有管理变更的能力,才能确保每个修改都是可接受的而且能被跟踪的。UP 描述了如何控制、跟踪和监控修改,以确保迭代开发的成功。

统一过程的主要优点是:提高了团队生产力,在迭代开发过程针对所有关键的开发活动为每个开发人员提供了必要的准则、模板和工具指导,并确保全体成员共享相同的知识基础。统一过程的缺点是:统一过程只是一个过程,没有涵盖软件过程的全部内容,没有支持多项目的开发结构,在一定程度上降低了开发组织内大范围实现重用的可能性。

6.3 软件开发方法

软件开发方法有些是针对某一活动的,属于局部性的软件开发方法。但实践证明,针对分析和设计活动的软件开发方法更为重要。除此之外,还有覆盖开发全过程的全局性方法。接下来介绍几种典型的软件开发方法。

6.3.1 模块化方法

模块是一个独立命名的,拥有明确定义的输入/输出和特性的程序实体。把一个大型软件系统的全部功能按照一定的原则合理地划分为若干个模块,每个模块完成一个特定子功能,所有模块以某种形式组成一个整体,这就是软件的模块化设计。软件模块化设计可以简化软件的设计和实现,提高软件的可理解性和可测试性,并使软件更容易得到维护。

分解、抽象、逐步求精、信息隐蔽和模块独立性是软件模块化设计的指导思想。如何控制软件设计使得能科学而合理地进行模块分解,这与抽象和信息隐蔽等概念紧密相关。软件的模块化分解过程就是对系统有层次的思维和求解过程。用自顶向下、从抽象到具体的方式分配控制不仅可以使软件结构非常清晰、容易设计、便于阅读和理解,也增加了软件的可靠性,提高了软件的可修改性,而且有助于软件的测试、调试和软件开发过程的组织管理。高内聚、低耦合是模块化方法的目标。

6.3.2 结构化方法

传统的结构化软件开发有两种基本方法,分别是面向行为的设计和面向数据的设计。面向行为的设计方法是基于系统行为的设计,例如,面向数据流分析的设计方法是基于数据流图的设计，也称为结构化设计方法。面向数据的设计方法是基于数据结构的设计，例如，Jackson 系统开发的设计方法是根据系统的输入/输出数据结构设计软件结构。

结构化设计方法(SD)是基于模块化、自动向下、结构化程序设计等程序设计基础上发展起来的。结构化设计方法适合软件系统的总体设计，它是从整个程序的结构出发，突出程序模块的一种设计方法。结构化设计方法用模块结构图来表达程序模块之间的关系。由于数据流图和模块结构图之间有着一定的联系，因此结构化设计方法便可和需求分析中采用结构化分析方法很好衔接，使结构化方法恰当地划分模块。

6.3.3 面向对象方法

面向对象设计(object-original design，OOD)是根据面向对象分析(OOA)中确定的类和对象设计软件系统，包括设计对象类和设计这些对象类之间的关系。因此，也可以说是从 OOA 到 OOD 的一个逐步建立和扩充对象模型的过程。

所谓模型就是为了理解事物而对事物所作的一种抽象，是对事物规范的、无歧义描述的一种工具。采用建立模型的方法是人类理解和求解问题的一种有效策略，也是软件工程方法中最常使用的技术之一。

面向对象建模技术中，为了详细描述系统模型，主要建立下面 3 种模型：对象模型、动态模型和功能模型。功能模型指明了系统应该“做什么”；动态模型明确规定在何种状态下，接受什么事件的触发而“做什么”；对象模型则定义了“做什么”的实体。

为了能更好地建立面向对象的各种模型，统一建模语言(UML)从不同视角为系统建模。通过 UML 建立的系统模型主要有用例建模、结构模型、行为模型、实现模型、实施模型。其中，用例模型从用户角度表达系统功能，使用用例图和活动图来描述；结构模型主要使用类图和对象图描述系统静态结构，以及使用包图来组织模块和层次；行为模型展示系统动态行为及其并发性，使用状态图、时序图、协作图和活动图来描述；实现模型展示系统实现的结构和行为特征，使用构件图来描述；实施模型展示系统的实现环境和构建是如何在物理结构中部署的，使用部署图来描述。

6.3.4 统一建模语言

统一建模语言(unified modeling language ，UML)又称标准建模语言，始于 1997 年的一个 OMG 标准，它是一个支持模型化和软件系统开发的图形化语言，为软件开发的所有阶段提供模型化和可视化支持，包括由需求分析到规格，到构造和配置。

在统一建模语言出现之前，面对众多的建模语言，用户由于没有能力区别不同语言之间的差别，因此很难找到一种比较适合其应用特点的语言；众多的建模语言各有所长，每种方法都有自己的表示方法过程和工具；虽然不同的建模语言大多类同，但仍存在某些细微的差别，极大地妨碍了用户之间的交流。统一建模语言的出现结束了面向对象领域中的方法大战，形成了大家公认的一套建模方法，UML 也称为面向对象领域内占主导地位的标准建模语言。

统一建模语言的主要内容有9种图，分别是用例图、类图、对象图、状态图、时序图、协作图、活动图、构件图和部署图。UML的目标是以面向对象图的方式来描述任何类型的系统，具有很宽的应用领域。可以用来建立软件系统的模型，适用于系统开发过程中从需求规格描述到系统完成后测试的不同阶段；在分析阶段，只对问题域的对象建模，而不考虑定义软件系统中技术细节的类，设计阶段为构造阶段提供更详细的规格说明。在用UML建立分析和设计模型时，应尽量避免考虑把模型转换成某种特定的编程语言。因为在早期阶段，模型仅仅是理解和分析系统结构的工具，过早考虑编码问题十分不利于建立简单正确的模型。UML还可作为测试阶段的依据。系统通常需要经过单元测试、集成测试、系统测试和验收测试。总之，UML不但适用于以面向对象技术来描述任何类型的系统，而且适用于系统开发的不同阶段，从需求规格描述直至系统完成后的测试和维护。

6.4 软件项目管理

软件项目管理贯穿于整个软件工程过程，为了使软件项目能够按照预定的成本、进度、质量顺利完成而对于人员、产品、过程和项目进行分析和管理的活动。在软件工程大量的应用实践中，人们逐渐意识到技术和管理是软件工程化生产必不可少的两个方面，只有对生产过程进行全面、科学的管理才能达到提高软件生产效率和改善软件质量的目标。

软件项目管理的根本目的是让软件项目尤其是大型项目的整个软件生命周期(从分析、设计、编码到测试、维护全过程)都能在管理者的控制之下，以预定成本按期、按质地完成软件并交付用户使用。而研究软件项目管理为了从已有的成功或失败的案例中总结出能够指导今后开发的通用原则、方法，同时避免前人的失误。

6.4.1 软件项目管理的范围

软件项目管理贯穿于整个软件的定义、开发和维护过程之中。软件项目管理的内容主要包括如下几个方面：人员的组织与管理、软件度量、软件项目计划、风险管理、软件质量保证、软件过程能力评估、软件配置管理等。

一个项目开发需要各种资源，包括涉及的各类人员、开发实践、支持开发的软件以及产品运行所需要的硬件等，其中最主要的资源是人。因为软件开发过程是人的智力密集型劳动，所以项目开发成功的一个很重要的因素是人。软件项目的人员管理的目的是通过吸引、培养、鼓励和留住有创造力的高水平人才，增强软件组织承担软件开发任务的能力。所以软件项目人员管理要进行招募、选择、业绩管理、培训、专业发展、组织和工作计划以及培养团队精神和企业文化等一系列以人为本的工作。为了提高软件生产效率，软件项目开发组织必须最大限度地发挥每一个人的技术能力。软件度量用量化的方法评测软件开发中的费用、生产率、进度和产品质量等要素是否符合期望值，包括过程度量和产品度量两个方面；软件项目计划主要包括工作量、成本、开发时间的估计，并根据估计值制订和调整项目组的工作计划；风险管理预测未来可能出现的各种危害到软件产品质量的潜在因素并由此采取措施进行预防；质量保证是保证产品和服务充分满足消费者要求的质量而进行的有计划、有组织的活动；软件过程能力评估是对软件开发能力的高低进行衡量；软件配置管理针对开发过程中人员、工具的配置、使用提出管理策略。

6.4.2 软件过程管理

测量可以应用于软件过程中，目的是持续改进软件过程，测量也可以应用于软件项目中，辅助进行估算、质量控制、生产率评估以及项目控制。测量还可以用于评估工作产品的质量，并在项目进展过程中辅助进行战术决策。

独立的过程信息收集涉及所有的项目，而且要经历相当长的时间，目的是提供能够引导长期的软件过程改进的一组过程指标。过程度量涉及了人员的技能和动力、产品复杂性和过程中采用的技术。过程管理就是要充分了解和监控现有的过程，并试图改善过程，以此达到提高软件产品质量、降低成本和减少开发时间的目标。要想让过程改进能同时优化所有过程属性是不可能的。过程改进应该是开发机构一项明确的任务和一项持久的活动。软件过程改进是长期的、重复的过程，需要得到开发机构的批准、相关支持和资源。

软件项目度量使得软件项目管理能够评估正在进行中的项目的状态、跟踪潜在风险、发现存在的问题、调整工作流程或任务、评估项目团队的能力。项目度量常用在估算阶段，从过程项目中收集的度量作为估算当前软件工作量和时间的基础。随着项目的进展，可以将花费的工作量及时间的测量与估算值比较。管理者可以根据这些数据来监控项目的进展，生产力可以根据创建的模型、评审时间、功能点以及交付源代码的行数来测量。利用项目度量能够对开发进度进行必要的调整，以及避免延迟，并减少潜在的问题及风险，从而使开发时间减到最少。其次，项目度量可在项目进行过程中评估产品质量，必要时可调整技术方法以提高质量。

6.4.3 软件风险管理

目前，风险管理被认为是IT软件项目中减少损失的一种重要手段。当不能很确定地预测将来事情的时候，可以采用结构化风险管理来发现计划中的缺陷，并且采取行动来减少潜在问题发生的可能性和影响。风险管理意味着在危机还没有发生之前就对它进行处理。这样会提高项目成功的机会和减少不可避免风险所产生的后果。

项目风险是一些不确定的事件或情况，一旦出现将会对项目目标产生负面的影响。风险有两类：可预见风险和不可预见风险。项目风险管理实际上就是贯穿在项目开发过程中的一系列管理步骤，其中包括风险识别、风险估计、风险管理策略、风险解决和风险监控。

6.4.4 软件配置管理

开发一个计算机软件时，变更是不可避免的。软件配置是一个软件的各种形式、各种版本的文档和程序的总成。软件配置管理(software configuration management,SCM)是对软件变更过程的管理。软件配置管理是应用于整个软件过程的保护性活动,也可视为整个软件过程的保证软件质量的活动之一。管理变更的能力的高低是项目成败的关键。如何管理、追踪和控制变更就变得非常重要。尽管有多种方式可以帮助开发团队提高变更处理的能力,但是其中最重要一点是整个团队的协作性,这是因为以一种可重复和可预测的方式进行高质量软件的开发需要一组开发人员相互协作。

6.5 软件质量管理

软件是一个复杂的逻辑实体,需求很难精确把握,加上其开发活动大多数是由手工完成,所以软件产品会或多或少存在一定的质量缺陷。解决这一问题有两种方法:技术手段和管理手段。技术手段有两个方面:一是改进测试方法,提高测试效率,以便能更有效地发现和排除软件开发过程中发生的各种错误或缺陷,提高软件质量;二是改进开发过程,使各种错误不会或很少引入软件开发过程。然而实践证明,采用这两种技术手段解决软件质量问题的效果并不很明显。

6.5.1 软件质量的定义

质量被定义为某一事物的特征或属性,具有可测量的特征。但是软件在很大程度上是一种知识实体,其特征的定义远比物理对象要困难得多。软件质量属性包括循环复杂度、内聚性、功能点数量、代码行数等。质量分为设计质量和一致性质量。设计质量是指设计者为一个产品规定的特征,一致性质量是指在制造产品的过程中遵守设计规格说明的程度。如果用户不满意,其他任何事情做得再好也没有用。质量控制就是为了保证每一件产品都能满足需求而在整个软件过程中所进行的一系列审查、评审和测试。通过质量管理机制相对地净化开发环境,使得混入开发过程的差错或缺陷更少,即使有差错或缺陷混入也容易排除,从而提高软件质量。软件的质量检测、质量保证和质量认证是组成软件产品质量管理的 3 个重要方面。

6.5.2 软件质量保证

软件质量保证(SQA)由各种任务构成,是建立一套有计划、有系统的方法,来向管理层保证拟定出的标准、步骤、实践和方法能够正确地被所有项目所采用。软件质量保证的目的是使软件过程对于管理人员来说是可见的。它通过对软件产品和活动进行评审和审计来验证软件是合乎标准的。软件质量保证组在项目开始时就一起参与建立计划、标准。软件工程小组通过采用可靠的技术方法和措施,进行正式的技术复审,执行计划周密的软件测试,从而保证软件的质量。

6.6 软件能力成熟度模型

SW-CMM(capability maturity model for software,软件生产能力成熟度模型,以下简称“CMM”)是1987年由美国卡内基梅隆大学软件工程研究所研究出的一种用于评价软件承包商能力并帮助改善软件质量的方法,其目的是帮助软件企业对软件工程过程进行管理和改进,增强开发与改进能力,从而能按时地、不超预算地开发出高质量的软件。目前我国已有软件公司通过了CMM认证。该模型强调企业软件开发能力取决于企业的过程能力而不是个人能力,强调持续的过程能力的改善是衡量软件企业开发管理水平的重要参考。该模型既可以作为软件开发组织改善软件开发过程的参考模型,也可以作为用户评估软件项目承包商的依据。

CMM的核心是把软件开发视为一个过程,并根据这一原则对软件开发和维护进行过程监控和研究,以使其更加科学化、标准化,使企业能够更好地实现商业目标。CMM是一种用于评价软件承包能力并帮助其改善软件质量的方法,侧重于软件开发过程的管理及工程能力的提高与评估。CMM分为5个等级:一级为初始级,二级为可重复级,三级为已定义级,四级为已管理级,五级为优化级。

(1) 初始级(initial)。处于这个最低成熟度等级的软件机构基本上没有健全的软件工程管理制度,每件事情都以特殊的方法来做。如果一个特定的工程碰巧由一个有能力的管理员和一个优秀的软件开发组来做,则这个工程可能是成功的。然而通常的情况是,由于缺乏健全的总体管理和详细计划,时间和费用经常超支。结果,大多数的行动只是应付危机,而非事先计划好的任务。处于成熟度等级1的组织,由于软件过程完全取决于当前的人员配备,所以具有不可预测性,人员变化了,过程也跟着变化。结果,要精确地预测产品的开发时间和费用之类重要的项目是不可能的。

(2) 可重复级(repeatable)。在这一级的软件机构,有些基本的软件项目的管理行为、设计和管理技术是基于相似产品中的经验,故称为“可重复”。在这一级采取了一定措施,这些措施是实现一个完备过程所必不可缺少的第一步。典型的措施包括仔细地跟踪费用和进度。不像在第一级那样,在危机状态下方行动,管理人员在问题出现时便可发现,并立即采取修正行动,以防它们变成危机。关键的一点是,如没有这些措施,要在问题变得无法收拾前发现它们是不可能的。在一个项目中采取的措施也可用来为未来的项目拟定实现的期限和费用计划。

(3) 已定义级(defined)。处于第3级的软件公司已为软件生产的过程编制了完整的文档。软件过程的管理方面和技术方面都明确地做了定义,并按需要不断地改进过程,而且采用评审的办法来保证软件的质量。在这一级,可引用CASE环境来进一步提高质量和产生率。而在第一级过程中,“高技术”只会使这一危机驱动的过程更混乱。

(4) 已管理级(managed)。一个处于第4级的公司对每个项目都设定质量和生产目标。这两个量将被不断地测量,当偏离目标太多时,就采取行动来修正。利用统计质量控制,管理部门能区分出随机偏离和有深刻含义的质量或生产目标的偏离(统计质量控制措施的一个简单例子是每千行代码的错误率。相应的目标就是随时间推移减少这个量)。

(5) 优化级(optimizing)。处于第5级软件公司的目标是连续地改进软件过程。这样的组织使用统计质量和过程控制技术作为指导。从各个方面中获得的知识将被运用在以后的项目中,从而使软件过程融入了正反馈循环,使生产率和质量得到稳步的改进。

本章小结

本章介绍了软件工程的概念、软件生命周期以及软件开发方法等,对于信息技术专业的学生而言,理解软件工程的思想,熟悉应用软件开发方法和工具,了解软件开发的流程是非常重要的。信息技术专业的后续课程中会学习到面向对象开发语言,软件工程以及软件项目管理的内容。

习　题

一、简答题

1. 什么是软件工程?软件工程的思想是什么?
2. 简述软件生存周期。
3. 常见的软件开发模型有哪些?
4. 使用统一建模语言有什么意义?
5. 软件成熟度模型的5个级别分别是什么?

二、选择题

1. 软件工程是研究大规模程序设计的方法、工具和管理的一门________。

A) 技术方法　B) 实用技术　C) 现代科学　D) 工程科学

2. 软件开发方法是指________。

A) 软件开发的技术　B) 软件开发的步骤

C) 软件开发的思想　D) 指导软件开发的一系列规则

3. 瀑布模型的主要特点是________。

A) 将过程分解为一个一个的阶段

B) 提供了有效的管理模式

C) 将开发过程严格地划分为一系列有序的活动

D) 缺乏灵活性

4. 软件工程过程是指________。

A) 软件工程的一组活动　B) 软件生存周期内的一系列有序活动集

C) 软件生存周期内的所有任务　D) 软件生存周期内的所有活动

5. 软件的质量是指________。

A）软件可用性的程度　　B）软件性能的好坏

C）软件需求说明的程度　　D）用户对软件的满意程度

三、探索题

1. 软件是计算机的灵魂，用软件工程的方法来保证软件开发过程的顺利进行有哪些好处？

2. 利用身边的资源，查阅相关资料，介绍自己对不同的软件开发方法的理解。

第7章 计算机网络与通信

计算机与通信是近年来两个发展最快、应用最广的学科，而计算机网络正是这两个学科交叉发展的产物。随着计算机技术和通信技术的不断进步，通信链路能传送更多、更快的信号，不仅可以传送字符、图形和图像信号，还能高效快速地传送音频、视频信号，使得人们的工作、生活更加丰富和便利。这又进一步促进了计算机网络的发展，带动了商业、工业、科学和教育的巨大变革。

本章首先介绍计算机通信的基础知识、计算机网络的体系结构与互联设备；其次介绍Internet的基础知识、Internet所提供的服务以及Internet应用；最后，作为网络应用的一个延伸，介绍网站的创建和网页设计的相关知识。

7.1 数据通信的基础知识

7.1.1 数据通信

1. 信息和数据

信息(information)是客观事物属性的反映，是经过加工处理并对人类客观行为产生影响的数据表现形式。数据(data)是反映客观事物属性的记录，是信息的具体表现形式。任何事物的属性都是通过数据来表示的，数据经过加工处理之后成为信息，而信息必须通过数据才能传播，才能对人类有影响。如数据1、3、5、7、9、11、13、15，它是一组数据，如果对它进行分析便可以得出它是一组等差数列，由此可以容易地推出后面的数字为17，19，…，那么它便是一条信息，成为有用的数据。而数据1、3、2、4、5、1、41，若不增加额外数据，则不能告诉人们任何东西，故它此时不是信息。

2. 信号与信道

信号(signal)是传输介质上携带的信息，在通信系统中常用电信号、光信号、载波信号、脉冲信号、调制信号等描述。信号可分为模拟信号和数字信号两类，模拟信号指的是在一定数值范围内可以连续取值的信号，一般表现为连续变化的电信号，可以按照不同的频率在各种介质上传输；数字信号是一种离散的脉冲序列，一般用恒定的正电压或负电压来表示二进制的"1"和"0"值，这种脉冲序列可以按照不同的位速率传输。信道(channel)是传输信息的物理通道，介于发送设备和接收设备之间，按传输信号的类型的不同可以分为模拟信道和数字信道。模拟信道用来传输模拟信号或经过调制的数字信号，数字信道只能用来传输数字信号。

3. 数据通信方式

数据通信根据不同的分类依据，可以分为多种不同类型。

(1) 按字节使用的信道数，可以分为串行通信和并行通信。串行通信中，信息以连续的数据位流形式传输，就像汽车通过单通道的桥一样，电话线上传输数据多用串行通信。并行通信中，数据位通过分开的多个线路同时传输，就像汽车以同样的速度在多车道的高速公路上同时行驶，计算机与打印机的通信多用并行通信。

(2) 按照信号的传送方向和时间的关系，可以分为单工通信、半双工通信和双工通信三类。在单工通信方式中，发送方和接收方之间只有一个传输通道，信号单方向地从发送方传输到接收方，任何时候都不能改变信号的传送方向，如广播。在半双工通信方式中，发送方和接收方之间有两个传输通道，信号可以双向传送，但必须交替进行，即一个时间只能向一个方向传送，如电话。在双工通信方式中，发送方和接收方之间有两个传输通道，信号可以同时双向传输。双工是最有效和最快速的双向通信方式，这种通信方式的信息通过最大，但要求传输通道有足够的带宽，双工通信在计算机通信中被广泛地使用。

(3) 按发送端和接收端是否保持同步，可以分为同步传输和异步传输。同步传输要求通信的双方在时间上保持同步，即系统需要一个同步时钟，优点是数据传输速度快，主要用于传输大批量的信息。传输信息时，每次传送多个字节。异步传输不要求通信双方在时间上保持同步，每次发送和接收一个字符，发送字符的起始时刻是任意的，字符与字符间的间隔也是任意的，即各个字符之间是异步的。每个字符在传输时要在其前后加上起始位和停止位，以表示一个字符的开始和结束。异步传输的优点是传输时间是任意的，但数据的传输速度较慢。

7.1.2 数据传输

数据的传输方式主要有基带传输(baseband)、频带传输和宽带传输(broadband)。

1. 基带传输

在数据通信中，由计算机或终端等数字设备直接发出的二进制数字信号是典型的矩形脉冲信号，其频谱包括直流、低频和高频等多种成分。在数字信号频谱中，把直流(零频)开始到能量集中的一段固有的频率范围称为基本频带，简称为基带，与之相关的信号称为基带信号。在信道中直接传输由计算机或终端产生的这种基带信号就称为基带传输。在基带传输中，整个信道只传输一种信号，通信信道利用率低。由于在近距离范围内，基带信号的功率衰减不大，从而信道容量不会发生变化，具有较高的传输速率，因此，在局域网中通常使用基带传输技术。但由于基带传输直接传送数字信号，传输速率越高，传输的距离就越短，一般不超过 2km，否则需要增加中继器放大信号，以延长传输距离。

2. 频带传输

远距离通信信道多为模拟信道，例如，传统的电话(电话信道)只适用于传输音频范围为 300～3400Hz 的模拟信号，不适用于直接传输频带很宽但能量集中在低频段的数字基带信号。频带传输就是先将基带信号变换(调制)成便于在模拟信道中传输的、具有较高频率范围的模拟信号(称为频带信号),再将这种频带信号在模拟信道中传输。基带信号与频带信号的转换通过调制解调技术完成,与之相关的设备为调制解调器。计算机网络的远距离通信通常采用的是频带传输。

3. 宽带传输

宽带传输是指传输介质的频带较宽的信息传输。在这种传输介质上传输模拟信号时,往往只占用有限的频带,此时称为频带传输;借助频带传输,将通信链路分解成两个或多个通信信道,每个信道携带不同的信号,此时就称为宽带传输。宽带传输中的所有信道都可以同时发送信号,如CATV、ISDN等。宽带传输能在一个信道中传输声音、图像和其他数字信息,使系统具有多种用途,而且传输速率高、传输距离远,目前已被广泛使用。

7.2 计算机网络概述

计算机网络是计算机硬件和计算机软件的组合体,它负责把数据从一个地方发送到另一个地方。这里的计算机硬件是指把信号从网络中的一点传送到另一点的物理设备;计算机软件是指众多指令的集合,这些指令能提供丰富多彩的网络服务。

7.2.1 计算机网络的概念

计算机网络是计算机技术和通信技术飞速发展而又密切结合的产物,可以把它看成是由各自具有自主功能而又通过各种通信手段相互连接起来以便进行信息交换、资源共享或协同工作的计算机组成的复合系统。主要包含3层意思:首先,一个计算机网络中包含了多台具有自主功能的计算机,所谓具有自主功能指的是这些计算机如果离开了计算机网络同样能独立地工作;其次,这些计算机之间是相互连接的,连接所使用的通信手段各异,连接的距离远近不同,连接所依媒体或称传输介质(双绞线、光纤、无线电波等)相差甚远,传输的方式以及传输的速率也可以不同;最后,计算机连接成网的目的是进行信息交换、资源共享(硬件共享、软件共享、服务共享)或协同工作。

7.2.2 计算机网络优劣的指标

评价计算机网络有多种指标,其中最重要的是性能、可靠性和安全。

1. 性能

性能可以用多种方式度量,包括传输时间和响应时间。传输时间是信息从一个设备传输到另一个设备所需要的时间总量。响应时间是查询和响应间的时间间隔。网络的性能依赖于许多因素,包括用户数、传输介质类型、硬件的连接能力和软件的效率等。

2. 可靠性

除了发送的准确性外，网络的可靠性还有很多度量标准，包括发生故障的频率、从故障中恢复的时间、灾难时网络的健壮性等。

3. 安全

网络安全问题包括保护数据，防止非授权访问、损坏和修改，实现从数据破坏和数据丢失中恢复的策略和程序。

7.2.3 计算机网络的结构

计算机网络的软硬件及相关配置构成了计算机网络的全部。本节讨论计算机网络的连接类型和拓扑结构。

1. 连接类型

网络由两个或两个以上通过链路连接的设备构成。链路是数据从一个设备传输到另一个设备的通信通道。为了进行通信，两个设备必须使用某种方式连接到同一链路。按连接类型的不同，可以把网络结构分为两大类：点对点网络和广播式网络。

1）点对点网络

点对点网络包含若干条连接线缆，每条都连接一对计算机或中间节点（路由器、交换机）。这种点对点之间的链路或者说链路的容量被连接设备所专用。通常为远程网和城域网所采用。

2）广播式网络

广播式网络的基础是提供多点连接（也称多站连接），所谓的多点连接是指两个以上设备共享一个链路，不管是空间上的还是时间上的。当网络中的某一机器发送信息时，其他计算机都能接收到该信息。通常为局域网所采用。

2. 拓扑结构

计算机网络拓扑结构是网络中各个站点相互连接的形式。目前主要的拓扑结构有星型、总线型、环型、树型和网状五类，如图 7-1 所示。

1）星型网络

在星型网络中，每个设备都有专用的点对点链路，它只与通常被称为集线器（也可能是交换机或具有交换功能的路由器等）的中央控制器相连。中央控制器一般通过轮询的方式完成控制，即中央控制器轮询每一个连接设备是否有信息发送，被询问的设备进而被允许发送它的信息。星型结构中，各个计算机使用各自的线缆连接到网络中，因此，如果一个站点出了问题，不会影响整个网络的运行。采用交换电缆或工作站的简单方法可以很容易地确定网络故障点，易于维护。另外，通道分离时，整个网络不会因一个站点的故障而受到影响，使网络节点的增删方便、快捷。星型网络结构是现在最常用的网络拓扑结构。

2）总线型网络

在总线型网络中，使用多点链路。其中一根长电缆（称为总线）起着骨干作用，把网络

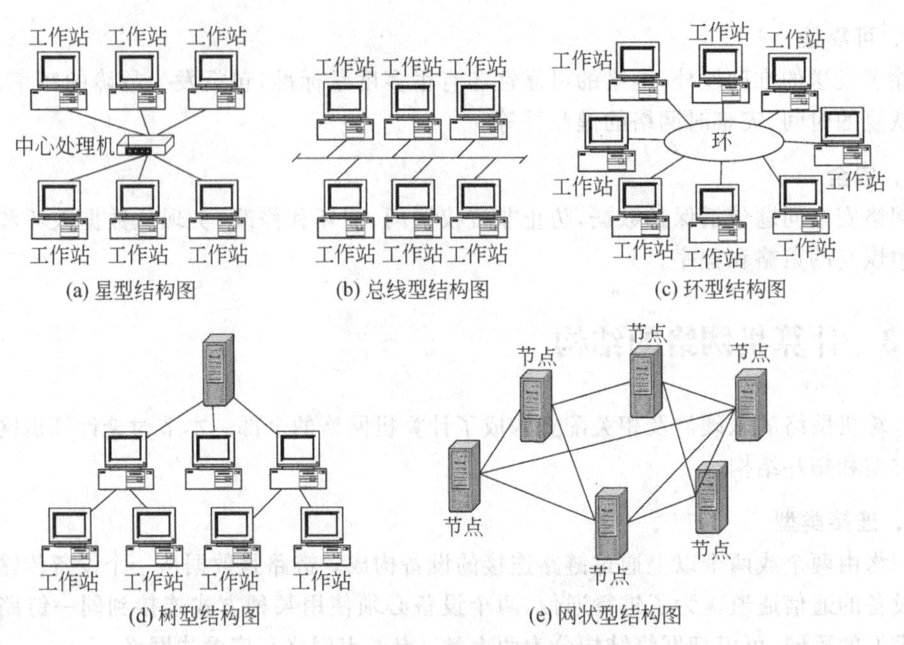

图 7-1　5 种物理拓扑

中所有的设备连接在一起。节点使用分支线和连接头(连接器)与总线相连。网络中的所有信息都沿着总线传输,而其中的设备都会检查通过的信息(信息中的地址)是否发送给自己。若是,则接收;否则,放弃该信息。总线型网络安装简单方便,需要铺设的电缆最短,成本低,某个站点的故障一般不会影响整个网络,但介质的故障会导致网络瘫痪。总线网安全性低,监控比较困难,增加新站点也不如星型网容易。总线型结构是最经济、最简单、有效的网络结构之一,具有频带较宽、数据传送不易受干扰的特点,但由于总线结构是由一根电缆连接着所有设备,一段线路断路将导致整个网络运行中断,而使其稳定性较差。所以,总线型网络结构已基本被淘汰。

3)环型网络

环型网络结构的各站点通过通信介质连成一个封闭的环型,并且每个设备都有专用的点对点链路,只与两边的设备相连。信号只是以一个方向沿着环从一个设备传输到另一个设备,直至到达目的地。环型网络容易安装和监控,但容量有限,网络建成后难以增加新的站点。其特点是结构简单,容易实现,传输延迟确定。环中任何一个节点出现线路故障,都将造成网络瘫痪。因此,现在组建局域网已经基本上不使用环型网络结构。

4)树型网络

树型网络也称为层次型网络(混合型),像星型网络一样,由一系列计算机连接到中央主机所组成。其中,顶端主机一般是一台大型计算机或计算机集群,在它的下面是中型或小型计算机,最低层为微型计算机。层次网络允许各个计算机共享数据库、处理器以及不同的输出设备。层次型网络属于分级的集中控制式网络,与星型网络相比,它的通信线路总长度短,成本较低,节点易于扩充,寻找路径比较方便,但除了叶节点及其相连的线路外,任一节点或其相连的线路出现故障都会使系统受到影响。主要适用于集中式管理的组织或企业，目前采用这种方案的较为普遍。

5）网状型网络

网状型结构又称为无规则节点之间的连接，是任意的、没规律的，每个设备都有专用的点对点链路与其他设备相连。网状拓扑主要优点是系统可靠性高，结构复杂，必须采用路由选择算法与流量控制算法，目前使用的远程拓朴结构均采用了网状拓朴结构型。

在目前的高速局域网应用中，最常用的拓扑为星型拓扑。星型拓扑比网状结构便宜，而且具有网状拓扑的大多数优点。其缺点是整个网络依赖单个点（集线器、交换机或路由器）。如果该节点停机，那么整个网络就不能工作了。

7.2.4 计算机网络的分类

计算机网络分类方法很多，从不同的角度观察网络系统、划分网络，有利于全面地了解网络系统的特性。

1. 按距离划分

按距离划分，网络可以分为三大类：局域网（LAN）、广域网（WAN）和城域网（MAN）。

1）局域网

局域网用于将有限范围内的各种计算机、终端与外部设备互联成网，通信距离一般限于几千米之内，传输速率为10Mbps～1Gbps，适合低误码率的高质量数据传输环境。局域网主要用来构建一个单位的内部网，如企业网、校园网等，它们常常是私有的，管理权归属单位或企业，主要以实现资源共享为目的，如图7-2所示。

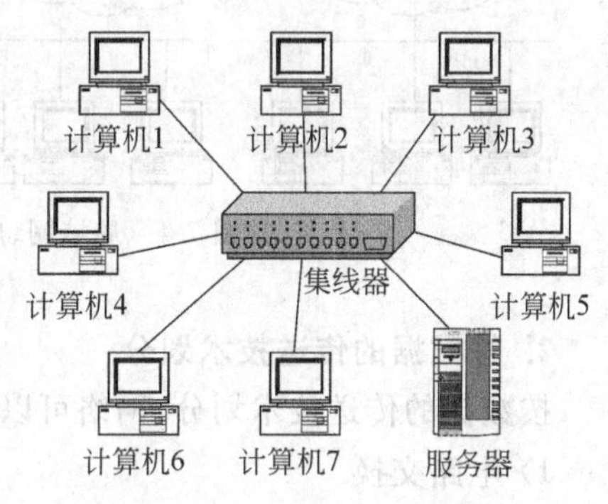

图7-2 将7台计算机连接到一个集线器的孤立LAN

2）广域网

广域网也称远程网，它所覆盖的地理范围可达几十千米、几百千米甚至遍及全世界，形成国际性的远程网络。它可以复杂得像连接因特网的骨干，也可以简单得像将家用计算机连接到因特网的拨号线路，如图7-3所示。点对点的广域网通常是两个设备间的单一连线，如拨号线路或电缆线。骨干广域网是由服务提供商运营的复杂网络，通常连接因特网服务提供商（ISP）。过去广域网的传输速率比较低，一般为64Kbps～2Mbps，而现在以光纤维为传输介质的新型高速广域网可以提供Gbps量级的传输速率。

3）城域网

城域网的规模介于局域网和广域网之间。通常覆盖一个城市或区域经济圈，用来为那些需要高速连接（通常是连接因特网）且终端分布在一个城市的客户提供服务。其设计目标是满足几十千米范围内的大量企业、机关、公司的多个局域网互联的需求，实现大量用户之间的文本数据、语音、图形图像和视频等多种信息的传输功能。城域网的一个典型

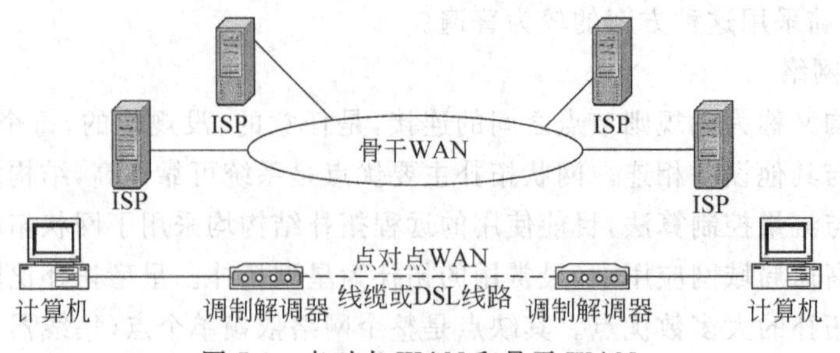

图 7-3　点对点 WAN 和骨干 WAN

例子就是能提供 DSL 线路给客户的电话公司的那部分网络。

近年来，随着用户对高速上网需求的急剧增加，应用界又开发了一种新的网络技术，称为本地接入网或居民接入网。居民接入网提供了多种高速接入技术，使用户接入到因特网的瓶颈得到明显的改善。

局域网、广域网、城域网和接入网的关系如图 7-4 所示。

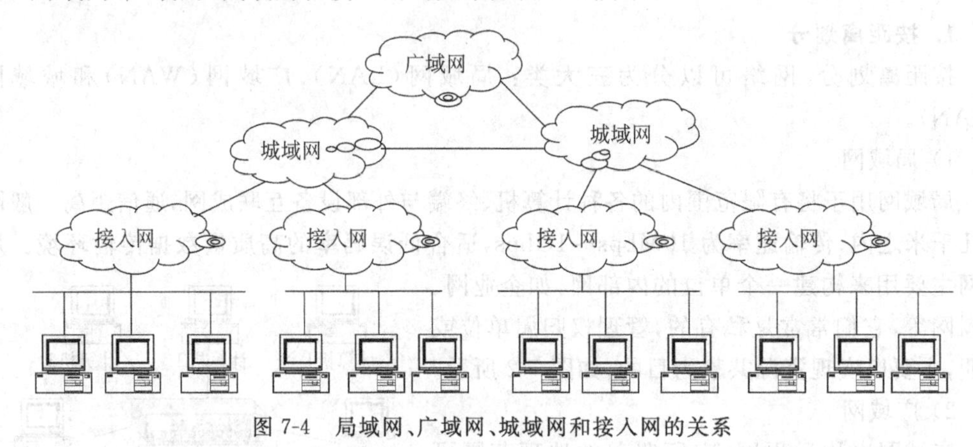

图 7-4　局域网、广域网、城域网和接入网的关系

2. 按数据的传送技术划分

按数据的传送技术划分，网络可以分为电路交换、报文交换和分组交换等几种。

1）电路交换

电路交换技术的基本特点是采用面向连接的方式，在双方进行通信之前，需要为通信双方分配一条具有固定带宽的通信电路，通信双方在通信过程中将一直占用所分配的资源，直到通信结束，并且在电路的建立和释放过程中都需要利用相关的信令协议。这种方式的优点是在通信过程中可以保证为用户提供足够的带宽，并且实时性强、时延小、交换设备成本较低，但同时带来的缺点是网络的带宽利用率不高，一旦电路被建立，不管通信双方是否处于通话状态，分配的电路都一直被占用。公众电话网（PSTN 网）和移动网（包括 GSM 网和 CDMA 网）采用的都是电路交换技术。

2）报文交换

报文交换技术是采用存储转发机制，以报文作为传送单元的交换技术。数据传输时，报文携带有目标地址、源地址等信息，经过一站又一站的路由到达目的地。主要用于传输报文较短、实时性要求较低的通信业务，如公用电报网。

3）分组交换

分组交换是报文交换的一种改进，是计算机网络中使用最广泛的一种交换技术。与报文交换一样，它仍采用存储转发传输方式，但将一个长报文先分割为若干个较短的分组，然后把这些分组（携带源、目的地址和编号信息）逐个发送出去。由于分组相对较短，进行数据交换时有诸多优势：加速了数据在网络中的传输（流水线式传输分组）、简化了存储管理（分组长度固定）、减少了出错几率和重发数据量、更适用于采用优先级策略以及时传送紧急数据。

4）高速交换技术

现有的交换技术已远远不能满足像信息高速公路那样建立先进通信网络的需要，例如音频、视频、数字、图像等多种媒体的传输要求高速宽带的通信网。目前用的较多的有：语音插空技术 DSI(digital speech interpolation)、帧中继(frame relay)和异步传输模式 ATM(asynchronous transfer mode)等新技术。

7.2.5 互联网和因特网

1. 互联网

如今，网络都互联在一起，很少能见到孤立的网络。这种互联在一起的网络就称为互联网(internet 小写的"i")，如图 7-5 所示。图 7-5 中有 8 个 LAN 和 2 个 WAN，通过 6 个路由器将它们相互连接。

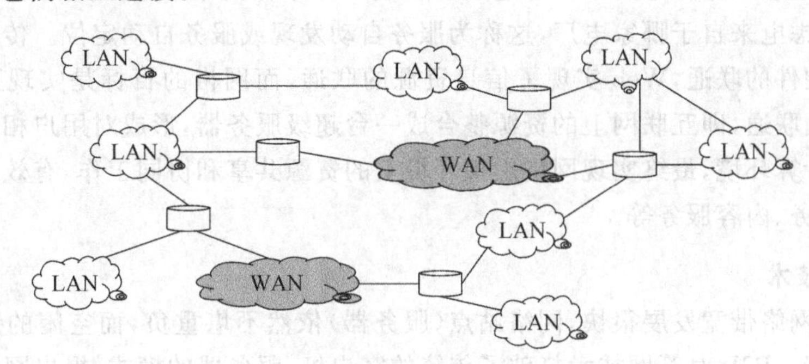

图 7-5　由 LAN、WAN 和路由器构成的互联网

2. 因特网

最著名的互联网就是因特网(Internet，大写的"I")，它由成千上万个互联的网络组成。目前，无论个人还是组织都在使用互特网。图 7-6 给出 3 部分因特网的概念视图。

因特网给现代生活带来很多变化。借助网络，人们能够网上娱乐（网络视频、网络游戏等）以消磨时间，能够电子商务（利用淘宝、亚马逊等平台进行贸易），能够足不出户而网上办公，还能完成网上诊疗、网上学习等，因特网给生活和生产带来了很多便利，开创了全新的互联网时代。

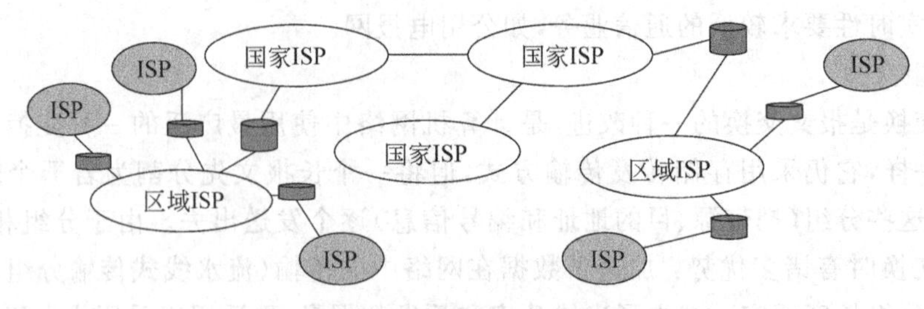

图 7-6　因特网的层次组织

7.2.6　计算机网络发展趋势

计算机网络技术发展的基本方向是开放、集成、高速、移动、安全可信以及向用户提供各种个性化的主动服务。开放是指网络体系结构的开放和操作系统界面与用户操作界面的开放。开放的核心问题是标准问题，即不同厂家的计算机或网络产品能够按照统一的标准向高层提供相应的服务和对低层进行服务调用，而不管具体软硬件实现细节。集成是指各种产品、应用、服务的集成。在高度集成的基础上，提供高速、安全可信的主动服务。

1. 网格技术

网格(grid)是继传统因特网、万维网之后的第三代因特网应用。网格的构想源于电力网，其基本思想是像从电网中获取电能一样获取分布在网络上的强大而丰富的计算能力，而不必考虑电来自于哪家电厂，这称为服务自动发现或服务自动定位。传统因特网实现了计算机硬件的联通，Web 实现了信息资源的联通，而网格的目标是实现互联网上所有资源的全面联通，即互联网上的资源整合成一台超级服务器，形成对用户相对透明的虚拟的高性能计算环境，最终实现网络虚拟环境上的资源共享和协同工作，有效地提供计算服务、存储服务、内容服务等。

2. P2P 技术

近年来，网络带宽发展很快，网络站点(服务器)依然不堪重负，而空闲的链路带宽却被白白地浪费。P2P 对等网技术打破了传统的客户机/服务器的模式，提出网络中节点相互平等的理念，极大提高了因特网中信息、带宽和计算资源的利用率，实现分布式结构下的网络负载平衡，成为目前计算机网络技术研究领域的热点问题。在 P2P 技术的推动下，互联网的存储模式将由现在的“内容位于中心”模式转变为“内容位于边缘”模式。使互联网上信息的价值得到极大的提升。

3. 无线传感器网络

无线传感器网络(wireless sensor networks，WSNs)是计算、通信和传感器这 3 项技术相结合的产物，是因特网发展的一个延伸，目前成为计算机科学领域一个活跃的研究分支。

4. 主动式网络

主动式网络赋予网络设备和节点更多的职能和主动性，改变过去那种只能提供被动服务的状况，从而达到提高网络资源利用率和帮助用户处理计算、提高安全性和提供主动式服务的目的。

5. 网络服务器技术与主动服务

网络服务器也是计算机网络技术发展的热点之一，目前研究得正热的“云计算”就属于这一范畴。迄今为止，网络服务器仍只能存储各种数据，对于程序(特别是操作系统程序)，用何种方式供网络用户共享还在研究和发展当中，Web Service 有望在这方面取得突破。事实上，如果能够把不同操作系统和应用程序存储在服务器中，供各网络用户调用到端系统上执行共享，而不是在服务器上执行的话，则可以在网络实现冯·诺依曼提出的“存储程序”理念，从而改变迄今为止的计算机体系结构。

网络技术发展的另一特点是“主动服务”，或称为“个性化服务”，即一种基于 Web Service 的新的计算模式。研究主动服务的目的是通过网络为用户提供满意度较高的个性化服务。例如，网络系统可以记住用户的习性和要求，使用户能够准确快速地搜索到三维或多维的 Web 信息，而不是像现在那样提供含有搜索内容的信息海洋。

关于主动服务方面的研究主要有海量信息的智能化搜索、多媒体信息的综合搜索、服务的重构、组合和验证、服务的安全性、服务的管理、对用户需求的理解以及空间和时间的可扩展性等多个方面。目前已取得了一些成果，但尚未系统化，正在研究中。

7.3 计算机网络体系结构和协议

计算机网络由多个互联的节点组成，节点之间要不断地交换数据和控制信息，要做到有条不紊地交换数据，每个节点就必须遵守一整套合理而严谨的结构化管理体系。计算机网络就是按照高度结构化设计方法，采用功能分层原理来实现的，其中关键的是网络软件，包括网络体系结构以及各个相关的协议。

网络体系(network architecture)：是为了完成计算机间的通信合作，把每台计算机互联的功能划分成有明确定义的层次，并规定了同层次进程通信的协议及相邻之间的接口及服务。

网络体系结构：是指用分层研究方法定义的网络各层的功能，各层协议和接口的集合。

网络协议：网络中，为了实现两个实体的互联互通，通信双方必须遵循一些彼此都能接受的规则或约定，这些规则或约定的集合就是网络协议。

网络协议由三部分组成。

(1) 语法。数据和控制信息的结构和格式、编码和信号电平等，解决“怎么做”的问题。

(2) 语义。用于协调同步和差错处理的控制信息，解决“做什么”的问题。

(3) 同步。事件实现顺序的详细说明，包括速度匹配和排序等，解决“何时做”的问题。

国际标准化组织 OSI/RM，国际电信联合会 ITU 的 X 系列、V 系列和 I 系列建议书，美国电气电子工程师协会(IEEE)的 IEEE 802 LAN 协议标准等都是著名的标准，这些标准或相关协议的制定为计算机通信和网络技术的应用和发展起到了积极的推动作用。

7.3.1 OSI/RM 参考模型

为了实现不同厂家生产的计算机系统之间以及不同网络之间的数据通信，就必须遵循相同的网络体系结构模型，否则异种计算机就无法连接成网络。这种共同遵循的网络体系结构模型就是国际标准——开放系统互联参考模型，即 OSI/RM，如图 7-7 所示。ISO 发布的最著名的 ISO 标准是 ISO/IEC 7498，又称为 X. 200 建议，将 OSI/RM 依据网络的整个功能划分成 7 个层次，从低到高依次为物理层、数据链路层、网络层、传输层、会话层、表示层、应用层，以实现开放系统环境中的互联性(interconnection)、互操作性(interoperation)和应用的可移植性(portability)。

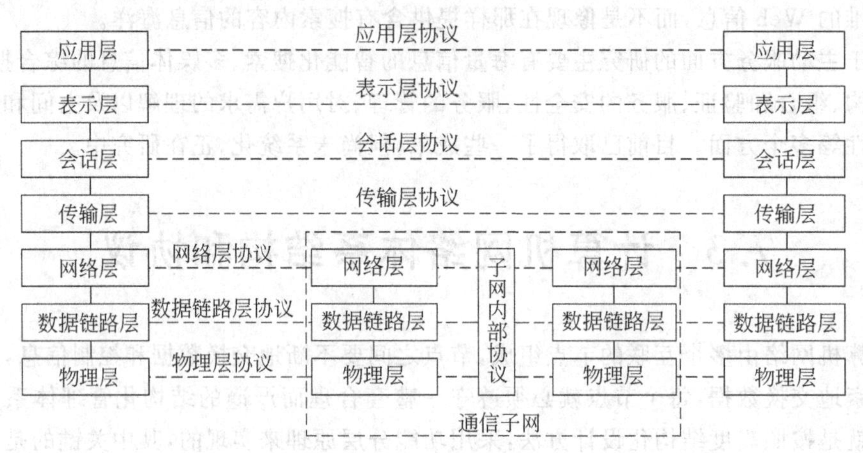

图 7-7　OSI/RM 参考模型

在网络分层体系结构中，每个层次在逻辑上都是相对独立的；每一层都有具体的功能；层与层之间的功能有明显的界限；相邻层之间有接口标准，接口定义了底层向高层提供的操作服务；计算机间的通信在对等层次上进行。

7.3.2 TCP/IP 参考模型

网络体系结构的核心——TCP/IP 参考模型是另一种既成事实的工业标准，它同样按照分层的思想完成复杂网络系统的设计。在 TCP/IP 原始的参考模型中，按功能将网络分成 4 层，从低到高依次为网络接口层、网际互联层、传输层和应用层。如今，TCP/IP 参考模型被定义成 5 层，如图 7-8 所示。

图 7-9 显示了当消息从设备 A 发送到设备 B 时所涉及的层。在实际应用中，设备 A

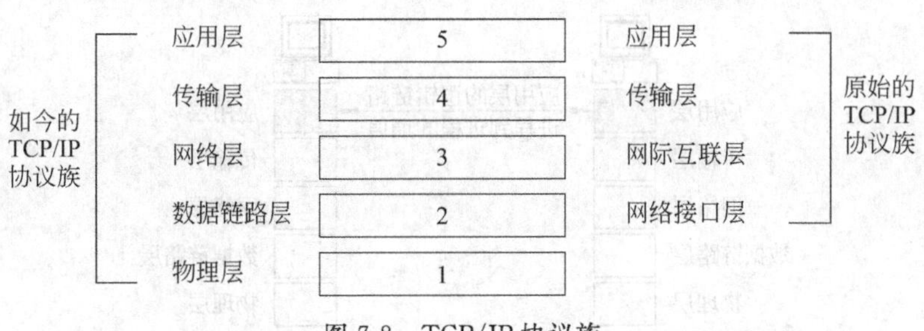

图 7-8　TCP/IP 协议族

和设备 B 之间可能需要经过多个路由器(路由器工作在网络层)。

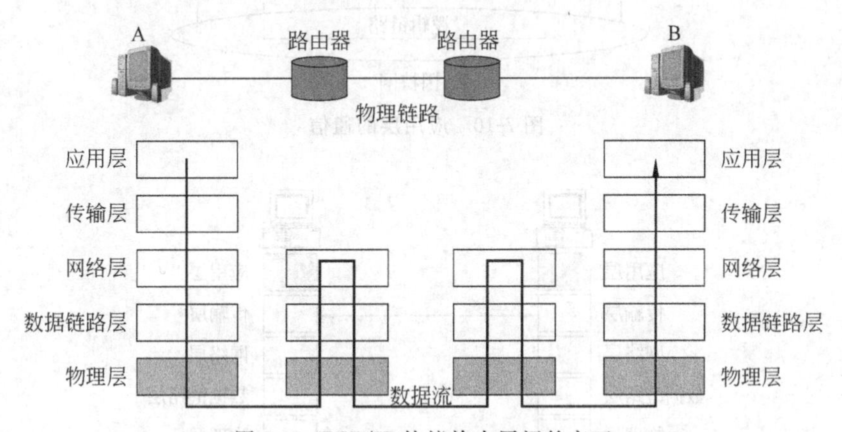

图 7-9　TCP/IP 协议族中层间的交互

1. 应用层

应用层允许用户(人或程序)访问网络。它提供电子邮件、文件传输、远程登录和浏览万维网等服务的支持。它是唯一一个大多数因特网用户能够看到的层。在应用层上有简单电子邮件传输协议(SMTP)、文件传输协议(FTP)、网络远程访问协议(Telnet)、超文本传输协议(Http)、安全超文本传输协议(Https)以及域名服务(DNS)等。应用层负责向用户提供服务,图 7-10 显示了采用客户/服务器体系结构的两个应用程序间的通信过程。其中服务器进程是一直在运行的服务器程序,它等待客户端进程的请求;客户端进程只需在需要时运行,运行时向服务器端发出请求。

2. 传输层

传输层负责整个消息的进程到进程的传输,即建立客户到服务器计算机之间的传输层的逻辑通信。换言之,虽然物理通信是两个物理层间的(通过多个可能的链路和路由器),但两个应用层把传输层看成是负责消息传输的代理。图 7-11 显示了通过因特网的两个传输层间的逻辑连接。在传输层上有用户数据报协议(UDP)、传输控制协议(TCP)和流控制传输协议(SCTP)3 种协议。该层主要负责实现拥塞控制、流量控制和差错控制等功能。

3. 网络层

网络层负责源到目的地(计算机到计算机或主机到主机)的数据报发送,它可能跨越

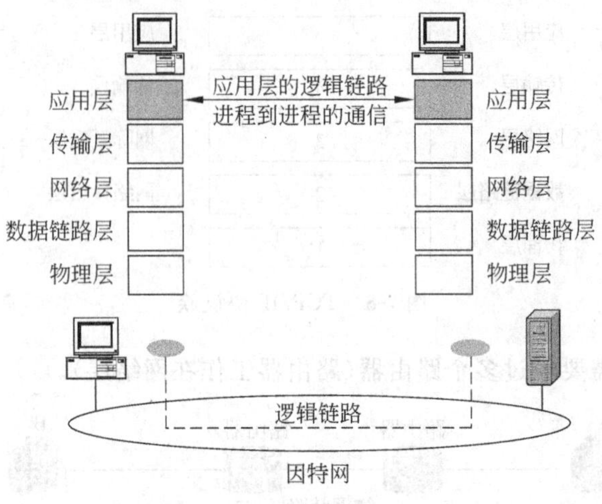

图 7-10　应用层的通信

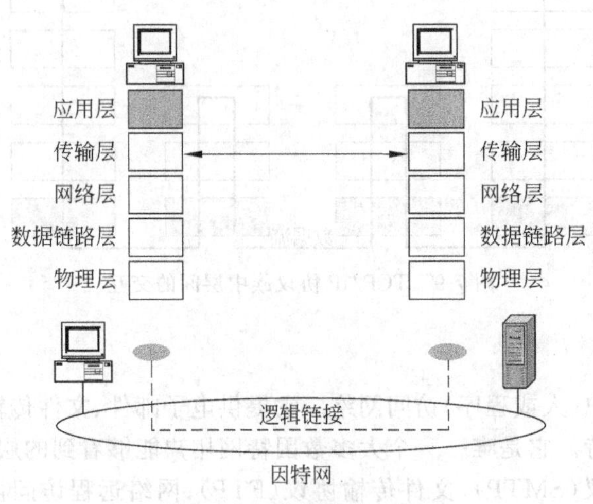

图 7-11　传输层的通信

多个网络(链路),中途可能经历多个路由器,最终保证每个数据包到达目的地。从源点到目的地全部或部分路径确定的过程称为路由选择,如图 7-12 所示,这是网络层最为重要的职责。

网络层协议由一个主协议(IP)和几个辅助协议构成,对于 IP 协议当前使用的版本为 IPv4,当然它的后续版本 IPv6 已在使用。IP 负责从源计算机到目的计算机之间的数据包发送,并提供"尽力而为"服务,即它不保证数据包无误到达或按顺序到达,也不保证所有数据包被发送(数据包有可能丢失)。虽然这看起来像是糟糕的服务,但人们可以看到因特网在工作,在完成它的任务。这种情况就像邮局提供的基本服务一样,邮局并不保证信件一定被收件人收到,但系统却一直在运转。如果需要确保信件发送给收件人,那么可以使用邮局提供的其他服务,如挂号或索取回执。这种情形与因特网相同,可以使用可靠传输协议(TCP)提供的服务或本身实现差错控制来补充 IP 提供的服务。IP 协议有天然的缺点,但它的辅助协议在一定程度上能弥补它的不足。如因特网消息控制协议

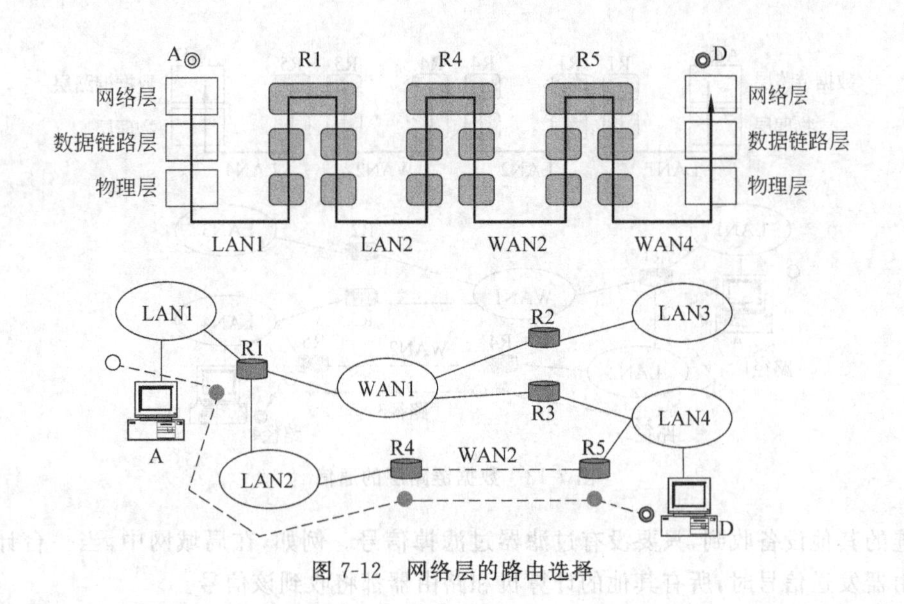

图 7-12　网络层的路由选择

(ICMP)可以用来报告一定数目的差错给源计算机,因特网网管协议(IGMP)可以用来增加 IP 的多播能力(IP 本质上是单播传输)。

4. 数据链路层

正如前一节中看到的,网络层数据包可能从源到目的地的传输中经过多个路由器。从一个节点到另一节点(这里的节点可以是计算机或路由器)传送数据是数据链路层的职责。如图 7-13 所示,在源决定数据包应该发送到路由器 R1 后(此种情况下唯一可能的路由器),它用数据帧封装数据包,在包头增加路由器 R1 的数据链路层地址作为目的地址,计算机 A 的数据链路层地址作为源地址,然后发送数据包。每个连接到 LAN1 的设备都接收到数据帧,但只有 R1 打开它,因为只有它能认出它的数据链路层地址。这个过程在 R1 和 R4 之间、R4 和 R5 之间重复。注意在图 7-13 的上面部分用两个分开的框表示数据链路层和物理层,是因为每个网络(LAN 和 WAN)可能在不同的协议下使用不同的地址和数据帧格式。

有些数据链路层协议在数据链路层使用差错控制和流量控制,方法与传输层相同。但是,它只在节点发出点和节点到达点间实现。这意味着差错会被检查多次,但是没有一个差错检验覆盖了路由器内部可能发生的错误。这里,也许从路由器 R1 的发出点到路由器 R2 的到达点没有错误,但有可能在两个路由器中发生差错,这就需要传输层进行差错控制,实现由头至尾的差错检查。

5. 物理层

物理层完成在物理介质上传输二进制比特流所需要的功能。虽然数据链路层负责从一个节点到另一节点的帧传送,但物理层负责组成帧的单个二进制位从一个节点到另一节点的传送。换言之,在数据链路层传送的数据基本单位是帧,而在物理层传送的单元是二进制位。帧中的每个位被转化为电磁信号,通过物理介质(无线或电缆)传播。注意物理层不需要地址,传播方式为广播类型。从一个设备发送的信号通过某种方法被传送设

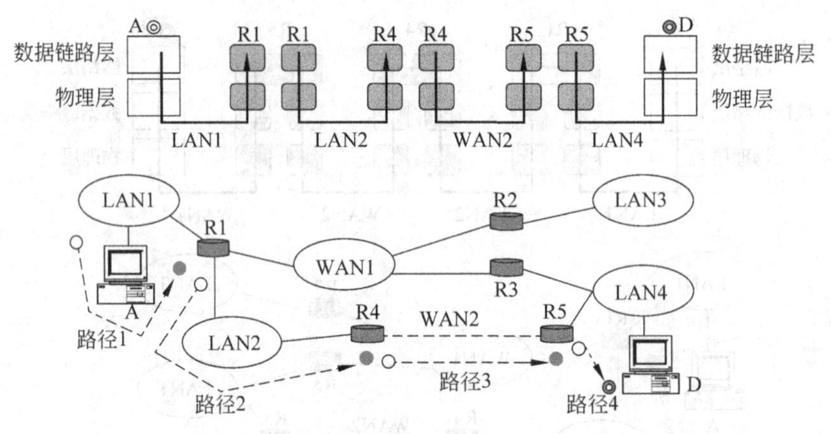

图 7-13　数据链路层的通信

备相连的其他设备收到，只要没有过滤器过滤掉信号。例如，在局域网中，当一台计算机或路由器发送信号时，所有其他的计算机和路由器都将收到该信号。

6. TCP/IP 参考模型小结

图 7-14 总结了 TCP/IP 协议中每层的职责和每层涉及的地址。

图 7-14　因特网中的 4 层地址

图 7-14 中显示了每层的数据单元。在应用层，进程交换消息；在传输层，数据单元被称为段(TCP)、用户数据报(UDP)或包(SCTP)；在网络层，数据单元被称为数据报；在数据链路层，数据单元被称为帧；最后在物理层，数据单元是二进制位。

图 7-15 显示了各层的另一特性：封装。在图中，D5 表示第 5 层的数据单元，D4 表示第 4 层的数据单元，依次类推。进程从第 5 层(应用层)开始，然后依次移到下一层。在每一层，头(或可能有尾)被加到数据单元中。通常，尾只是在第 2 层被加入。当格式化的数据单元经过物理层时，被转化为电磁信号，沿着物理链路传输。

当到达目的地时，信号进入第一层，它被转化为数字形式。然后，数据单元反向穿过各层。当数据块到达下一个更高层时，移去在相应发送层附加上的头或尾，并且这一层相

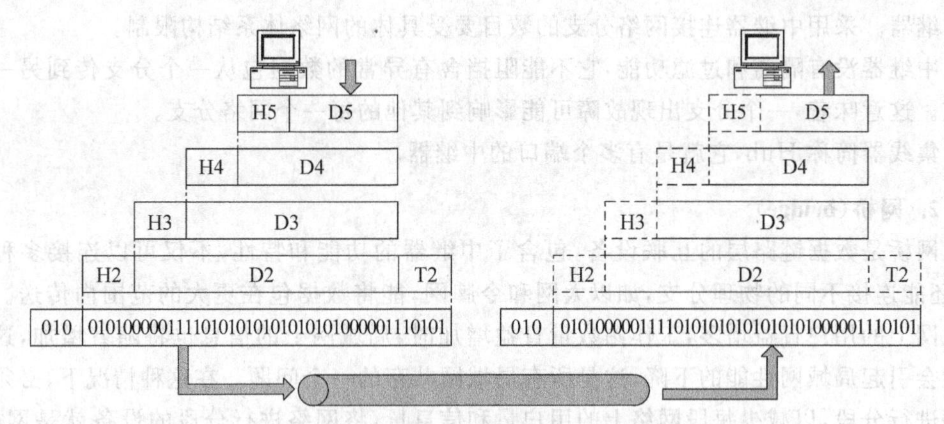

图 7-15　使用 TCP/IP 模型的信息交换

应的动作被执行。当到达第 5 层时，消息再次转化成适合应用的形式。需要注意的是，在层中数据单元间的关系不是一对一的。换言之，在第 5 层的消息无须封装成第 4 层的一个段。在 TCP 中，第 5 层的消息被分解成几个部分，每个部分封装在一个段中。但在 UDP 中，每个消息被封装在一个用户的数据报中。这意味着发送给 UDP 的消息必须足够小，才能放在一个数据报中。当段或用户数据报用数据报封装（第 4 层）时也相同。网络层中的数据报也可以被分解成数据链路层中的多个帧。

7.4　计算机网络互联设备

计算机网络之间的互联是指网络在物理上的连接，两个网络之间至少有一条在物理上连接的线路，它为两个网络的数据交换提供了物质基础和可能性，但并不能保证两个网络一定能够进行数据交换，这要取决于两个网络的通信协议是否相互兼容。

7.4.1　网络设备

根据网络互联所在层次，常用的互联设备有以下几类。

1. 中继器（repeater）

中继器是局域网互联的最简单设备，它工作在物理层（即物理层互联设备），它接收并识别网络信号，然后再生信号并将其发送到网络的其他分支上。要保证中继器能够正确工作，首先要保证每一个分支中的数据包和逻辑链路协议是相同的。例如，在 802.3 以太局域网和 802.5 令牌环局域网之间，中继器是无法使它们通信的。

但是，中继器可以用来连接不同的物理介质，并在各种物理介质中传输数据包。某些多端口的中继器很像多端口的集线器，它可以连接不同类型的介质。

中继器是扩展网络的最廉价的方法。当扩展网络的目的是要突破距离和节点的限制时，并且连接的网络分支都不会产生太多的数据流量，成本又不能太高时，就可以考虑选择中继器。采用中继器连接网络分支的数目要受具体的网络体系结构限制。

中继器没有隔离和过滤功能，它不能阻挡含有异常的数据包从一个分支传到另一个分支。这意味着，一个分支出现故障可能影响到其他的每一个网络分支。

集线器简称 Hub，它就是有多个端口的中继器。

2. 网桥(bridge)

网桥是数据链路层的互联设备，包含了中继器的功能和特性，不仅可以连接多种介质，还能连接不同的物理分支，如以太网和令牌网，能将数据包在更大的范围内传送。当局域网上的用户日益增多，工作站数量日益增加时，局域网上的信息也将随着增加，这样可能会引起局域网性能的下降，这是所有局域网共存的一个问题。在这种情况下，必须将网络进行分段，以减少每段网络上的用户量和信息量，将网络进行分段的设备就是网桥，此时叫“本地桥”。网桥的第二个应用场合就是用于互联两个相互独立而又有联系的局域网，此时叫“远地桥”。两种类型的桥执行同样的功能，只是所用的网络接口不同而已，即网桥在数据链路层上连接两个网络，被连接的网络数据链路层不同但网络层要求相同。

日常使用中的交换机(switch)就是网桥。

3. 路由器(router)

路由器工作在网络层，这意味着它可以在多个网络上交换和路由数据包。路由器通过在相对独立的网络中交换具体协议的信息来实现这个目标。比起网桥，路由器不但能过滤和分隔网络信息流、连接网络分支，还能访问数据包中更多的信息，并且用来提高数据包的传输效率。其中最为重要的任务是完成路径的选择，包含最佳路径判定和网络间信息包的传送(交换)这两项基本活动。

路由器比网桥慢，主要用于广域网或广域网与局域网的互联。

4. 桥由器(brouter)

桥由器是网桥和路由器的合并，具有两者优点。

5. 网关(gateway)

网络层以上的互联设备统称网关或应用网关，通过“从一个环境中读取数据，剥去数据的老协议，然后用目标网络的协议进行重新包装”这一方式实现异类网络的互联。

网关的典型应用是网络专用服务器。

7.4.2 传输介质

网络传输介质是网络中发送方与接收方之间的物理通路，它对网络的数据通信具有一定的影响。常用的传输介质有双绞线、同轴电缆、光纤、无线传输媒介。无线传输媒介包括无线电波、微波、红外线、卫星等。

1. 双绞线

双绞线简称 TP，如图 7-16 所示，将一对以上的双绞线封装在一个绝缘外套中，以降低信号的干扰程度,电缆中的每一对双绞线一般是由两根绝缘铜导线相互扭绕而成,也因此把它称为双绞线。双绞线分为非屏蔽双绞线(UTP)和屏蔽双绞线(STP),适合短距离通信。非屏蔽双绞线价格便宜,传输速度偏低,抗干扰能力较差。屏蔽双绞线抗干扰能力较好,具有更高的传输速度,但价格相对较贵。双绞线需用RJ-45或RJ-11连接头插接。目前市面上出售的UTP分为3类、4类、5类和超5类这4种。

(1) 3类:传输速率支持10Mbps,外层保护胶皮较薄,皮上注有"cat3"。

(2) 4类:网络中不常用。

(3) 5类(超5类):传输速率支持100Mbps或10Mbps,外层保护胶皮较厚,皮上注有"cat5"。

(4) 超5类双绞线在传送信号时比普通5类双绞线的衰减更小,抗干扰能力更强,在100M网络中,受干扰程度只有普通5类线的1/4,目前较少应用。

STP分为3类和5类两种,STP的内部与UTP相同,外包铝箔,抗干扰能力强、传输速率高但价格昂贵。

双绞线一般用于星型网的布线连接,两端安装有RJ-45头(水晶头),连接网卡与集线器,最大网线长度为100m,如果要加大网络的范围,在两段双绞线之间可安装中继器,最多可安装4个中继器,如安装4个中继器连5个网段,最大传输范围可达500m。

2. 同轴电缆

同轴电缆(见图7-17)由一根空心的外圆柱导体和一根位于中心轴线的内导线组成,内导线和圆柱导体及外界之间用绝缘材料隔开。按直径的不同可分为粗缆和细缆两种。

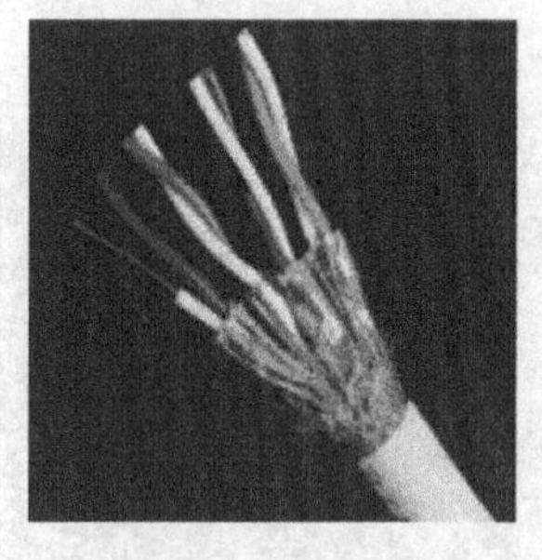

图7-16　双绞线

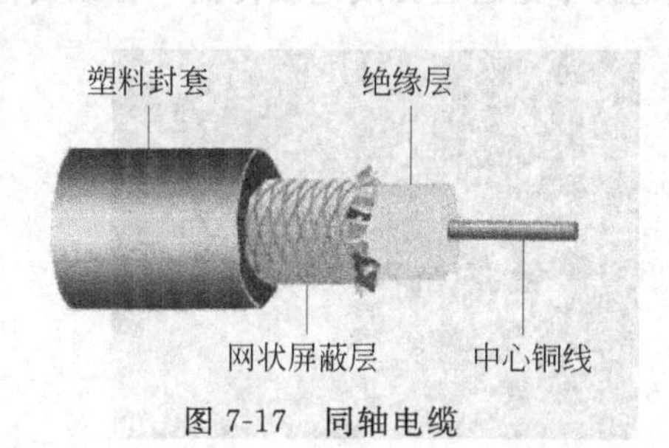

图7-17　同轴电缆

粗缆:传输距离长,性能好但成本高,网络安装、维护困难,一般用于大型局域网的干线,连接时两端需终接器。

(1) 粗缆与外部收发器相连。

(2) 收发器与网卡之间用AUI电缆相连。

(3) 网卡必须有AUI接口(15针D型接口):每段500m,100个用户,4个中继器可达2500m,收发器之间最小2.5m,收发器电缆最大50m。

细缆:与BNC网卡相连,两端装50Ω的终端电阻。用T型头,T型头之间最小0.5m。细缆网络每段干线长度最大为185m,每段干线最多接入30个用户。如采用4个中继器连接5个网段,网络最大距离可达925m。细缆安装较容易,造价较低,但日常维护不方便,一旦一个用户出故障,便会影响其他用户的正常工作。

根据传输频带的不同，可分为基带同轴电缆和宽带同轴电缆两种类型，分别用来传输基带信号和宽带信号。所谓基带信号，首先它是数字信号，信号占整个信道，并且同一时间内能传送一种信号。而宽带信号也是数字信号，但能传送不同频率的信号。

同轴电缆需用带 BNC 头的 T 型连接器连接。

3. 光纤

光纤(见图 7-18)又称为光缆或光导纤维，由光导纤维纤芯、玻璃网层和能吸收光线的外壳组成。是由一组光导纤维组成的用来传播光束的、细小而柔韧的传输介质。应用光学原理，由光发送机产生光束，将电信号变为光信号，再把光信号导入光纤，在另一端由光接收机接收光纤上传来的光信号，并把它变为电信号，经解码后再处理。与其他传输介质比较，光纤的电磁绝缘性能好、信号衰小、频带宽、传输速度快、传输距离大。主要用于要求传输距离较长、布线条件特殊的主干网连接。具有不受外界电磁场的影响、无限制的带宽等特点，可以实现每秒几十兆位的数据传送，尺寸小、重量轻，数据可传送几百千米，但价格昂贵。

光纤分为单模光纤和多模光纤。

单模光纤：由激光作光源，仅有一条光通路，传输距离长，2km 以上。

多模光纤：由二极管发光，低速短距离，2km 以内。

光纤需用 ST 型头连接器连接。

4. 无线电波

无线电波(见图 7-19)是指在自由空间(包括空气和真空)传播的射频频段的电磁波。无线电技术是通过无线电波传播声音或其他信号的技术。

图 7-18　光纤

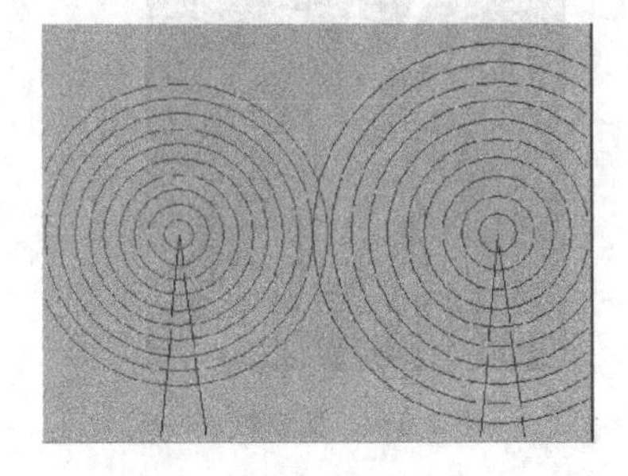

图 7-19　无线电波

无线电技术的原理在于，导体中电流强弱的改变会产生无线电波。利用这一现象，通过调制可将信息加载于无线电波之上。当电波通过空间传播到达收信端，电波引起的电磁场变化又会在导体中产生电流。通过解调将信息从电流变化中提取出来，就达到了信息传递的目的。

5. 微波

微波是指频率为 300MHz～300GHz 的电磁波，是无线电波中一个有限频带的简称，即波长在 1m(不含 1m)到 1mm 之间的电磁波，是分米波、厘米波、毫米波和亚毫米波的统称。微波频率比一般的无线电波频率高，通常也称为“超高频电磁波”。微波作为一种电磁波也具有波粒二象性。微波的基本性质通常呈现为穿透、反射、吸收3个特性。对于玻璃、塑料和瓷器，微波几乎是穿越而不被吸收。对于水和食物等就会吸收微波而使自身发热。而对金属类东西，则会反射微波。图7-20所示为微波器械。

6. 红外线

红外线（见图7-21）是太阳光线中众多不可见光线中的一种，由德国科学家霍胥尔于1800年发现，又称为红外热辐射，太阳光谱中，红光的外侧必定存在看不见的光线，这就是红外线。太阳光谱上红外线的波长大于可见光线，波长为0.75～1000μm。红外线可分为三部分，即近红外线，波长为0.75～1.50μm之间；中红外线，波长为1.50～6.0μm之间；远红外线，波长为6.0～1000μm之间。

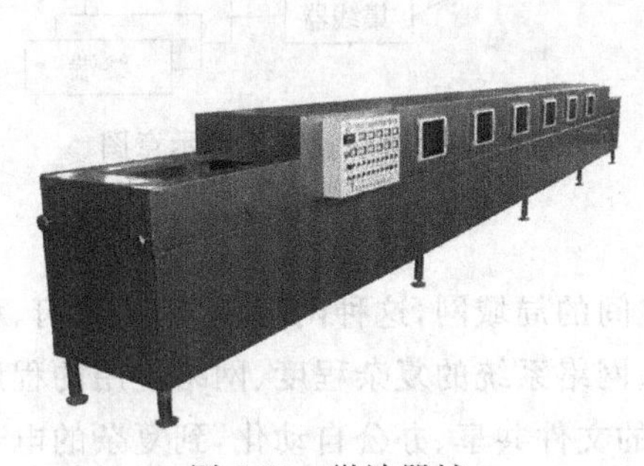

图7-20　微波器械

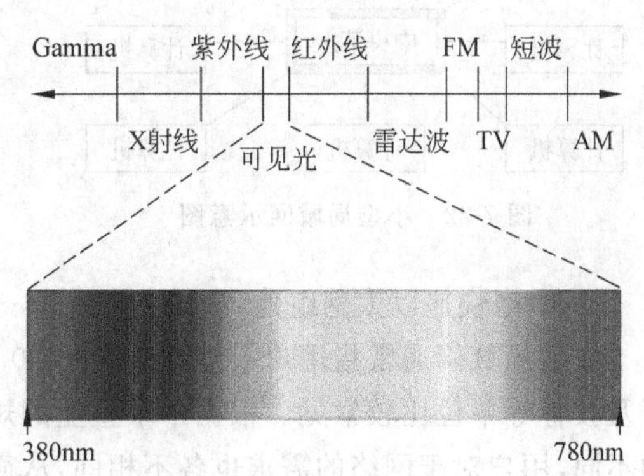

图7-21　红外线

7.4.3　网络组建

1. 简单以太网组建

1)使用双绞线实现双机通信

使用双绞线实现双机通信需要两台装了操作系统的计算机，一般情况下，Windows操作系统默认安装了NetBEUI、TCP/IP、IPX/SPX 3种通行协议，当然，装了操作系统的计算机要求有以太网卡，为了将两台计算机用网线直接互连，还需要一根交叉线，交叉线不同于一般的网线，它需要进行错线连接，即一端为白橙1、橙2、白绿3、蓝4、白蓝5、绿6、白棕7、棕8，另一端为白绿3、绿6、白橙1、蓝4、白蓝5、橙2、白棕7、棕8。交叉线制作完成就可以实行双机通信了，这是最简单的网络。

2) 廉价、低速的以太网

使用交换机构建小型局域网，一般采用星型拓扑结构，即网络是通过点到点的链路以及连接到中央节点以下的各个节点构成的。采用集中控制方式，每个节点都有唯一的链路和中央节点相连，各个节点间的通信都必须经过中央节点并由其控制。因此中央节点构造较为复杂，承担网络通信的几乎所有处理任务，其他节点的通信处理相对来说负担很小，如图7-22所示。

2. 快速以太网组建

1)小型快速以太网组建

快速星型以太网结构是目前在局域网中应用的最为普遍的一种，在企业网络中几乎都采用这一方式。星型网络几乎是 Ethernet(以太网)网络专用，它是因网络中的各工作站节点设备通过一个网络集中设备(如集线器或者交换机)连接在一起，各节点呈星状分布而得名。这类网络目前用得最多的传输介质是双绞线，如常见的五类线、超五类双绞线等。其结构示意图如图 7-23 所示。

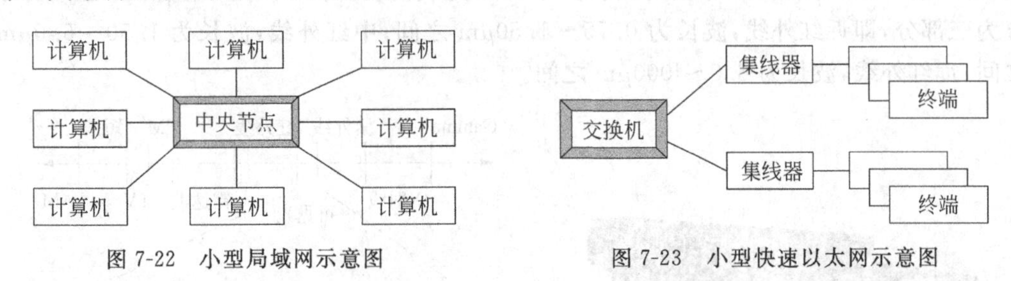

图 7-22　小型局域网示意图　　　　图 7-23　小型快速以太网示意图

2) 中型快速以太网组建

中型局域网通常指用户人数在 100～500 人之间的局域网，这种网络在企业、政府、科研及教育等单位比较常见。根据中小企业的规模、网络系统的复杂程度、网络应用的程度的不同，用户对于网络的需求也各不相同，从简单的文件共享、办公自动化，到复杂的电子商务、ERP 等。

图 7-24 所示的是一种典型中型局域网的应用方案，双接口千兆模块中一个接口可连接服务器，另一个接口可以与其他交换机建立千兆连接，充分满足中小企业对带宽的需求。用户接入则可通过级联 10/100Mbps 交换机来增加端口数量。该方案的特点是性价比高、即插即用、无须配置。

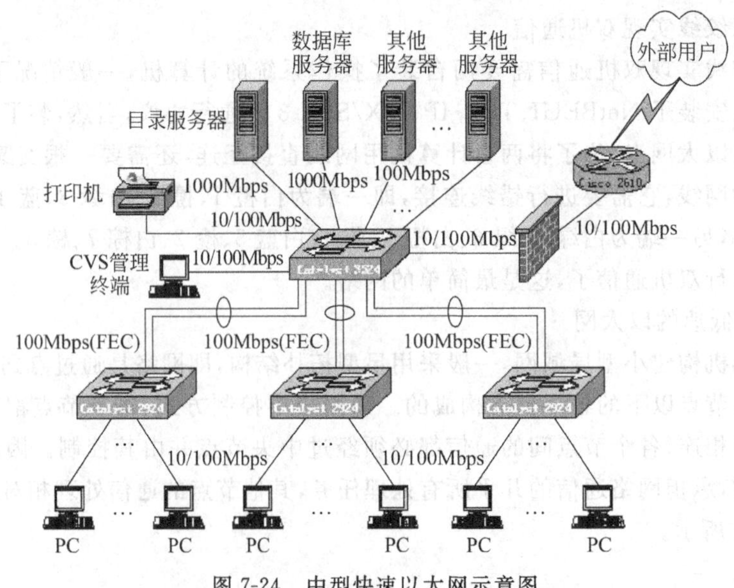

图 7-24　中型快速以太网示意图

7.5 Internet 基础

7.5.1 Internet 的发展

因特网是 Internet 的中文译名，是目前全球最大的、开放式的，由众多网络互联而成的计算机网络。其起源要追溯到网络的起源，美国国防部高级研究计划局（ARPA）于 1968 年开始研制的 ARPAnet 被认为是网络的起源。Internet 的发展历程如表 7-1 所示。

表 7-1 Internet 发展简表

时间	关 键 事 件
1969 年	美国国防部高级计划研究署（DARPA）出于冷战地考虑建立的 ARPAnet 引发了技术进步并使其成为互联网发展的中心。此时的 ARPANet 只有 4 个节点具有实验性质
1971 年	美国 BBN 公司的雷·汤姆林森（Ray Tomlinson）开发出了电子邮件。此后 ARPAnet 的技术开始向大学等研究机构普及
1972 年	ARPAnet 在首届计算机后台通信国际会议上首次与公众见面，并验证了分组交换技术的可行性，由此，ARPAnet 成为现代计算机网络诞生的标志
1974 年	ARPA 的鲍勃·凯恩和斯坦福的温登·泽夫提出 TCP/IP 协议，定义了在计算机网络之间传送报文的方法
1982 年	Internet 由 ARPAnet，MILNET 等几个计算机网络合并而成，作为 Internet 的早期骨干网，ARPAnet 试验并奠定了 Internet 存在和发展的基础，较好地解决了异种机网络互联的一系列理论和技术问题
1983 年	ARPAnet 宣布将把过去的通信协议“NCP（网络控制协议）”向新协议“TCP/IP”过渡
1985 年	美国国家科学基金会提出了建立 NSFnet 的网络计划，该计划的主要任务是围绕着其 5 个大型计算机中心建设计算机网络，成为美国 Internet 的第二个主干网，传输速率为 56Kbps
1986 年	美国国家科学基金会 NSF 资助建成了基于 TCP/IP 技术的主干网 NSFnet，分为主干网、地区网和校园网，连接美国的若干超级计算中心、主要大学和研究机构，世界上第一个互联网 Internet 诞生，迅速连接到世界各地
1987 年	NSF 采用招标方式，由 3 家公司（IBM、MCI 和 MERIT）合作建立了作为美国 Internet 网的主干网，由全美 13 个主干节点构成
1990 年	ARPAnet 关闭。NSFnet 取代 ARPAnet，成为 Internet 的主干网
1991 年	Internet 的容量满足不了需要，于是美国政府决定将 Internet 主干网交给私人公司来经营，并开始对接入 Internet 的单位收费。欧洲粒子物理研究所的提姆·伯纳斯李开发出了万维网（world wide web）
1993 年	Internet 主干网的速率提高到 45Mbps；伊利诺斯大学美国国家超级计算机应用中心的学生马克·安德里森等人开发出了真正的浏览器“Mosaic”

续表

时间	关键事件
1996 年	速率为 155Mbps 的 Internet 主干网建成，互联网以超摩尔的速度发展。Internet（因特网）一词被广泛地流传，不过是指几乎整个的万维网
今天	Internet 已经成为连接世界各国的国际性网络

7.5.2 Internet 应用的发展

Internet 应用的发展基本上可以分成 3 个阶段：基本的网络服务阶段、基于 Web 的网络服务阶段和新出现的网络服务阶段，如图 7-25 所示。

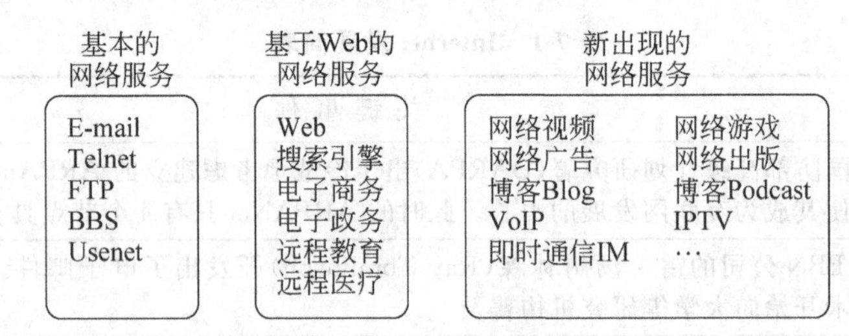

图 7-25 Internet 应用的发展

1. 第一阶段

第一阶段 Internet 只能提供基本的网络服务功能，主要包括 E-mail、Telnet、FTP、BBS 与 Usenet 等服务。

(1) 电子邮件（E-mail）用于实现 Internet 中电子邮件传送功能。

(2) 远程登录（Telnet）用于实现终端在 Internet 中的远程登录功能。

(3) 文件传送（FTP）用于实现 Internet 中交互式文件传输功能。

(4) 电子公告牌（BBS）用于实现 Internet 中人与人之间交流信息的功能。

(5) 网络新闻组（Usenet）用于实现 Internet 中人们对所关心的专题开展讨论的功能。

2. 第二阶段

由于 Web 技术的出现，使得 Internet 在搜索引擎、电子商务、电子政务、远程教育等方面得到了快速发展，促进了基于 Web 技术的各种服务类型的发展。

3. 第三阶段

基于 Web 2.0 和 P2P 网络技术，Internet 应用又被推向一个崭新的领域，出现了网络电话（VoIP）、网络电视（IPTV）、博客（Blog）、播客（Podcast）、网络游戏、网络出版等新的服务，同时也给 Internet 产业与现代信息服务业增加新的产业与经济增长点。目前已逐步渗透到社会生活的各个领域，成为人们生活、工作、学习不可或缺的工具。根据中国互联网络信息中心（China Internet Network Information Center，CNNIC）2010 年 1 月发布的《第 25 次中国互联网络发展状况统计报告》，网络服务类型主要包括信息获取、网络娱乐、商务交易和交流沟通四大类型。2008年和2009年各类型发展状况如表7-2所示。

表7-2　第25次中国互联网络发展状况统计表

类型	应用	2008年使用率/%	2009年使用率/%	用户增长率/%	使用率排名	增长率排名
网络娱乐	网络音乐	83.7	83.5	28.8	1	11
信息获取	网络新闻	78.5	80.1	31.5	2	9
信息获取	搜索引擎	68.0	73.3	38.6	3	7
交流沟通	即时通信	75.3	70.9	21.6	4	13
网络娱乐	网络游戏	62.8	68.9	41.5	5	6
网络娱乐	网络视频	67.7	62.6	19.0	6	14
交流沟通	博客应用	54.3	57.7	36.7	7	8
交流沟通	电子邮件	56.8	56.8	29.0	8	10
交流沟通	社交网站		45.8		9	
网络娱乐	网络文学		42.3		10	
交流沟通	论坛/BBS	30.7	30.5	28.6	11	12
商务交易	网络购物	24.8	28.1	45.9	12	5
商务交易	网上银行	19.3	24.5	62.3	13	4
商务交易	网上支付	17.6	24.5	80.9	14	1
商务交易	网络炒股	11.4	14.8	67.0	15	3
商务交易	旅行预订	5.6	7.9	77.9	16	2

7.5.3　Internet的基本应用

1. 电子邮件服务

电子邮件服务(E-mail)是Internet的典型服务之一，也是目前使用最为广泛的一种服务，它为Internet用户之间发送和接收消息提供了一种快捷、廉价的现代化通信手段，在电子商务及国际交流中发挥着重要的作用。电子邮件服务最初只能传送文本信息，目前还可以传输二进制文件、图形图像、音频视频等多媒体信息。发送信息时，首先要拥有电子邮箱，电子邮箱由Internet服务提供商ISP(Internet server provider)提供。每个电子邮箱都有一个地址，例如：Cruze@zjnu.cn，其中Cruze为用户名，zjnu.cn为邮件服务器名。

电子邮件系统可以分为两个部分：邮件服务器端与邮件客户端。在邮件服务器端包括用来发送邮件的SMTP(simple mail transfer protocol)服务器、用来接收邮件的POP3(post office protocol version 3)服务器或Internet报文访问协议IMAP(Internet message access protocol)以及用来存储电子邮件的电子邮箱；在邮件客户端包括用来发送邮件的

SMTP 代理、用来接收邮件的 POP3 代理，以及为用户提供管理界面的用户接口程序。其系统结构如图 7-26 所示。

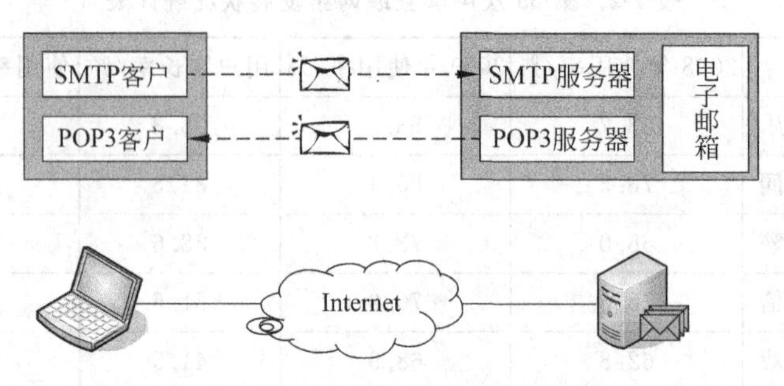

图 7-26 电子邮件的系统结构

电子邮件服务基于客户/服务器结构，具体工作过程如图 7-27 所示。首先，发送方将写好的邮件发送给自己的邮件服务器；发送方的邮件服务器接收用户送来的邮件，并根据收件人地址发送到对方的邮件服务器；接收方的邮件服务器接收其他服务器发来的邮件，并根据收件人地址分发到相应的电子邮箱中，最后，接收方可以在任何时间、任何地点从自己的邮件服务器中读取邮件，并对它们进行处理。发送方将邮件发出后，通过什么样的路径到达接收方，这个过程可能非常复杂，但不需要用户介入，一切都在 Internet 中自动完成。

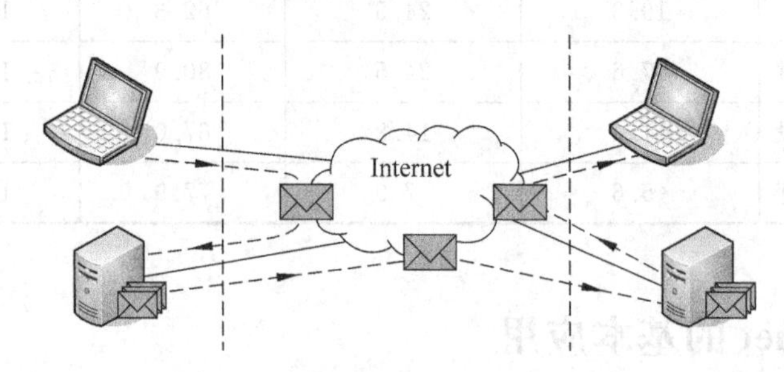

图 7-27 电子邮件服务的工作过程

2. 文件传输服务

文件传输服务即 FTP 服务，是 Internet 的典型服务之一，它允许 Internet 上的用户将一台计算机上的文件传送到另一台计算机上，解决了远程传输文件的问题。其工作实质上是一种实时的联机服务。在进行工作时，用户首先要登录到目的服务器上，之后用户可以在服务器的目录中寻找所需要的文件。FTP 几乎可以传送任何类型的文件，如文本文件、二进制文件、图像文件、声音文件和数据压缩文件等。工作过程如图 7-28 所示。

3. 远程登录服务

远程登录服务(telnet)是 Internet 上重要的服务工具之一，它可以穿越时空的界限，让用户访问连接在 Internet 上的远程主机。工作时，Telnet 使用客户/服务器模式，用户可以在本地运行 Telnet 客户程序，然后使客户程序与远程的计算机服务程序建立连接。

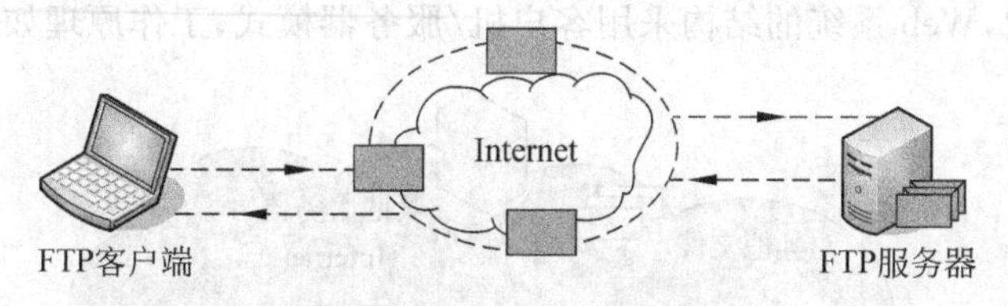

图 7-28　文件传输的工作过程

链路一旦建立,用户在本地输入的命令或数据可以通过 Telnet 程序传输给远程主机,而远程主机的输出内容可以通过 Telnet 显示在本地计算机的屏幕或输出设备上。

Telnet 提供两种登录远程计算机的方法:第一种方法要求使用账号,也就是说,只要用户拥有 Internet 上任意一台主机的账户,就可以通过 Telnet 使用该计算机;第二种方法不要求用户申请账号,Internet 上有许多计算机允许公众访问,当用户使用 Telnet 登录到这些计算机时,并不要求输入用户名和密码。其工作原理示意图见图 7-29。

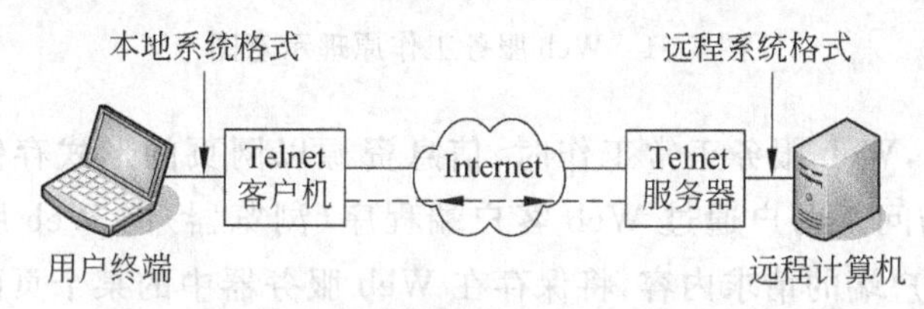

图 7-29　远程登录的工作原理示意图

4. 新闻与公告类服务

Internet 的魅力不仅表现在为用户提供丰富的资源信息,还表现在能与网络上的用户进行有效通信,并针对某个主题展开讨论。具体形式表现为网络新闻组和电子公告牌(BBS)。网络新闻组是一种利用网络进行专题讨论的国际论坛,到目前为止,Usenet 仍是最大规模的网络新闻组。它拥有数以千计的讨论组,每个讨论组都围绕各自的主题展开讨论,如计算机、哲学、数学、艺术、社会百态等。BBS 就像日常生活中的黑板报,使用者可在上面发布信息或提出看法,完成网友聊天、组织沙龙、获得帮助、讨论问题等功能。国内许多高校都提供 BBS,其中较为有名的是清华大学的"水木清华"。

7.5.4　基于 Web 的网络应用

1. Web 服务

WWW(world wide web)简称 Web,中文名称为万维网,是由全球各种信息(数字、文字、图像、音频、视频和动画)所组成的信息资源网络,是 Internet 上使用范围最广的一种信息发布和访问模式,为用户提供了包括声音、图像、动画等在内的多媒体信息,其基本组成如图 7-30 所示。这些多媒体信息通过网页的形式(或称为主页)对外发布,且每个网页又包含很多超链接,这些超链接指向 Internet 的其他任何主机网页。

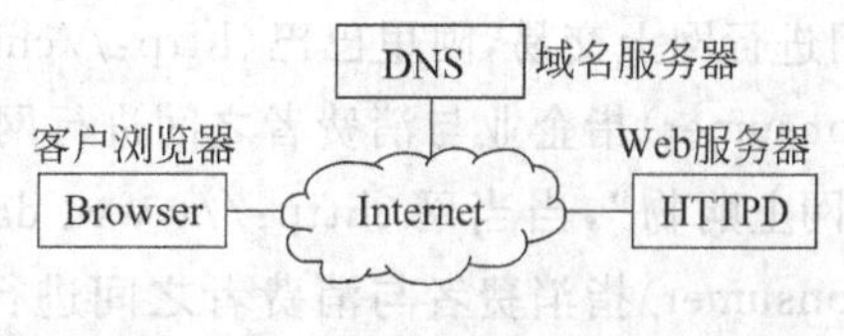

图 7-30　万维网基本组成示意

从其工作模式来看，Web系统的结构采用客户机/服务器模式，工作原理如图7-31所示。

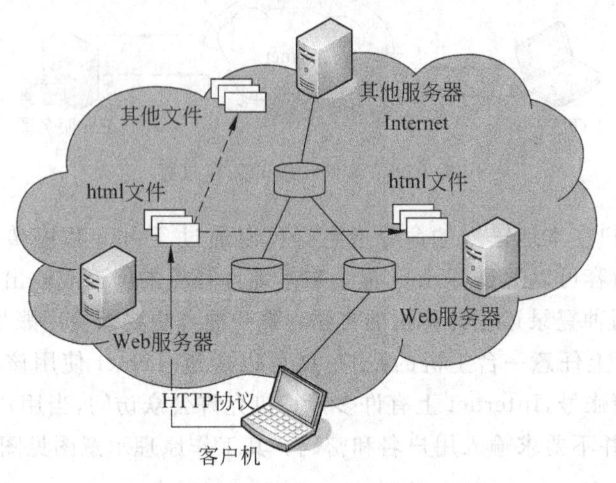

图7-31　Web服务工作原理示意图

如图7-31所示，Web服务正常工作时，信息资源以网页的形式存储在Web服务器中，并等待用户的访问。用户通过Web客户端程序（浏览器）向Web服务器发出请求；Web服务器根据客户端的请求内容，将保存在Web服务器中的某个页面发送给客户端；浏览器在接收到该页面后进行解析，最终将图、文、声并茂的画面呈现给用户。用户可以通过页面中的链接，方便地访问位于其他Web服务器中的页面或其他类型的网络信息资源。需要注意的是，浏览器和服务器之间的这种信息交换不是一个随意的过程，而是受超文本传输协议（HTTP）的控制。

用户访问Web服务类似于翻阅一本具有主题词的书籍，主题词可以在任何时候“扩展”，以提供该词的其他信息。当然，在网络信息资源在访问之前，用户必须明确该资源的名称、位置以及获取方式。在万维网中，采用统一资源定位器URL（uniform resource locations）的形式来描述这三方面的信息。例如：http://www.zjnu.cn/cont/links.html，资源的名称为links.html，位置在主机的cont目录（一般为虚拟目录）下，定义资源的协议为http。用户也可以使用URL向服务器传送数据，详细内容请参阅HTTP（hyper text transfer protocal）的相关内容。

2. 电子商务应用

电子商务（electronic commerce）是指通过Internet进行的各种商务活动，包括信息的传递与交换、网上订货与交易、网上认证与支付、商品运输与配送、商品的售前售后服务等。目前主要有B2B、B2C和C2C 3种模式。B2B（business to business）指企业与企业之间进行网上交易，阿里巴巴（http://china.alibaba.com）就属于该模式。B2C（business to consumer）指企业与消费者之间进行网上交易，为消费者提供了一种新的购物方式，称为“网上购物”，当当网（http://www.dangdang.com）属于B2C模式。C2C（consumer to consumer）指消费者与消费者之间进行网上交易，淘宝网（http://www.taobao.com）属于该模式。随着网购观念的普及，网络购物已经成为网民消费生活的习惯。据CNNIC

监测，2009 年中国网络购物市场交易规模达到 2500 亿，较 2008 年翻番增长。图 7-32 是典型的电子商务系统结构图。

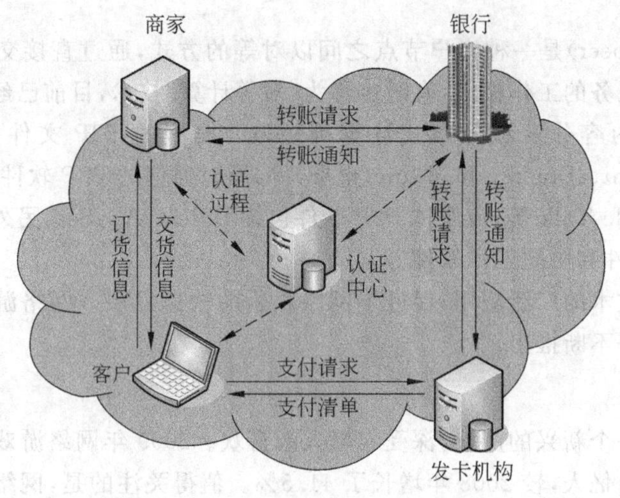

图 7-32 电子商务的系统结构图

3. 电子政务应用

电子政务(electronic government)是通过先进的信息技术实现政府全部业务处理电子化，以达到高效、方便、透明地处理政府机关之间，政府与企业、社会公众的全部业务的目的。

4. 博客与微博

博客(blog)即网络日志或网志，是指以文章的形式在 Internet 上发表信息以达到信息共享，技术上属于网络共享空间，形式上属于个人 Internet 出版的一类应用，也是人们在 Internet 上进行思想交流的一种新的方式。简单地说，博客就是一种通常由个人管理、可不定期张贴新的文章的网站。博客服务提供商(blog service provider，BSP)的网站为博客的使用者开辟了一个公共空间。博客使用者可以使用文字、视频、图片或链接建立自己个性化的信息共享空间。目前，像新浪、搜狐、百度等都提供博客服务。

微博(micro-blog)"是一种非正式的迷你型博客，它是最近新兴起的一个 Web 2.0 表现，是一种可以即时发布消息的类似博客的系统。它最大的特点就是集成化和开放化，可以通过手机，MSN、QQ、skype 等即时通信软件和外部 API 接口等途径发布消息；微博客的另一个特点还在于"微"字，一般发布的消息只能是只言片语，像 Twitter(非常成功的微博平台)这样的微博客平台，每次只能发送 140 个字符。微博的出现真正标志着个人互联网时代的到来，也将社会化媒体向前推进一大步。目前比较知名的微博网站有 Twitter、Jaiku、Thumbcast、网易微博、新浪微博、腾讯微博等。

基于 Web 的常见应用还有搜索引擎、远程教育、远程医疗、网络电视、IP 电话以及博客等，随着技术的进一步发展，Web 应用将越来越丰富。

7.5.5 基于P2P的网络应用

P2P(peer-to-peer)是一种客户节点之间以对等的方式,通过直接交换信息来达到共享计算机资源和服务的工作模式,有时也称为"对等计算"技术,目前已经广泛应用于实时通信、协同工作、内容分发和分布式计算等领域。典型的P2P文件共享类软件包括Napster、BitTorrent、eDonkey和eMule(电驴)等,即时通信的P2P软件包括Skype、QQ、PoPo、MSN、Google Talk等,流媒体P2P软件包括PPlive、AnySee,另外还有共享存储软件、分布式计算软件和协同工作软件等。

"对等计算"技术的广泛应用,促进了网络娱乐的快速发展。网络游戏、网络文学、网络视频等新的服务不断推出。

1. 网络游戏

网络游戏是一个新兴的产业,深受年轻人的喜欢。2009年网络游戏用户规模持续增长,规模达到2.65亿人,较2008年增长了41.5%。值得关注的是,网络游戏是所有互联网娱乐领域中唯一使用率上升的服务,网民使用率从2008年的62.8%提升至68.9%。就目前而言,网页游戏持续发展,社交类游戏迅速崛起,有力地推动了网络游戏的发展。

2. 网络文学

据2010年1月发布的《第25次中国互联网络发展状况统计报告》,我国网络文学网络文学用户规模庞大,这一方面由于网络文学的开放性,使用户能够方便快捷地进行文字阅读,另一方面,网络文学传播的广泛性以及分成的模式又刺激了作家的创作热情,实现了网络文学作者与读者的良性互动。网络文学将为网络游戏、电影、电视以及动漫等文化产业提供丰富的素材,实现网络文学与其他行业的彼此促进。

3. 网络视频

网络视频作为越来越被认可的媒体表现形式,市场价值、广告价值和受众规模仍将持续提升。从行业角度来看,网络视频媒体与传统影视媒体之间逐渐由竞争走向合作,网络作为实现影视节目二次传播的新渠道,在新的媒体格局中占据重要位置。同时,传统新闻媒体、电视台和影视媒体纷纷拓展网络视频传播渠道,直接助推和带动了网络视频产业的规范化发展。国家网络电视台的加入将促进网络视频产业进一步规范化、有序化发展。随着国家对网络视频行业发展的市场规范的逐步建立、监管力度的不断加强,市场环境将得到进一步优化。

7.5.6 Internet的接入方式

随着互联网技术的不断发展和完善,越来越多的用户连入互联网中。而各大网络运营商也为不同的用户提供了多种多样的接入方式。目前可供选择的主要接入方式有PSTN、ISDN、DDN、LAN、ADSL、VDSL、Cable-Modem、PON和LMDS这9种,它们各有优缺点。

1. PSTN(published switched telephone network,公共电话交换网)

该技术是利用 PSTN 通过调制解调器拨号实现用户接入的方式。这种接入方式是相对古老的一种接入方式,其最高的速率为 56Kbps,已经达到仙农定理确定的信道容量极限,这种速率远远不能够满足宽带多媒体信息的传输需求;但由于电话网非常普及,用户终端设备 Modem 很便宜,大约在 100~500 元之间,而且不用申请就可开户,只要家里有计算机,把电话线接入 Modem 就可以直接上网。因此,PSTN 拨号接入方式比较经济,是早期互联网络的主要接入手段,目前在国内基本不用。

2. ISDN(integrated service digital network,综合业务数字网)

该接入技术俗称"一线通",它采用数字传输和数字交换技术,将电话、传真、数据、图像等多种业务综合在一个统一的数字网络中进行传输和处理。用户利用一条 ISDN 用户线路,可以在上网的同时拨打电话、收发传真,就像两条电话线一样。ISDN 基本速率接口有两条 64Kbps 的信息通路和一条 16kbps 的信令通路,简称 2B+D,当有电话拨入时,它会自动释放一个 B 信道来进行电话接听。ISDN 两个信道 128b/s 的速率、快速的连接以及比较可靠的线路可以满足中小型企业浏览以及收发电子邮件的需求。而且还可以通过 ISDN 和 Internet 组建企业 VPN。这种方法的性能价格比很高,在国内的大多数城市都有 ISDN 接入服务。

就像普通拨号上网要使用 Modem 一样,用户使用 ISDN 也需要专用的终端设备,主要由网络终端 NT1 和 ISDN 适配器组成。网络终端 NT1 好像有线电视上的用户接入盒一样必不可少,它为 ISDN 适配器提供接口和接入方式。ISDN 适配器和 Modem 一样又分为内置和外置两类,内置的 ISDN 适配器一般称为 ISDN 内置卡或 ISDN 适配卡;外置的 ISDN 适配器则称为 TA。

3. DDN(digital data network,专线)

DDN 是随着数据通信业务发展而迅速发展起来的一种新型网络。DDN 的主干网传输媒介有光纤、数字微波、卫星信道等,用户端多使用普通电缆和双绞线。DDN 将数字通信技术、计算机技术、光纤通信技术以及数字交叉连接技术有机地结合在一起,提供了高速度、高质量的通信环境,可以向用户提供点对点、点对多点透明传输的数据专线出租电路,为用户传输数据、图像、声音等信息。DDN 的通信速率可根据用户需要在 $N\times 64$Kbps($N=1\sim32$)之间选择,当然速度越快租用费用也越高。

用户租用 DDN 业务需要申请开户。DDN 的收费一般采用包月制和计流量制,这与一般用户拨号上网的按时计费方式不同。DDN 的租用费较贵,主要面向集团公司等需要综合运用的单位。

4. ADSL (asymmetrical digital subscriber line,非对称数字用户环路)

该接入技术是一种能够通过普通电话线提供宽带数据业务的技术,也是目前社区中最为流行的一种接入技术。ADSL 素有"网络快车"之美誉,因其下行速率高(上行速率 640Kbps~1Mbps,下行速率 1~8Mbps)、频带宽、性能优、安装方便、不需交纳电话费等特点而深受广大用户喜爱,成为继 Modem、ISDN 之后的又一种全新的高效接入方式。

5. VDSL(very-high-bit-rate digital subscriber loop,甚高速数字用户环路)

VDSL比ADSL还要快。使用VDSL,短距离内的最大下传速率可达55Mbps,上传速率可达2.3Mbps(将来可达19.2Mbps,甚至更高)。VDSL使用的介质是一对铜线,有效传输距离可超过1000m。但VDSL技术仍处于发展初期,长距离应用仍需测试,端点设备的普及也需要时间。

目前有一种基于以太网方式的VDSL,接入技术使用QAM调制方式,它的传输介质也是一对铜线,在1.5km的范围之内能够达到双向对称的10Mbps传输,即达到以太网的速率。如果这种技术用于宽带运营商社区的接入,可以大大降低成本。基于以太网的VDSL接入方式需要在机房端增加VDSL交换机,在用户端放置用户端CPE(用户驻地设备),二者之间通过室外五类线连接,每栋楼只放置一个CPE。

6. Cable-Modem(线缆调制解调器)

该技术是近年来开始试用的一种超高速Modem,它利用现成的有线电视(CATV)网进行数据传输,已是比较成熟的一种技术。随着有线电视网的发展壮大和人们生活质量的不断提高,通过Cable Modem利用有线电视网访问Internet已成为越来越受业界关注的一种高速接入方式。

由于有线电视网采用的是模拟传输协议,因此网络需要用一个Modem来协助完成数字数据的转化。Cable-Modem与以往的Modem在原理上都是将数据进行调制后在Cable(电缆)的一个频率范围内传输,接收时进行解调,传输机理与普通Modem相同,不同之处在于它是通过有线电视CATV的某个传输频带进行调制解调的。

Cable Modem连接方式可分为两种:对称速率型和非对称速率型。前者的Data Upload(数据上传)速率和Data Download(数据下载)速率相同,都在500Kbps~2Mbps之间;后者的数据上传速率在500Kbps~10Mbps之间,数据下载速率为2~40Mbps。

采用Cable-Modem上网的缺点是由于Cable Modem模式采用的是相对落后的总线型网络结构,这就意味着网络用户共同分享有限带宽;另外,购买Cable-Modem和初装费也都不算很便宜,这些都阻碍了Cable-Modem接入方式在国内的普及。但是,它的市场潜力是很大的,毕竟我国CATV网已成为世界第一大有线电视网,其用户已达到8000多万。

另外,Cable-Modem技术主要是在广电部门原有线电视线路上进行改造时采用,此种方案与新兴宽带运营商的社区建设进行成本比较没有意义。

7. PON(无源光网络)

PON(无源光网络)技术是一种点对多点的光纤传输和接入技术,下行采用广播方式,上行采用时分多址方式,可以灵活地组成树型、星型、总线型等拓扑结构,在光分支点不需要节点设备,只需要安装一个简单的光分支器即可,具有节省光缆资源、带宽资源共享、节省机房投资、设备安全性高、建网速度快、综合建网成本低等优点。

PON包括ATM-PON(APON,即基于ATM的无源光网络)和Ethernet-PON(EPON,即基于以太网的无源光网络)两种。APON技术发展得比较早,它还具有综合业务接入、QoS服务质量保证等独有的特点,ITU-T的G.983建议规范了ATM-PON

的网络结构、基本组成和物理层接口，我国信息产业部也已制定了完善的APON技术标准。

PON接入设备主要由OLT、ONT、ONU组成，由无源光分路器件将OLT的光信号分到树型网络的各个ONU。一个OLT可接32个ONT或ONU，一个ONT可接8个用户，而ONU可接32个用户，因此，一个OLT最大可负载1024个用户。PON技术的传输介质采用单芯光纤，局端到用户端最大距离为20km，接入系统总的传输容量为上行和下行各155Mbps，每个用户使用的带宽可以从64Kbps到155Mbps灵活划分，一个OLT上所接的用户共享155Mbps带宽。

8. 无线接入

在该接入方式中，一个基站可以覆盖直径20km的区域，每个基站可以负载2.4万用户，每个终端用户的带宽可达到25Mbps。但是，它的带宽总容量为600Mbps，每基站下的用户共享带宽，因此一个基站如果负载用户较多，那么每个用户所分到带宽就很小了。故这种技术对于社区用户的接入是不合适的，但它的用户端设备可以捆绑在一起，可用于宽带运营商的城域网互联。其具体做法是：在汇聚点机房建一个基站，而汇聚机房周边的社区机房可作为基站的用户端，社区机房如果捆绑4个用户端，汇聚机房与社区机房的带宽就可以达到100Mbps。

采用这种方案的好处是可以使已建好的宽带社区迅速开通运营，缩短建设周期。但是目前采用这种技术的产品在中国还没有形成商品市场，无法进行成本评估。

9. 局域网接入

局域网方式接入是利用以太网技术，采用光缆＋双绞线的方式对社区进行综合布线。具体实施方案是：从社区机房敷设光缆至住户单元楼，楼内布线采用五类双绞线敷设至用户家里，双绞线总长度一般不超过100m，用户家里的计算机通过五类跳线接入墙上的五类模块就可以实现上网。社区机房的出口是通过光缆或其他介质接入城域网。

采用局域网方式接入可以充分利用小区局域网的资源优势，为居民提供10Mbps以上的共享带宽，这比现在拨号上网速度快180多倍，并可根据用户的需求升级到100Mbps以上。

以太网技术成熟、成本低、结构简单、稳定性、可扩充性好，便于网络升级，同时可实现实时监控、智能化物业管理、小区/大楼/家庭保安、家庭自动化（如远程遥控家电、可视门铃等）、远程抄表等，可提供智能化、信息化的办公与家居环境，满足不同层次的人们对信息化的需求。

7.5.7 IP地址和域名

1. IP地址

连接到Internet上的每台计算机都必须有唯一的地址，这个地址称为IP地址。在TCP/IP协议中，IP地址分为两个部分：网络地址和主机地址，其中网络地址用来确定主机所在的物理网络，而主机地址用来标识某一物理网络中的具体某一台主机。在计算机内部 IP 地址是用二进制表示的，在 IPv4 下，采用 32 位；IPv6 下采用 128 位。没有特别说明时，本书中的涉及 IP 地址都是 IPv4 下的地址。

一般情况下，IP 地址有四类：A 类、B 类、C 类和 D 类，其格式如图 7-33 所示。

	1 … 8	9 … 16	17 … 24	25 … 32
A类地址：	0 网络地址	主机地址		
B类地址：	1 0 网络地址		主机地址	
C类地址：	1 1 0 网络地址			主机地址
D类地址：	1 1 1 0 多播地址			

图 7-33　IP 地址编码方案

A 类地址用于特大规模网络，地址的最高位固定为“0”，随后的 7 位为网络地址，最后的 24 位是主机地址，一个分配了 A 类地址的网络内主机最多可接近 16 777 216 台(0、127、255 等数值有特殊意义，不能用于一般的 IP 地址)。地址 11.112.223.7 就是一个 A 类地址(为了表示方便，将 32 位 IP 地址每 8 位一分，分成 4 个部分，用“.”分隔，每部分用十进制数表示)。

B 类地址用于较大规模网络，地址的最高两位固定为“10”，随后的 14 位为网络地址，最后的 16 位是主机地址，一个分配了 B 类地址的网络内主机最多可接近 65 536 台。地址 166.11.23.55 就是一个 B 类地址。

C 类地址用于较小规模网络，地址的最高 3 位固定为“110”，随后的 21 位为网络地址，最后的 8 位是主机地址，一个分配了 C 类地址的网络内主机最多可接近 256 台。地址 202.113.220.57 就是一个 C 类地址。

2. 域名

由于数字地址难以记忆，人们更习惯于用字母来表示网络中的主机。域名系统 DNS (domain name system)就是使用易于记忆的字符串来表示计算机的地址，为了更大限度地防止重名，Internet 上的名字通常由很多域构成，域间用小黑点“.”分隔。例如 www.zjnu.cn 表示浙江师范大学有一台名为 www 的计算机。域名中的最后一个域(顶级域)的命名有国际认可的约定，顶级域用以区分机构或组织的性质。

常用的 Internet 顶级域代码如表 7-3 所示。

表 7-3　部分顶级域名

域名	说　明	域名	说　明
edu	教育和科研机构	org	官方组织
com	商业机构	net	主要网络中心
mil	军事机构	cn	国家和地区代码：cn 表示中国
gov	政府机关		

7.6 网站的创建与网页的制作

7.6.1 Web 服务器的构建

Web 服务器是用来实现信息发布、资料查询、数据处理、视频点播等诸多应用的平台,用来提供 Web 服务的服务器有 IIS、Apache、Tomcat 等,Web 服务器使用 http 协议,默认端口为 80。以下以 Windows 平台的 IIS 为例说明 Web 服务器的搭建过程。

首先准备一台装了 Windows Server 2003 的服务器,以管理员的身份登录服务器,在服务器上安装 IIS,然后配置 Web 站点并发布。配置过程如下。

第一步:以管理员身份登录服务器,打开控制面板,单击"添加/删除程序"按钮,单击"添加/删除 Windows 组件"按钮,选中 IIS 单击"下一步"按钮,放入 Windows Server 2003 光盘,单击"下一步"按钮继续安装。

第二步:打开 IIS,配置 Web 站点并发布。

执行"开始"→"程序"→"管理工具"→"IIS"命令(Internet 信息服务器)选中"Web 站点"单击右键,执行"属性"命令,在打开的对话框中配置 IP 地址和选择主目录。

IP 地址选择本机的 IP 地址。

单击"主目录"选项,选择要发布的网站的存储位置。

第三步:测试。

本机测试,在 IE 地址栏里面输入本机 IP 地址,按 Enter 键打开网站页面,若成功,说明服务器配置成功。

客户机测试,打开客户机的 IE,输入服务器的 IP 地址,按 Enter 键打开网站页面,若打开成功,则所配置的 Web 服务器已经正常工作。

7.6.2 网页设计及发布

1. 网页设计相关原则

一个成功抓住用户"眼球"并最终带来经济效益的企业网站首先需要一个优秀的设计,然后辅之优秀的制作。设计是网站的核心和灵魂,是一个感性思考与理性分析相结合的复杂的过程,它的方向取决于设计的任务,它的实现依赖于网页的制作。正所谓"功夫在诗外",网页设计中最重要的东西并非在软件的应用上,而是在对网页设计的理解以及设计制作的水平上,在于设计者自身的美感以及对页面的把握上。为了设计出具有美感而有价值的网页,需要把握好以下几个环节。

1) 弄清楚网页设计的任务

设计是一种审美活动,成功的设计作品一般都很艺术化。但艺术只是设计的手段,而并非设计的任务。设计的任务是要实现设计者的意图,而并非创造美。

网页设计的任务是指设计者要表现的主题和实现的功能。站点的性质不同,设计的任务也不同。从形式上，可以将站点分为以下三类：

(1) 第一类是资讯类站点，像新浪、网易、搜狐等门户网站。这类站点将为访问者提供大量的信息，而且访问量较大。因此需注意页面的分割、结构的合理、页面的优化、界面的亲和等问题。

(2) 第二类是资讯和形象相结合的网站，像一些较大的公司、国内的高校等。这类网站在设计上要求较高，既要保证资讯类网站的上述要求，同时又要突出企业、单位的形象。

(3) 第三类则是形象类网站，例如一些中小型的公司或单位。这类网站一般较小，有的则有几页，需要实现的功能也较为简单，网页设计的主要任务是突出企业形象。这类网站对设计者的美工水平要求较高。当然，这只是从整体上来看，具体情况还要具体分析。不同的站点还要区别对待。别忘了最重要的一点，那就是客户的要求，它也属于设计的任务。

2) 设计的实现

设计的实现可以分为两个部分。第一部分为站点的规划及草图的绘制，这一部分可以在纸上完成。第二部分为网页的制作，这一过程是在计算机上完成的。

设计首页的第一步是设计版面布局。可以将网页看作传统的报刊杂志来编辑，这里面有文字、图像乃至动画，要做的工作就是以最适合的方式将图片和文字排放在页面的不同位置。

接下来要做的就是通过使用软件，将设计的蓝图变为现实，最终的集成一般是在Dreamweaver里完成的。虽然在草图上定出了页面的大体轮廓，但是灵感一般都是在制作过程中产生的。设计作品一定要有创意，这是最基本的要求，没有创意的设计是失败的。在制作的过程中会碰到许多问题，其中最敏感的莫过于页面的颜色了。

3) 色彩的运用

色彩是一种奇怪的东西，它是美丽而丰富的，它能唤起人类的心灵感知。一般来说，红色是火的颜色，热情、奔放；也是血的颜色，可以象征生命。黄色是明度最高的颜色，显得华丽、高贵、明快。绿色是大自然草木的颜色，意味着纯自然和生长，象征安宁、和平与安全，如绿色食品。紫色是高贵的象征，有庄重感。白色能给人以纯洁与清白的感觉，表示和平与圣洁。

颜色是光的折射产生的，红、黄、蓝是三原色，其他的色彩都可以用这3种色彩调和而成。换一种思路，可以用颜色的变化来表现光影效果，这无疑将使作品更贴近现实。

色彩代表了不同的情感，有着不同的象征含义。这些象征含义是人们思想交流当中的一个复杂问题，它因人的年龄、地域、时代、民族、阶层、经济地区、工作能力、教育水平、风俗习惯、宗教信仰、生活环境、性别差异而有所不同。

单纯的颜色并没有实际的意义，和不同的颜色搭配所表现出来的效果也不同。例如绿色和金黄、淡白搭配，可以产生优雅、舒适的气氛。蓝色和白色混合，能体现柔顺、淡雅、浪漫的气氛。红色和黄色、金色的搭配能渲染喜庆的气氛。而金色和栗色的搭配则会给人带来暖意。设计的任务不同，配色方案也随之不同。考虑到网页的适应性，应尽量使用网页安全色。

但颜色的使用并没有一定的法则，如果一定要用某个法则去套，效果只会适得其反。

经验上可先确定一种能表现主题的主体色，然后根据具体的需要，应用颜色的近似和对比来完成整个页面的配色方案。整个页面在视觉上应是一个整体，以达到和谐、悦目的视觉效果。

4）网页布局类型

网页布局大致可分为"国"字型、拐角型、标题正文型、左右框架型、上下框架型、综合框架型、封面型、Flash型、变化型等。

(1) "国"字型。也可以称为"同"字型，是一些大型网站所喜欢的类型，即最上面是网站的标题以及横幅广告条，接下来就是网站的主要内容，左右分列一些两小条内容，中间是主要部分，与左右一起罗列到底，最下面是网站的一些基本信息、联系方式、版权声明等。这种结构是在网上见到最多的一种结构类型。

(2) 拐角型。这种结构与上一种只是形式上有区别，其实是很相近的，上面是标题及广告横幅，接下来的左侧是一窄列链接等，右列是很宽的正文，下面也是一些网站的辅助信息。在这种类型中，一种很常见的类型是最上面是标题及广告，左侧是导航链接。

(3) 标题正文型。这种类型即最上面是标题或类似的一些东西，下面是正文，例如一些文章页面或注册页面等就是这种类。

(4) 左右框架型。这是一种左右为分别两页的框架结构，一般左面是导航链接，有时最上面会有一个小的标题或标志，右面是正文。大部分的大型论坛都是这种结构的，有一些企业网站也喜欢采用。这种类型结构非常清晰，一目了然。

(5) 上下框架型。与上面类似，区别仅仅在于是一种上下分为两页的框架。

(6) 综合框架型。上面两种结构的结合，相对复杂的一种框架结构，较为常见的是类似于"拐角型"结构的，只是采用了框架结构。

(7) 封面型。这种类型基本上是出现在一些网站的首页，大部分为一些精美的平面设计结合一些小的动画，放上几个简单的链接或者仅是一个"进入"的链接甚至直接在首页的图片上做链接而没有任何提示。这种类型大部分出现在企业网站和个人主页，如果处理得好，会给人带来赏心悦目的感觉。

(8) Flash型。其实这与封面型结构是类似的，只是这种类型采用目前非常流行的Flash，与封面型不同的是，由于Flash强大的功能，页面所表达的信息更丰富，其视觉效果及听觉效果如果处理得当，绝不差于传统的多媒体。

(9) 变化型。即上面几种类型的结合与变化，例如本站在视觉上是很接近拐角型的，但所实现的功能的实质是那种上、左、右结构的综合框架型。

布局有很多种类型，那么什么样的布局是最好的呢？这是初学者可能会问的问题。其实这要具体情况具体分析的：例如，如果内容非常多，就要考虑用"国字型"或拐角型；而如果内容不算太多而一些说明性的东西比较多，则可以考虑标题正文型；那几种框架结构的一个共同特点就是浏览方便，速度快，但结构变化不灵活；而如果是一个企业网站想展示企业形象或个人主页想展示个人风采，封面性是首选；Flash型更灵活一些，好的Flash大大丰富了网页，但是它不能表达过多的文字信息。还没有提到的就是变化型了，把这个留给读者，因为只有不断地变化才会提高，才会不断丰富网页。

5）造型的组合

在网页设计中，主要通过视觉传达来表现主题。在视觉传达中，造型是很重要的一个元素。抛去是图还是文字的问题，画面上的所有元素可以统一作为画面的基本构成要素点、线、面来进行处理。在一幅成功的作品里，是需要点、线、面的共同组合与搭配来构造整个页面的。

通常可以使用的组合手法有秩序、比例、均衡、对称、连续、间隔、重叠、反复、交叉、节奏、韵律、归纳、变异、特写、反射等，它们都有各自的特点。在设计中应根据具体情况，选择最适合的表现手法，这样有利于主题的表现。

通过点、线、面的组合，可以突出页面上的重要元素，突出设计的主题，增强美感，让观者在感受美的过程中领会设计的主题，从而实现设计的任务。

造型的巧妙运用不仅能带来极大的美感，而且能较好地突出企业形象，而且能将网页上的各种元素有机地组织起来，它甚至还可以引导观者的视线。

6）设计的原则

设计是有原则的，无论使用何种手法对画面中的元素进行组合，都一定要遵循5个大的原则：统一、连贯、分割、对比及和谐。

统一，是指设计作品的整体性、一致性。设计作品的整体效果是至关重要的，在设计中切勿将各组成部分孤立分散，那样会使画面呈现出一种枝蔓纷杂的凌乱效果。

连贯，是指要注意页面的相互关系。设计中应利用各组成部分在内容上的内在联系和表现形式上的相互呼应，并注意整个页面设计风格的一致性，实现视觉上和心理上的连贯，使整个页面设计的各个部分极为融洽，犹如一气呵成。

分割，是指将页面分成若干小块，小块之间有视觉上的不同，这样可以使观者一目了然。在信息量很多时为使观者能够看清楚，就要注意到将画面进行有效的分割。分割不仅是表现形式的需要。换个角度来讲，分割也可以被视为对于页面内容的一种分类归纳。

对比，就是通过矛盾和冲突，使设计更加富有生气。对比手法很多，例如：多与少、曲与直、强与弱、长与短、粗与细、疏与密、虚与实、主与次、黑与白、动与静、美与丑、聚与散等。在使用对比时应慎重，对比过强容易破坏美感，影响统一。

和谐，是指整个页面符合美的法则，浑然一体。如果一件设计作品仅仅是色彩、形状、线条等的随意混合，那么作品将不但没有“生命感”，而且也根本无法实现视觉设计的传达功能。和谐不仅要看结构形式，而且要看作品所形成的视觉效果能否与人的视觉感受形成一种沟通，产生心灵的共鸣。这是设计能否成功的关键。

7）网页优化

在网页设计中，网页的优化是较为重要的一个环节。它的成功与否会影响页面的浏览速度和页面的适应性，影响观者对网站的印象。

在资讯类网站中，文字是页面中最大的构成元素，因此字体的优化显得尤为重要。使用css样式表指定文字的样式是必要的，通常将字体指定为宋体，大小指定为12px，颜色要视背景色而定，原则上以能看清且与整个页面搭配和谐为准。在白色的背景上一般使用黑色，这样不易产生视觉疲劳，能保证浏览者较长时间地浏览网页。

图片是网页中的重要元素。图片的优化可以在保证浏览质量的前提下将其size降至最低，这样可以成倍地提高网页的下载速度。利用 Photoshop 或 Fireworks 可以将图片切成小块，分别进行优化。输出的格式可以为 gif 或 jpeg，要视具体情况而定。一般把有较为复杂颜色变化的小块优化为 jpeg，而把那种只有单纯色块的卡通画式的小块优化为 gif，这是由这两种格式的特点决定的。

DIV 与表格(table)是页面中的重要元素，是页面排版的主要手段，可以设定 DIV 与表格的宽度、高度、边框、背景色、对齐方式等参数。很多时候，将表格的边框设为 0，以此来定位页面中的元素，或者借此确定页面中各元素的相对位置。浏览器在读取网页 HTML 原代码时，是读完整个 table 才将它显示出来的。如果一个大表格中含有多个子表格，必须等大表格读完，才能将子表格一起显示出来。在访问一些站点时，等待多时无结果，单击“停止”按钮却一下显示出页面就是这个原因。因此，在设计页面表格时，应该尽量避免将所有元素嵌套在一个表格里，而且表格嵌套层次尽量要少。因此可以采用 DIV 套表格的方式来减少嵌套，提高网页的浏览速度。

网页的适应性是很重要的，在不同的系统上，不同的分辨率下，不同的浏览器上，将会看到不同的结果，因此设计时要统筹考虑。一般在 1024×768 下制作网页，最佳浏览效果也是在 1024×768 分辨率下，在其他情况下只要保证基本一致，不出现较大问题即可。

2. 网页设计基本技术

仅仅掌握以上涉及的基本环节，对于一个网页设计师是不够的，他还必须掌握设计网页的基本技术。

1) HTML 语言基础

HTML 是超文本标记语言，不受用户平台的限制，很适合在 Internet 上各种平台之间传送信息。HTML 之所以被称为超文本语言，是因为它能够将文本、图形图像、视频、动画等信息载体巧妙地集成在一起，而且每个超文本文件可以通过超链接互相访问，形成一个开放的互联系统。

HTML 语法很简单，整个网页文件由＜HTML＞和＜/HTML＞包含，其内主要包含两大部分内容：第一部分由＜HEAD＞和＜/HEAD＞标记包含，它提供浏览器有关整篇 HTML 文件的信息，如标题名称、所支持的浏览器类型；第二部分由＜BODY＞和＜/BODY＞标记包含，它提供网页上的主要信息，如文本、图形图像以及视频信息等。

2) HTML 的扩展

由于 HTML 在交互性、通用性方面仍存在不足，于是先后出现了 Java、CGI、ASP、JSP、PHP 以及 XML 等语言或接口。它们的加入使得网页的内涵更加丰富，使网页的形式和功能更加强大。最近几年繁荣起来的 Ajax(asynchronous JavaScript and XML)技术使得用户的体验和操控感更好，操控网络就好比是在操控一台计算机一样。

(1) JavaScript。JavaScript 是一种新的描述语言，可以直接嵌入 HTML 文件中，对浏览网页的用户输入进行处理。不像 CGI 需要数据传回服务器以及响应传回用户端的过程。JavaScript 就像是运行在浏览用户本地计算机的一个简单程序。

(2) XML。XML(extensible markup language，可扩展标记语言)与 HTML 一样，都是 SGML(standard generalized markup language，标准通用标记语言)。XML 是 Internet

环境中跨平台的，依赖于内容的技术，是当前处理结构化文档信息的有力工具。扩展标记语言 XML 是一种简单的数据存储语言，使用一系列简单的标记描述数据，而这些标记可以用方便的方式建立，虽然 XML 占用的空间比二进制数据要占用更多的空间，但 XML 极其简单，易于掌握和使用。XML 相对于 HTML 的优点是它将用户界面与结构化数据分隔开来。这种数据与显示的分离使得集成来自不同源的数据成为可能。

(3) AJAX。异步 JavaScript 和 XML 是一种创建交互式网页应用的网页开发技术。传统的 Web 应用允许用户填写表单(form)，当提交表单时就向 Web 服务器发送一个请求。服务器接收并处理传来的表单，然后返回一个新的网页。这个做法浪费了许多带宽，因为在前后两个页面中的大部分 HTML 代码往往是相同的。由于每次应用的交互都需要向服务器发送请求，应用的响应时间就依赖于服务器的响应时间。这导致了用户界面的响应比本地应用慢得多。与此不同，AJAX 应用可以仅向服务器发送并取回必需的数据，它使用 SOAP 或其他一些基于 XML 的 Web Service 接口，并在客户端采用 JavaScript 处理来自服务器的响应。因为在服务器和浏览器之间交换的数据大量减少，结果就能看到响应更快的应用。同时很多的处理工作可以在发出请求的客户端机器上完成，所以 Web 服务器的处理时间也减少了。使用 Ajax 的最大优点就是能在不更新整个页面的前提下维护数据。这使得 Web 应用程序更为迅捷地回应用户动作，并避免了在网络上发送那些没有改变过的信息。

3) 网页设计制作工具

直接用文本编辑器编辑网页是低效的，如果采用“所见即所得”的工具则会高效很多。目前，这样的开发工具已经很多，如 Dreamweaver、FrontPage 等。

(1) Dreamweaver。Dreamweaver 是美国 MACROMEDIA 公司开发的集网页制作和管理网站于一身的所见即所得网页编辑器，它是第一套针对专业网页设计师特别发展的视觉化网页开发工具，利用它可以轻而易举地制作出跨越平台限制和跨越浏览器限制的充满动感的网页。

(2) FrontPage。FrontPage 是美国微软公司开发的专业网页制作工具，非常适合专业的网站设计人员使用，其最大特点是具有典型的 Microsoft Office 办公自动化软件和 Windows 操作系统相似的图形界面。

4) 网页的发布

网页设计完成并测试通过后，就需要发布到 Internet 上，提供给客户访问。一般而言，可以有两种方法实现网页发布：一是自己组建 Web 服务器，部署网页；二是向第三方申请免费空间，再将相关网页发布到指定的空间里。对于一般用户常常采用第二种方法，具体来说，需要经历以下过程：

(1) 提出申请。向提供 Web 服务的网站，提请申请。

(2) 服务器批复申请，即许可网页放在服务器上。

(3) 将相关网页发布到指定的空间，并根据服务提供方的要求设置相关选项。

本章小结

计算机网络是把数据从一个地方传送到另一个地方的硬件和软件的组合。在计算机网络中，讨论了数据通信的基础知识；计算机网络的基本概念，包括网络标准、网络结构以及网络分类；计算机网络体系结构和标准协议；网络互联设备；因特网以及网页设计与网站构建的基本知识。其中重点是 TCP/IP 模型和因特网技术。通过本章的学习，读者应该了解与计算机网络相关的硬件技术（服务器、通信介质、各类互联设备等）、软件技术（主要是协议）以及因特网上的一些应用。

习题

一、简答题

1. 什么是信息、数据和信号？
2. 什么是串行通信和并行通信？
3. 简述计算机网络的定义。
4. 点对点连接和多点连接的区别是什么？
5. 简述分组交换技术。
6. 计算机网络的拓扑结构有哪些？请分别简述每种拓扑结构的特点。
7. 简述网络体系结构和 TCP/IP 协议的体系结构。
8. 列举 TCP/IP 协议族的各层，以及各层的主要功能。
9. 常用的网络互联设备有哪些？

二、探索题

1. 了解与分析数据交换技术的发展情况并评估相关技术的优劣。
2. 利用百度、谷歌等工具，了解计算机网络的各种协议，并比较 IPv4 和 IPv6 的异同。
3. 了解无线传感网、物联网、车联网等所用到的关键技术，并对未来可能的网络做出自己的设想。

第8章 数据库系统

数据库是数据管理的最新技术，是计算机科学的重要组成部分。信息化已经成为当今社会的重要特征，信息资源已经成为各个部门的重要财富和资源，建立一个高效的信息系统来满足各级部门内部和部门之间的信息处理要求也成为一个企业或组织生存和发展的重要条件。因此，作为信息系统核心和基础的数据库技术得到越来广泛的应用，从小型单项事务处理系统到大型信息系统，从联机事务处理(on-line transaction processing, OLTP)到联机分析处理(on-line analysis processing, OLAP)，从一般企业管理到计算机辅助设计和制造(CAD/CAM)、计算机集成制造系统(CIMS)、电子政务(e-government)、电子商务(e-commerce)和地理信息系统(GIS)等，越来越多新的应用领域采用数据库技术来存储和处理信息资源。

数据库技术的应用已经遍及现代社会的各个领域，成为当今信息化社会的核心技术之一。衡量一个国家信息化程度的高低，是以数据库的建设规模、数据库信息量的大小和使用频度作为重要的评价依据和标准。因此数据库课程不仅是计算机科学与技术专业、信息管理专业的重要课程，也是许多非计算机专业的选修课程。

本章首先介绍数据库系统的基本概念、数据模型、数据库系统结构和组成；其次介绍常用的关系数据库管理系统和结构化查询语言 SQL(structure query language)，并简单介绍数据库应用系统的开发步骤和开发方法；在本章最后，将介绍新一代数据库技术的发展特点和趋势。

8.1 数据库系统基本概念

数据库技术是计算机科学技术中发展最快、应用最广的领域之一，它是计算机信息系统与应用程序的核心技术和重要基础，因此，在系统地介绍数据库的基本概念之前，先介绍一些数据库最常用的概念。

8.1.1 数据、数据库、数据库管理系统和数据库系统

数据、数据库、数据库管理系统和数据库系统是与数据库技术密切相关的 4 个基本概念。

1. 数据(data)

数据是数据库中存储的基本对象。大多数人认为数据就是数字,例如 23、49.5、-30.96、¥688、&726.0 等。其实数字只是最简单的一种数据,是数据的一种传统和狭义的理解。广义的数据包括文本(text)、图形(graph)、图像(image)、音频(audio)、视频(video)、学生的档案记录、货物的运输情况等很多种类。可以对数据做如下定义:描述事物的符号记录称为数据。数据有多种表现形式,它们都可以经过数字化后存入计算机。

数据的表现形式还不能完全表示其内容,需要经过解释,数据和关于数据的解释是不可分的。例如,93 是一个数据,可以是某位同学的某门课程的成绩,也可以是某个人的体重,还可以是计算机系 2010 级的学生人数。数据的解释是指对数据含义的说明,数据的含义称为数据的语义,数据与其语义是不可分的。

在日常生活中,人们可以直接用自然语言(如汉语)来描述事物。例如,可以这样来描述某校计算机系一位同学的基本情况:张三,男,1992 年 5 月生,浙江金华人,2010 年入学。在计算机中常常这样来描述:

(张三,男,199205,浙江省金华市,计算机系,2010)

即把学生的姓名、性别、出生年月、出生地、所在院系、入学时间等组织在一起,组成一个记录。这里的学生记录就是描述学生的数据,这样的数据是有结构的。记录是计算机中表示和存储数据的一种格式或一种方法。

2. 数据库(database,DB)

顾名思义,数据库是存放数据的仓库。只不过这个仓库是在计算机存储设备上,而且是按照一定的格式存放的。

严格地讲,数据库是长期储存在计算机内、有组织的、可共享的大量数据的集合。数据库中的数据按一定的数据模型组织、描述和储存,可为各种用户共享,具有较小的冗余度、较高的数据独立性和易扩展性。

概括地讲,数据库数据具有永久存储、有组织和可共享 3 个特点。

3. 数据库管理系统(database management system,DBMS)

数据库管理系统是位于用户与操作系统之间的一层数据管理软件。数据库管理系统和操作系统一样是计算机的基础软件,也是一个大型复杂的软件系统。它主要的功能包括以下几个方面:

1) 数据定义功能

提供数据定义语言(data definition language, DDL),用户通过它可以方便地定义数据库中的数据对象。

2) 数据的组织、存储和管理

DBMS 要分类组织、存储和管理各种数据,要确定组织数据的文件结构和存取方式,如何实现数据之间的联系。数据组织和存储的基本目标是提供多种存取方法,提高存取效率。

3) 数据操纵功能

提供数据操纵语言(data manipulation language, DML),用户可以使用 DML 操纵数

据，实现对数据库的基本操作，如查询、插入、删除和修改等。

4）数据库的事务管理和运行管理

数据库在建立、运行和维护时由 DBMS 统一管理和控制，以保证数据的安全性、完整性、多用户对数据的并发使用及其发生故障后的系统恢复。

5）数据库的建立和维护功能

包括数据库初始数据的装载转换、数据库转储、故障恢复、数据库的重组织、性能监视分析等功能。

6）其他功能

包括与网络中其他软件系统的通信功能、文件系统的数据转换功能、异构数据库之间的互访和互操作功能等。

总而言之，数据库管理系统是数据库系统中的一个重要组成部分。

4. 数据库系统（database system）

数据库系统是在计算机系统中引入数据库后的系统，一般由数据库、数据库管理系统（及其开发工具）、应用系统、数据库管理员构成。应当指出的是，数据库的建立、使用和维护等工作只靠一个 DBMS 还远远不够，还要有专门的人员来完成，这些人被称为数据库管理员（database administrator，DBA）。

8.1.2 数据管理技术的发展历程

数据库技术是应数据管理任务的需要而产生的。在应用需求的推动下，在计算机硬件、软件发展的基础上，数据管理技术经历了人工管理阶段、文件系统和数据库系统 3 个阶段。

1. 人工管理阶段

20 世纪 40 年代中到 50 年代中期，计算机主要应用于科学计算，当时的硬件状况是无直接存取存储设备，外存只有纸带、卡片、磁带，没有磁盘等直接存储设备；软件状况是没有操作系统，没有管理数据的专门软件；数据处理方式是批处理。人工管理具有如下特点：

（1）数据不保存。

（2）数据由应用程序管理。

（3）数据无共享、冗余度极大。

（4）数据不独立，完全依赖于程序。

2. 文件系统阶段

20 世纪 50 年代末到 60 年代中期，这时硬件已经有了磁盘、磁鼓等直接存储设备；软件方面，操作系统已经有了专门的数据管理软件，一般称文件系统；处理方式上不仅有了批处理，而且能够联机实时处理。文件系统管理数据有如下特点：

（1）数据可长期保存。

（2）数据由文件系统管理。

(3) 数据的共享性差、冗余度大。

(4) 数据的独立性差，数据的逻辑结构改变必须修改应用程序。

3. 数据库系统阶段

20 世纪 60 年代以来，计算机管理的对象规模越来越大，应用范围越来越广泛，数据量急剧增长，同时多种应用、多种语言相互覆盖地共享数据集合的要求越来越强烈。硬件已经有了大容量磁盘、磁盘阵列；软件有数据库管理系统；处理方式有联机实时处理、分布处理、批处理等。数据库系统管理数据有如下的特点：

(1) 数据结构化。

(2) 数据的共享性高、冗余度低、易扩充。

(3) 数据独立性高。

(4) 数据由 DBMS 统一管理和控制。

数据库技术是 20 世纪 60 年代末发展起来的数据管理技术。数据库技术的出现改变了传统的信息管理模式，把以加工数据的程序为中心转向围绕共享的数据为中心的新阶段，这样既便于数据的集中管理，又有利于应用程序的研制和维护，提高了数据的利用率和相容性，提高了决策的可靠性。

数据库技术扩大了信息管理的规模，提高了信息的利用和多重利用能力，缩短了信息传播的过程，实现了世界信息一体化的管理目标。目前，数据库技术是计算机领域中发展最快的技术之一，数据库技术在日新月异地发展，数据库技术的应用也在继续深入。

8.1.3 数据库系统的特点

数据库系统是在文件系统的基础上发展起来的新技术，它克服了文件系统的缺点，为用户提供了一种使用方便、功能强大的数据管理手段。数据库技术不仅可以实现对数据集中统一的管理，而且可以使数据的存储和维护不受任何用户的影响。数据库技术的发明与发展使其成为计算机科学的一个重要分支。与人工管理数据和文件管理数据相比，数据库管理数据主要有如下特点。

1. 数据结构化

首先，整体数据的结构化是数据库的主要特征之一，也是数据库系统和文件系统的主要区别。在文件系统中，每个文件内部是有结构的，即文件由记录构成，每个记录由若干个属性构成。因此，尽管记录内部有某些结构，但记录之间没有联系。

其次，在数据库系统中考虑了整体数据结构化，实现的是数据的真正结构化，也就是说，不仅要考虑某个应用的数据结构，还要考虑整个组织的数据结构。数据的结构用数据模型描述，无须程序定义和解释。数据结构不再仅仅针对某一个应用，而是面向全组织，不仅数据内部结构化，整体也是结构化的，数据之间具有联系。

最后，在数据库系统中，不仅数据是整体结构化的，而且存储数据的方式也很灵活，数据可以变长，可以存储数据库中的某一个数据项、一组数据项、一个记录或一组记录。而在文件系统中，数据的最小存取单位是记录，而不能细化到数据项。

2. 数据的共享性高，冗余度低，易扩充

数据库系统从整体角度看待和描述数据，数据面向整个系统，可以被多个用户、多个应用共享使用。数据共享可以大大地减少数据冗余，节约存储空间，此外数据共享还能够避免数据之间的不相容性与不一致性。

由于数据面向整个系统，是有结构的数据，不仅可以被多个应用共享使用，而且容易增加新的内容，使系统易于扩充，可以适应各种用户的要求。可以选取整体数据的各种子集用于不同的系统，当应用需求发生变化时，只要重新选取不同的子集或者加上一部分数据，即可满足用户的需求。

3. 数据独立性高

数据独立性在数据库领域中指的是物理独立性和逻辑独立性。

物理独立性指用户的应用程序与存储在磁盘上的数据库中数据是相互独立的，当数据的物理存储改变了，应用程序不用改变；逻辑独立性指用户的应用程序与数据库的逻辑结构是相互独立的，数据的逻辑结构改变了，用户程序也可以不变。

数据独立性是由 DBMS 的二级映像功能来保证的，这在本章的第 8.3 节进行讨论。

4. 数据由 DBMS 统一管理和控制

数据库的共享是并发的共享，多个用户可以同时存储数据库中的数据，甚至可以同时存储数据库中的同一个数据。此外，DBMS 还必须提供以下数据控制功能。

(1) 数据的安全性(security)保护，以防止不合法的使用造成的数据的泄密和破坏。

(2) 数据的完整性(integrity)检查，将数据控制在有效的范围内，或保证数据之间满足一定的关系。

(3) 数据的并发(concurrency)控制，对多用户的并发操作加以控制和协调，防止相互干扰而得到错误的结果。

(4) 数据库恢复(recovery)，即将数据库从错误状态恢复到某一已知的正确状态。

综上所述，数据库是长期存储在计算机内有组织的、大量的、共享的数据集合。数据库系统的出现使得信息系统从以加工数据的程序为中心转向围绕共享的数据库为中心。这样既便于数据的集中管理，又有利于应用程序的开发和维护，提高了数据的利用率和相容性，提高了决策的可靠性。

8.2 数据模型

模型，人们并不陌生，它是对现实世界中某个对象特征的模拟和抽象。现有的数据库系统均是基于某种数据模型的。数据模型是数据库系统的核心和基础，因此，了解数据库模型的概念是学习数据库的基础。

8.2.1 数据模型简介

在数据库中用数据模型这个工具来抽象、表示和处理现实世界中的数据和信息。通俗地讲，数据模型就是现实世界的模拟。数据模型应满足三方面要求：一是能比较真实地模拟现实世界；二是容易为人所理解；三是便于在计算机上实现。一种数据模型要很好地全面满足这三方面的要求在目前尚很困难。因此在数据库系统中针对不同的使用对象和应用目的，应采用不同的数据模型。这如同在建筑设计和施工的不同阶段需要不同的图纸一样，在开发和实施数据库应用系统中也需要使用不同的数据模型。

根据模型应用的不同目的，数据模型分为两类，它们分属两个不同的层次。第一类是概念模型，第二类是逻辑模型和物理模型。

1. 概念模型

也称信息模型，它是按用户的观点来对数据和信息建模，主要用于数据库设计。

概念模型主要是用于信息世界的建模，是现实世界到机器世界的一个中间层次，是数据库设计人员进行数据库设计的有力工具，也是数据库设计人员和用户之间进行交流的语言。因此概念模型除了具备较强的语义表达能力之外，还应该简单、清楚、便于用户理解。在描述概念模型之前，先了解以下一些基本概念。

实体(entity)：客观存在并可相互区别的事物称为实体。现实世界中的实体可以是具体的人、事、物或抽象的概念。

属性(attribute)：实体所具有的某一特性称为属性。一个实体可以由若干个属性来刻画。

码(key)：唯一标识实体的属性集称为码。

域(domain)：属性的取值范围称为该属性的域。

实体型(entity type)：用实体名及其属性名集合来抽象和刻画同类实体称为实体型。

实体集(entity set)：同一类型实体的集合称为实体集。

联系(relationship)：现实世界中事物内部以及事物之间的联系在信息世界中反映为实体内部的联系和实体之间的联系。实体内部的联系通常是指组成实体的各属性之间的联系，实体之间的联系通常是指不同实体集之间的联系。

在现实世界中，实体之间相互关联，为了简单起见，在本章中只描述两个实体之间的联系，通常来说，两个实体之间的联系有一对一、一对多和多对多 3 种，如图 8-1 所示。

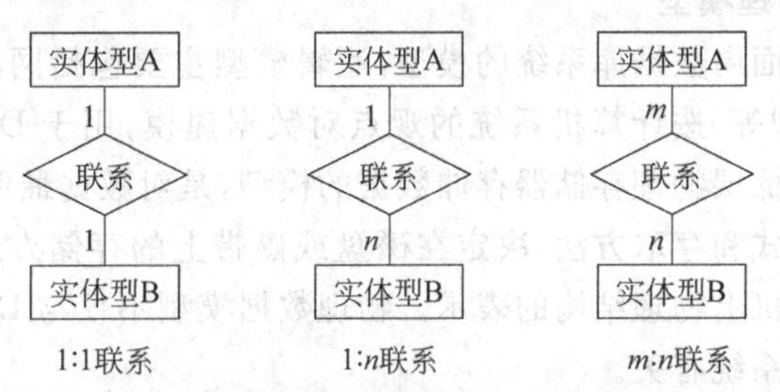

图 8-1　两个实体型之间的三类联系

一对一联系(1：1)：例如，一个班级只有一个正班长，一个班长只在一个班中任职。

一对多联系(1：n)：例如，一个班级中有若干名学生，每个学生只在一个班级中学习。

多对多联系($m:n$):例如,课程与学生之间的联系,一门课程同时有若干个学生选修,一个学生可以同时选修多门课程。

概念模型是对信息世界的建模,因此对概念模型的基本要求是较强的语义表达能力;能够方便、直接地表达应用中的各种语义知识;简单、清晰、易于用户理解。一种常用的概念模型的表示方式是 P. P. S. Chen 于 1976 年提出的实体—联系方法(entity-relationship approach)。该方法用 E-R 图来描述现实世界的概念模型,E-R 方法也称为 E-R 模型。E-R 图提供了表示实体型、属性和联系的方法。

实体型:用矩形表示,矩形框内写明实体名。

属性:用椭圆形表示,并用无向边将其与相应的实体连接起来。

联系:用菱形表示,菱形框内写明联系名,并用无向边分别与有关实体连接起来,同时在无向边旁标上联系的类型($1:1$、$1:n$ 或 $m:n$)。

联系的属性:联系本身也是一种实体型,也可以有属性。如果一个联系具有属性,则这些属性也要用无向边与该联系连接起来。

图 8-2 是用 E-R 图来描述一个简单的学生选课数据库的概念模型,其中学生实体的码为学号,课程实体的码为课程号。

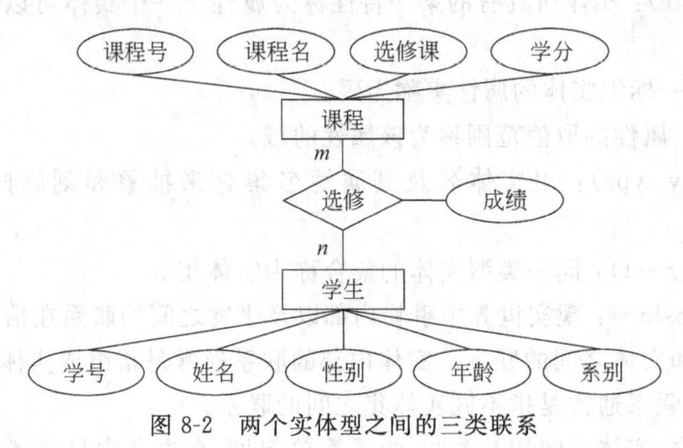

图 8-2　两个实体型之间的三类联系

2. 逻辑模型和物理模型

逻辑模型是一种面向数据库系统的模型,逻辑模型主要包括网状模型、层次模型、关系模型、面向对象模型等,按计算机系统的观点对数据建模,用于 DBMS 实现;物理模型是一种面向计算机最低层物理存储器存储数据的模型,是对数据最低层的抽象,描述数据在系统内部的表示方式和存取方法,决定在磁盘或磁带上的存储方式和存取方法。它给出了数据模型在计算机上物理结构的表示。物理数据模型不仅与 DBMS 有关,还与计算机系统的硬件和操作系统有关。

数据模型是数据库系统的核心和基础,组成数据模型的要素包括数据结构、数据操作和数据完整性约束条件。各种机器上实现的 DBMS 软件都是基于某种数据模型或者说是支持某种数据模型的,将现实世界中的客观对象抽象为概念模型,这一步是由数据库设计人员来完成的;把概念模型转换为逻辑模型,这一步转换可以由数据库设计人员完成,也可以由数据库设计工具协助设计人员完成；从逻辑模型到物理模型的转换一般是由DBMS完成的。

8.2.2 常用的逻辑数据模型

目前，数据库领域中最常用的逻辑模型有层次模型(hierarchical model)、网状模型(network model)、关系模型(relational model)、面向对象模型(object oriented model)、对象关系模型(object relational model)，其中层次模型和网状模型又称为非关系模型。

1. 层次模型

层次模型是数据库系统中最早出现的数据模型，层次数据库系统的典型代表是IBM公司的IMS(information management system)数据库管理系统。

层次模型用树型结构来表示各类实体以及实体间的联系，因此易于表示现实世界中一对多的联系，而对多对多联系在层次模型中的表示方法一般是将多对多联系分解成一对多联系，通常用的分解方法有冗余节点法和虚拟节点法。

层次模型的优点是：层次模型的数据结构比较简单清晰；查询效率高，性能优于关系模型，不低于网状模型；层次数据模型提供了良好的完整性支持。

层次模型的缺点是：多对多联系表示不自然；对插入和删除操作的限制多，应用程序的编写比较复杂；查询子女节点必须通过双亲节点；由于结构严密，层次命令趋于程序化。

2. 网状模型

网状数据库系统采用网状模型作为数据的组织方式，典型代表是DBTG系统，亦称CODASYL系统，这是20世纪70年代由数据系统语言研究会下属的数据库任务组(database task group，DBTG)提出的一个系统方案。

网状模型是一种比层次模型更具有普遍性的结构。多对多的联系在网状模型中的表示通常是将多对多联系直接分解成多个一对多联系。

网状模型的优点是能够更为直接地描述现实世界，具有良好的性能，存取效率较高；缺点是结构比较复杂，而且随着应用环境的扩大，数据库的结构就变得越来越复杂，不利于最终用户掌握，DDL、DML语言复杂，用户不容易使用。

3. 关系模型

关系数据库系统采用关系模型作为数据的组织方式，是目前最重要的一种数据模型。1970年美国IBM公司San Jose研究室的研究员E. F. Codd首次提出了数据库系统的关系模型。目前计算机厂商新推出的数据库管理系统几乎都支持关系模型。

在用户观点下，关系模型中数据的逻辑结构是一张二维表，它由行和列组成。通常一个关系对应一张表，表中的一行即一个元组，表中的一列即一个属性，给每一个属性起一个名称即属性名。

关系的完整性约束条件包括实体完整性、参照完整性和用户定义完整性。

关系模型的优点是建立在严格的数学概念的基础上，概念单一，实体和各类联系都用关系来表示，对数据的检索结果也是关系，关系模型的存取路径对用户透明，具有更高的数据独立性，更好的安全保密性，简化了程序员的工作和数据库开发建立的工作。

关系模型的缺点是存取路径对用户透明导致查询效率往往不如非关系数据模型，为提高性能，必须对用户的查询请求进行优化，从而增加了开发 DBMS 的难度。

4. 面向对象模型

面向对象数据库系统支持面向对象数据模型（object oriented data model，简称 OO 模型），一个面向对象的数据库系统是一个持久的、可共享的对象库的存储和管理者；而一个对象库是由一个 OO 模型所定义的对象的集合体。一个面向对象数据模型是用面向对象的观点来描述现实世界实体（对象）的逻辑组织、对象间限制及联系的模型。因此，面向对象模型中的基本概念是对象、类和封装。

1）对象（object）

对象是由一组数据结构和在这组数据结构上的操作的程序代码封装起来的基本单位。是属性（attribute）和方法（method）的集合，属性描述对象的状态、组成和特性，方法描述了对象的行为特性。

2）对象标识（object identifier，OID）

指面向对象数据库中的每个对象都有唯一不变的标识，称为对象标识（OID），它的特点是永久持久性、独立于值的、系统全局唯一的标识。

3）类（class）

对象类（简称类）指共享同样属性和方法集的所有对象构成了一个对象类，一个对象是某一类的一个实例（instance），在 OODB 中，类是“型”，对象是某一类的一个“值”。

4）封装（encapsulation）

封装是对象的外部界面与内部实现之间实行清晰隔离的一种抽象，外部与对象的通信只能通过消息，每一个对象是其状态与行为的封装，对象封装之后查询属性值必须通过调用方法。

面向对象模型的优点是能完整地描述现实世界的数据结构，具有丰富的表达能力；其缺点是模型相对比较复杂。

5. 对象关系模型（ORDBM）

对象关系数据模型是面向对象数据模型和关系数据模型相结合的产物，它保持了关系数据模型的非过程化数据存储方式和数据独立性，集成了关系模型的已有特点，支持原有的数据模型，又能支持 OO 模型和对象管理。对象关系数据模型是一种新型的数据模型，目前许多数据库管理系统都支持它。

对象关系数据模型用表格表示数据。表格包括关系表和对象表两种。关系表属于关系模型，关系的属性对应于表的列，关系的元祖对应于表的行，关系模型不支持方法。对象表属于面向对象的数据模型，支持面向对象的基本功能，对象的类抽象对应子表，类的实例（对象）对应于表中的行，类的属性对应于表中的列，通过对象可调用方法。

对象表不再强调表的结构一定要满足关系范式，取消了许多应用的限制，扩展了关系模型的数据类型，增加了用户自定义数据类型，更加灵活方便。

8.3 数据库系统结构和组成

考查数据库系统的结构可以有多种不同的层次和多种不同的角度。从数据库管理系统角度看，数据库系统通常采用三级模式结构，是数据库系统内部的系统结构。从数据库最终用户角度看（数据库系统外部的体系结构），数据库系统的结构分为单用户结构、主从式结构、分布式结构、客户/服务器、浏览器/应用服务器/数据库服务器多层结构等。本节只介绍数据库系统的模式结构。

8.3.1 数据库系统的三级模式结构

模式（schema）是数据库中全体数据的逻辑结构和特征的描述，是型的描述，反映的是数据的结构及其联系，模式是相对稳定的。模式的一个具体值是实例（instance），反映数据库某一时刻的状态，同一个模式可以有很多实例，实例随数据库中的数据的更新而变动。

数据库系统的三级模式结构是指数据库系统由模式（schema）、外模式（external schema）、内模式（internal schema）三级构成。二级映像是指外模式/模式映像、模式/内模式映像，如图 8-3 所示。

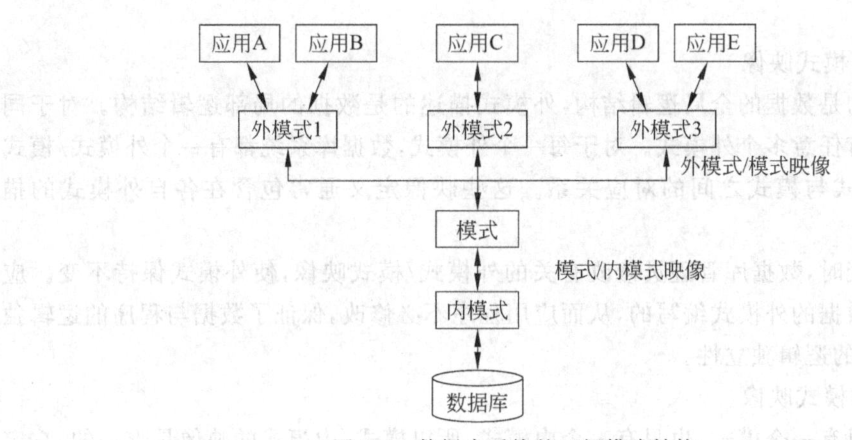

图 8-3 数据库系统的三级模式结构

1. 模式

模式也称逻辑模式，是数据库中全体数据的逻辑结构和特征的描述，是所有用户的公共数据视图，综合了所有用户的需求。

一个数据库只有一个模式，模式是数据库系统模式结构的中间层，与数据的物理存储细节和硬件环境无关，与具体的应用程序、开发工具及高级程序设计语言无关。

定义模式时不仅要定义数据的逻辑结构（数据项的名字、类型、取值范围等），而且要定义数据之间的联系，定义与数据有关的安全性、完整性要求。

2. 外模式

外模式也称子模式或用户模式，它是数据库用户（包括应用程序员和最终用户）使用的局部数据的逻辑结构和特征的描述，是数据库用户的数据视图，是与某一应用有关的数据的逻辑表示。

外模式介于模式与应用之间，外模式通常是模式的子集，模式与外模式的关系是一对多的关系。一个数据库可以有多个外模式，反映了不同的用户的应用需求、看待数据的方式、对数据保密的要求等方面的差异。模式中同一数据在外模式中的结构、类型、长度、保密级别等都可以不同；外模式与应用的关系是一对多的关系，同一外模式也可以为某一用户的多个应用系统所使用，但一个应用程序只能使用一个外模式。

外模式保证数据库安全性的一个有力措施是每个用户只能看见和访问所对应的外模式中的数据。

3. 内模式

内模式也称存储模式，一个数据库只有一个内模式。它是数据物理结构和存储方式的描述，是数据在数据库内部的表示方式。如记录的存储方式、索引的组织方式、数据是否压缩存储、数据是否加密、数据存储记录结构的规定等。

4. 数据的二级映像功能

三级模式是对数据的 3 个抽象级别，而二级映像在 DBMS 内部实现这 3 个抽象层次的联系和转换，正是这两层映像保证了数据库系统中的数据能够具有较高的逻辑独立性和物理独立性。

1）外模式/模式映像

模式描述的是数据的全局逻辑结构，外模式描述的是数据的局部逻辑结构。对于同一个模式可以有任意多个外模式。对于每一个外模式，数据库系统都有一个外模式/模式映像，定义外模式与模式之间的对应关系。这些映像定义通常包含在各自外模式的描述中。

当模式改变时，数据库管理员修改有关的外模式/模式映像，使外模式保持不变。应用程序是依据数据的外模式编写的，从而应用程序不必修改，保证了数据与程序的逻辑独立性，简称数据的逻辑独立性。

2）模式/内模式映像

数据库中只有一个模式，也只有一个内模式，所以模式/内模式的映像是唯一的，它定义了数据全局逻辑结构与存储结构之间的对应关系。该映像定义通常包含在模式描述中。当数据库的存储结构改变了（例如选用了另一种存储结构），数据库管理员修改模式/内模式映像，使模式保持不变，从而应用程序不受影响。保证了数据与程序的物理独立性，简称数据的物理独立性。

在数据库三级模式中，数据库模式即全局逻辑结构是数据库的中心与关键，它独立于数据库的其他层次。因此设计数据库模式结构时应首先确定数据库的逻辑模式。

数据库的内模式依赖于它的全局逻辑结构，但独立于数据库的用户视图，即外模式也独立于具体的存储设备。它是将全局逻辑结构中所定义的数据结构及其联系按照一定的物理存储策略进行组织，以达到较好的时间与空间效率。

数据库的外模式面向具体的应用程序，定义在逻辑模式之上，但独立于存储模式和存储设备。当应用需求发生较大变化，相应外模式不能满足其视图要求时，该外模式就得做相应改动，所以设计外模式时应充分考虑到应用的扩充性。

特定的应用程序是在外模式描述的数据结构上编制的，它依赖于特定的外模式，与数据库的模式和存储结构独立。不同的应用程序有时可以共用同一个外模式。数据库的二级映像保证了数据库外模式的稳定性，从底层保证了应用程序的稳定性，除非应用需求本身发生变化，否则应用程序一般不需要修改。

数据与程序之间的独立性使得数据的定义和描述可以从应用程序中分离出去。另外，由于数据的存取由 DBMS 管理，用户不必考虑存取路径等细节，从而简化了应用程序的编制，大大减少了应用程序的维护和修改。

8.3.2 数据库系统组成

数据库系统一般由以下部分构成。

1. 硬件平台及数据库

由于数据库系统数据量一般都很大，加之 DBMS 丰富的功能使得其自身的规模也很大，因此对整个数据库系统对硬件资源提出了较高的要求，这些要求如下：

(1) 要有足够大的内存存放操作系统、DBMS 的核心模块、数据缓冲区和应用程序。

(2) 要有足够大的外存磁盘或磁盘阵列等设备存放数据库，有足够的磁带(或光盘)做数据备份。

(3) 要有较高的通道能力，提高数据传送率。

2. 软件

数据库系统的软件包括如下几部分：

(1) DBMS。

(2) 支持 DBMS 运行的操作系统。

(3) 具有与数据库接口的高级语言及其编译系统，便于开发应用程序。

(4) 以 DBMS 为核心的应用开发工具。

(5) 为特定应用环境开发的数据库应用系统。

3. 人员

开发、管理和使用数据库系统的人员主要有以下几类：

(1) 数据库管理员，负责全面管理和控制数据库系统。

(2) 系统分析员，负责应用系统的需求分析和规格说明，要和用户和系统 DBA 相结合，确定系统的硬件软件配置，并参与数据库系统的概要设计。

(3) 数据库设计人员，负责数据库中数据的确定，数据库各级模式的设计。

(4) 应用程序员，负责设计和编写应用系统的程序模块，并进行调试和安装。

(5) 用户，可以分为偶然用户、简单用户和复杂用户。

8.4 常用关系数据库管理系统

随着计算机科学技术的不断发展，关系数据库管理系统也不断地发展进化，有简单、实用的 Access、FoxPro、Visual FoxPro 等小型数据库管理系统，也有功能强大的 Microsoft SQL Server、Oracle、DB2、Sybase 等大型数据库系统。本节就对这些常用的关系数据库系统做一简单的介绍。

8.4.1 Access 数据库管理系统

Access 是微软公司推出的基于 Windows 的桌面关系数据库管理系统（relational database management system，RDBMS），是 Office 系列办公软件中的产品之一。它提供了表、查询、窗体、报表、页、宏、模块 7 种用来建立数据库系统的对象；提供了多种向导、生成器、模板，把数据存储、数据查询、界面设计、报表生成等操作规范化；为建立功能完善的数据库管理系统提供了方便，这些功能使得没有编程经验的用户可以通过可视化的操作来完成绝大部分的数据库管理和开发工作。而对于数据库的开发人员，Access 提供了功能很强的编程语言 VBA（Visual Basic for application）以及全面开放的对象类型库，使得开发人员能够创建出高质量、高性能的桌面数据库管理系统。

Access 是 Microsoft Office 办公套件中的一个重要成员。自从 1992 年开始销售以来，Access 已经卖出了 6000 多万份，现在它已经成为世界上最流行的桌面数据库管理系统。与 SQL Server 2000，Oracle 相比，Access 使用更加简单易学，一个普通的计算机用户即可掌握并使用它，同时，Access 的功能也足以应付一般的小型数据库管理及处理需要。无论用户是要创建一个个人使用的独立的桌面数据库，还是部门或中小公司使用的数据库，在需要管理和共享数据时，都可以使用 Access 作为数据库平台来提高个人的工作效率。例如，可以使用 Access 处理公司的客户订单数据，管理自己的个人通讯录，记录和处理科研数据，等等。Access 只能在 Windows 系统下运行。

Access 的最大特点是界面友好、简单易用，与其他 Office 成员一样，极易被一般用户所接受。因此，在许多低端数据库应用程序中，经常使用 Access 作为数据库平台；在初次学习数据库系统时，很多用户也是从 Access 开始的。Access 的主要功能有：使用向导或自定义方法建立数据库，以及表的创建和编辑功能；定义表的结构和表之间的关系；图形化查询功能和标准查询；建立和编辑数据窗体；报表的创建、设计和输出；数据分析和管理功能；支持宏扩展（Macro）；ODBC 和 ADO 接口以及标准 SQL 支持。

8.4.2 Visual FoxPro

Visual FoxPro 也是一个关系型的数据库管理系统，是从 dBASE 的基础上逐步发展来的，它有很强的数据管理功能和灵活的程序设计功能。1992 年，美国的 Fox 软件公司推出了 FoxPro 2.5；1994 年，微软公司推出了 FoxPro 2.6；1995 年，微软公司推出了 Visual FoxPro 3.0，它是一个面向对象编程的可视化工具；1996 年，推出了 Visual FoxPro 5.0；当前比较流行的是 Visual FoxPro 6.0，它包含在 Visual Studio 6.0 套装软件中。

Visual FoxPro 与以前的数据库开发工具相比，有以下的功能特点：

(1) 支持面向对象的可视化编程技术。

(2) 具有友好的人机交互界面，用户不但可以输入命令，也可以使用系统提供的菜单或工具栏完成各项任务，极大地方便了用户的操作。

(3) 为用户快速创建各种数据库对象提供了方便。在 Visual FoxPro 中提供了很多向导，用户既可以手工创建各种对象，也可以在向导的提示下快速完成。

(4) 提供了多用户操作的功能。实现了与其他应用程序之间的数据共享。

Visual FoxPro 6.0 与以前的版本相比，又增加了以下的新特性：

(1) 完善了客户/服务器体系结构的数据库设计。

(2) 提供了更多、更实用的向导。

(3) 对 2000 年问题进行了处理。

8.4.3 SQL Server 数据库管理系统

SQL Server 是微软公司开发的大型关系型数据库管理系统，提供完整的数据库创建、开发、设计和管理功能，使用 Transaction-SQL 语言完成数据操作，可以在许多操作系统上运行，SQL Server 是开放式的系统，其他系统可以与其进行交互操作。

SQL Server 2000 提供了两种最基本的服务：SQL Server 服务(SQL server service)和 SQL Server 2000 分析服务(SQL server 2000 analysis service)，它们分别是性能卓越的数据库引擎和用于决策支持的数据分析工具，具有可靠性、可伸缩性、可用性、可管理性等特点。为用户提供完整的数据库解决方案。

SQL Server 数据库的特点如下：

(1) 高度可用性，借助日志传送、在线备份和故障群集，实现业务应用程序可用性的最大化目标。

(2) 可伸缩性，可将应用程序扩展至配备 32 个 CPU 和 64GB 系统内存的硬件解决方案。

(3) 安全性，借助于角色的安全特性和网络加密功能，确保应用程序能够在任何网络环境内各下均处于安全状态。

(4) 分布式分区视图，可在多个服务器之间针对工作负载进行分配，获得额外的可伸缩性。

(5) 索引化视图，通过存储查询结果并缩短响应时间的方式，从现有硬件设备中挖掘出系统性能。

(6) 虚拟接口系统局域网络，借助针对虚拟接口系统局域网络(VI SAN)的内部支持特性，改善系统整体性能表现。

(7) 复制特性,借助 SQL Server 实现与异类系统间的合并、事物处理与快照复制特性。

(8) 存文本搜索,可同时对结构化和非结构化数据进行使用与管理,并能够在 Microsoft Office 文档间执行搜索操作。

(9) 内容丰富的 XML 支持特性,通过使用 XML 的方式对后端系统与跨防火墙数据传输操作之间的集成处理过程实施简化。

(10) 与 Microsoft BizTalk Service 和 Microsoft Commerce Service 这两种.NET 企业服务器实现集成,SQL Service 可与其他 Microsoft 服务器产品高度集成,提供电子商务解决方案。

(11) 支持 Web 功能的分析特性,可对具有 Web 访问功能的远程联机进行分析处理(OLAP)多维数据集中的数据资料进行联机处理分析。

(12) Web 数据访问,在不需要进行额外编程工作的前提下,以快速的方式,借助 Web 数据实现与 SQL Server 数据库和 OLAP 多维数据集之间的网络连接。

(13) 应用程序托管,具备多实例支持特性,使硬件投资得以全面利用,以确保多个应用程序的梳理导出或在单一服务器上的稳定运行。

(14) 点击流分析,获得有关在线客户行为的深入理解,以制定出更加理想的业务决策。

8.4.4 Oracle 数据库管理系统

Oracle 是一个最早商品化的关系数据库管理系统,也是应用广泛、功能强大的数据库管理系统。Oracle 作为一个通用的数据库管理系统,不仅具有完整的数据管理功能,还是一个分布式数据库系统,支持各种分布式功能,特别是支持 Internet 应用。作为一个应用开发环境,Oracle 提供了一套界面友好、功能齐全的数据库开发工具。

Oracle 使用 PL/SQL 语言执行各种操作,系统可移植性好、使用方便、功能强,特别是支持面向对象的功能,如支持类、方法、属性等,使得 Oracle 产品成为一种对象/关系型数据库管理系统,可以说,Oracle 关系数据库系统是目前世界上最流行的关系数据库管理系统,适用于各种大、中、小、微型环境,是一种高效率、可靠性好、适应高吞吐量的数据库解决方案。

2007 年 7 月,甲骨文公司在美国纽约宣布 Oracle 11g,这是 Oracle 数据库的最新版本。新版 Oracle 数据库有 400 多项功能,特别是增强了 Oracle 数据库独特的数据库集群、数据中心自动化和工作量管理功能。可以在安全的、高度可用和可扩展的、由低成本服务器和存储设备组成的网络上满足最苛刻的交易处理、数据仓库和内存管理应用;可帮助企业满足服务级别协议的要求;可帮助客户利用备用数据库,以提高生产环境的性能,并保护生产环境免受到系统故障和大面积灾难的影响;具有极新的数据划分和压缩功能,可实现更经济的信息生命周期管理和存储管理,还具有一套完整的符合划分选项,可以实现以业务规则为导向的存储管理;可帮助管理员查询在过去某些时刻制定表格中的数据,以跟踪数据变化、实施审计并满足法则要求;可以轻松撤销错误交易以及任何相关交易;

并行备份和恢复功能、可改善非常大数据库的备份和存储性能;“热修补”功能使得不必关闭数据库就可以进行数据库修补,提高系统可用性。

Oracle 数据库有以下特点:

(1) 无范式要求,可根据实际系统需求构造数据库。

(2) 采用标准的 SQL 结构化查询语言。

(3) 具有丰富的开发工具,覆盖开发周期的各个阶段。

(4) 数据类型支持数字、字符及大至 2GB 的二进制数据,为数据库的面向对象存储提供数据支持。

(5) 具有第四代语言的开发工具(SQL * FORMSSOL * REPORTS,SQL * MENU 等)。

(6) 具有字符界面和图形界面,易于开发。Oracle 7 以后的版本具有面向对象的开发环境 CDE2。

(7) 通过 SQL * DBA 控制用户权限,提供数据保护功能,监控数据库的运行状态,调整数据缓冲区的大小。

(8) 分布优化查询功能。

(9) 具有数据同名、网络透明的特点,支持异种网络、异构数据库系统。并行处理采用动态数据分片技术。

(10) 支持 C/S 体系结构及混合的体系结构(集中式、分布式、C/S)。

(11) 实现了两阶段提交、多线索查询手段。

(12) 支持多种系统平台(Linux、HPUX、Sun/OS、OSF/1、VMS、Windows、OS/2)。

(13) 数据库安全保护措施:没有读锁,采用快照 SNAP 方式完全消除了分布式读写冲突。自动检测死锁冲突并解决。

(14) 数据安全级别为 C2 级(最高级)。

(15) 数据库内模支持多字节码制,支持多种语言文字编码。

(16) 具有面向制造系统的管理信息系统和财务应用系统。

(17) Oracle 服务器支持超过 10000 个用户。

新版 Oracle 数据库还增强了客户端高速缓存,提高应用速度的二进制 XML、XML 处理以及文件存储和检索等应用开发能力;独一无二的功能还可管理从传统业务信息到 XML 和三维空间信息的所有数据,是交易处理、数据仓库和内存管理应用的理想选择;其自动化管理功能有助于企业更方便、更经济地进行管理使用,是唯一具有网络计算功能的数据库。

8.4.5 DB2 数据库管理系统

DB2 是 IBM 公司的产品,是一个多媒体、Web 关系型数据库管理系统,其功能足以满足大中型公司的需要,并可灵活地服务于中小型电子商务解决方案。DB2 系统在企业级的应用中十分广泛,目前全球 DB2 系统用户超过 6000 万,分布于大约 40 万家公司。

1968 年,IBM 公司推出 IMS(information management system),它是层次数据库系

统的典型代表，是第一个大型的商用数据库管理系统。1970年，IBM公司的研究人员首次提出来数据库系统的关系模型，开创了数据库关系方法和管理数据理论的研究，为数据库技术奠定了基础。目前，IBM仍然是最大的数据库产品提供商(在大型机领域处于垄断地位)，财富100强企业中的100%和财富500强企业中的80%都是用了IBM的DB2数据库产品。DB2的另一个非常重要的优势在于给予DB2的成熟应用非常丰富，有众多的应用软件开发商围绕在IBM的周围。2001年，IBM公司兼并了世界排名第四的著名数据库公司Informix，并将其所拥有的先进特性融入DB2中，使得DB2系统的性能和功能有了进一步的提高。

DB2数据库系统采用多进程多线索体系结构，可以运行于多种操作系统之上，并分别根据相应平台环境作了调整和优化，以便能够达到较好的性能，DB2目前支持从PC到UNIX，从中小型机到大型机，从IBM到非IBM(HP及Sun UNIX系统等)的各种操作平台，可以在主机上依主/从方式对立运行，也可以在C/S环境中运行。其中，服务平台可以是OS/400、AIX、OS/2、HP-UNIX、Sun Solaris等操作系统，客户机平台可以是OS/2或Windows、DOS、AIX、HP-UX、Sun Solaris等操作系统。

DB2数据库系统的特色如下：

(1) 支持面向对象的编程，支持复杂的数据结构，如无结构的文本对象，可以对无结构的文本对象进行布尔匹配、最接近匹配和任意匹配等搜索，可以建立用户数据类型和用户自定义函数。

(2) 支持多媒体应用程序，支持大对象(BLOB)，允许在数据库中存取二进制大对象和文本大对象，其中，二进制大对象可以用来存储多媒体对象。

(3) 有强大的备份和恢复能力。

(4) 支持存储过程和触发器，用户可以在建表时定义负责的完整性规则。

(5) 支持标准SQL语言和ODBC、JDBC接口。

(6) 支持异构分布式数据库访问：具有与异种数据库相连的GATEWAY，便于进行数据库互访。

(7) 支持数据复制。

(8) 并行性较好：采用并行的、多节点的环境，数据库分区是数据库的一部分，包含自己的数据、索引、配置文件和事务日志。

8.4.6 Sybase系列

Sybase公司成立于1984年11月，产品研究和开发包括企业级数据库、数据复制和数据访问。主要产品有：Sybase的旗舰数据库产品Adaptive Serve Enterprise，Adaptive Service Replication，Adaptive Service Connect及异构数据库互联选件。Sybase ASE是其主要的数据库产品，可以在UNIX和Windows平台。有移动数据库产品Adaptive Service Anywhere。Sybase Warehouse Studio在客户分析、市场划分和财务规划方面提供了专门的解决方案。Warehouse Studio的核心产品有Adaptive Service IQ，其专利化的从底层设计的数据库存储技术能快速查询大量数据。围绕Adaptive Service IQ有一套完整的工具集,包括数据仓库或数据集市的设计、各种数据源的集成转换、信息的可视化分析以及关键客户数据(元数据)的管理。

Internet 应用方面的产品有中间层应用服务器以及强大的 RAD 开发工具 PowerBuilder 和业界领先的 4GL 工具。

Sybase 数据库系统的特点如下:

(1) 完全的 C/S 体系结构,能适应 OLTP(on-line transaction processing)要求,能满足数百个用户的高性能需求。

(2) 采用单进程多线索(single process and mult-threaded)技术进行查询,节省系统开销,提高了内存的利用率。

(3) 虚拟服务器体系结构与堆成多处理器(SMP)技术结合,充分发挥多 CPU 硬件平台的高性能。

(4) 数据库管理系统 DBA 可以在线调整监控数据库系统的性能。

(5) 提供日志与数据库的镜像,提高数据库容错能力。

(6) 支持计算机簇(cluster)环境下的快速故障切换。

(7) 通过存储和触发器(trigger)由服务器制约数据的完整性。

(8) 支持多种安全机制,可以对表、视图、存储过程和命令进行授权。

(9) 分布式事务处理采用 2PC(two phase commit)技术访问,支持 Image 和 Text 的数据类型,为工程数据库和多媒体应用提供了良好的基础。

8.5 结构化查询语言(SQL)概述

SQL(structured query language)即结构化查询语言,是关系数据库的标准语言,SQL 是一个通用的、功能极强的关系数据库语言,其功能不仅仅是查询。当前,几乎所有的关系数据库系统软件都支持 SQL,许多软件厂商对 SQL 基本命令集还进行了不同程度的扩充和修改,使其成为一种通用的国际标准数据库语言。本节将简单介绍 SQL 的产生、发展、特点和功能。

8.5.1 SQL 的产生与发展

1970 年,美国 IBM 研究中心的 E. F. Codd 连续发表多篇论文,提出关系模型。1972 年,IBM 公司开始研制实验型关系数据库管理系统 SYSTEM R,为其配制的查询语言称为 SQUARE(specifying queries as relational expression)语言,在该语言中使用了较多的数学符号;到了 1974 年,Boyee 和 Chamberlin 提出了 SQL 语言,并在 System R 上实现。这两个语言在本质上是相同的,但后者去掉了数学符号,采用英语单词表示和结构式的语法规则。由于 SQL 简单易学,功能丰富,深受用户及计算机业界欢迎,因此被数据库厂商所采用,纷纷研制关系数据库管理系统(例如:Oracle、DB2、Sybase 等)。经过各个公司的不断修改、完善和扩充,SQL 得到业界的认可。1986 年 10 月美国国家标准局

(American National Standard Institute,ANSI)的数据库委员会 X3H2 批准了 SQL 作为关系数据库语言的美国标准,同年公布了 SQL 标准文本(简称 SQL/86)。1987 年国际标准化组织(International Organization for Standardization,ISO)也通过了这一标准。

自 SQL 成为国际标准语言后,各个数据库厂商纷纷推出各自的 SQL 软件或于 SQL 的接口软件。这就使大多数数据库均用 SQL 作为共同的数据存取语言和标准接口,使不同数据库系统之间的互操作性有了共同的基础。SQL 已经成为数据库领域中的主流语言。

SQL 标准从 1986 年公布以来随着数据库技术的不断发展、不断丰富,SQL 标准的内容也越来越多,1986 年发布的 SQL/86 标准和 1989 年发布的 SQL/89 标准都是单个文档。到了 SQL/92(也称为 SQL2 标准)和 SQL/99(也称为 SQL3 标准)已经扩展为一系列开放的部分。SQL/99 合计超过 1700 页。SQL/92 除了 SQL 基本部分外还增加了 SQL 调用接口、SQL 永久存储模块。而 SQL/99 则进一步扩展为框架、SQL 基础部分、SQL 接口调用、SQL 永久存储模块、SQL 宿主语言绑定、SQL 外部数据的管理和 SQL 对象语言绑定等多个部分。

8.5.2 SQL 的特点

SQL之所以能够为用户和业界接受,并成为国际标准,是因为它是一个综合的、功能极强同时又简洁易学的语言。主要特点包括以下几点。

1. 综合统一

SQL 作为关系数据库标准语言,集数据定义语言(data definition language,DDL)、数据操纵语言(data manipulation language,DML)和数据控制语言(data control language,DCL)功能于一体,语言风格统一,可以独立完成数据库生命周期中的全部活动,具体如下:

(1) 定义关系模式,插入数据,建立数据库。

(2) 对数据库中的数据进行查询和更新。

(3) 数据库重构和维护。

(4) 数据库安全性、完整性控制。

这就为数据库应用系统的开发提供了良好的环境。特别是用户在数据库系统投入运行后,还可以根据需要随时地逐步地修改模式,并不影响数据库的运行,从而使系统具有良好的可扩展性。

另外,在关系模型中实体和实体间的联系均用关系表示,这种数据结构的单一性带来了数据操作符的统一性,查找、插入、删除、更新等每一种操作都只需要一种操作符,从而克服了非关系系统由于信息表示方式的多样化带来的操作复杂性。

2. 高度非过程化

非关系数据模型的数据操纵语言是“面向过程”的语言,用“过程化”语言完成某项请求,必须制定存取路径。而用 SQL 进行数据操作,只要提出“做什么”,而无须指明“怎么做”,因此无须了解存取路径。存取路径的选择以及 SQL 的操作过程由系统自动完成,这不但大大减轻了用户负担,而且有利于提高数据独立性。

3. 面向集合的操作方式

非关系数据模型采用面向记录的操作方式,操作对象是一条记录,例如查询所有成绩大于 80 分以上的学生姓名,用户就必须一条一条地把满足条件的学生记录找出来(通常需要说明具体处理过程,即按哪条路径、如何循环等)。而 SQL 采用集合操作方式,不仅操作对象、查找结果可以是元组的集合,而且一次插入、删除、更新操作的对象可以是元组的集合。

4. 以同一种语法结构提供多种使用方式

SQL 既是独立的语言,又是嵌入式语言。

作为独立的语言,它能够独立地用于联机交互的使用方式,用户可以在终端键盘上直接输入 SQL 命令对数据库进行操作;作为嵌入式语言,SQL 语句能够嵌入到高级语言(例如 C、C++、Java)程序中,供程序员设计程序时使用。而在这两种不同的使用方式下,SQL 的语法结构基本上是一致的。这种以统一的语法结构提供多种不同使用方式的做法提供了极大的灵活性与方便性。

5. 语言简洁,易学易用

SQL 功能极强,但由于设计巧妙,语言十分简洁,完成核心功能只用了 9 个动词,如表 8-1 所示。SQL 接近英语口语,因此容易学习,容易使用。

表 8-1 SQL 的动词

SQL 功能	动 词	SQL 功能	动 词
数据查询	SELECT	数据操纵	INSERT,UPDATE,DELETE
数据定义	CREATE,DROP,ALTER	数据控制	GRANT,REVOKE

8.5.3 SQL 的基本概念

支持 SQL 语言的 RDBMS 同样支持关系数据库三级模式结构,如图 8-4 所示,其中外模式对应于视图(view)和部分基本表(base table),模式对应于基本表,内模式对应于存储文件(stored file)。

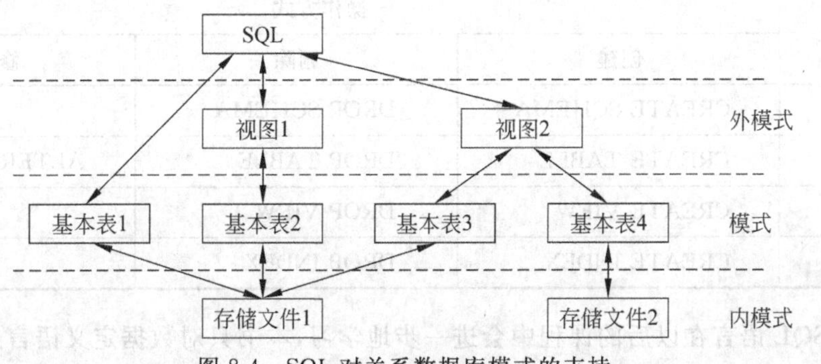

图 8-4 SQL 对关系数据库模式的支持

用户可以用 SQL 对基本表和视图进行查询或其他操作，基本表和视图一样，都是关系。

基本表是本身独立存在的表，在 SQL 中一个关系就对应一个基本表。一个(或多个)基本表对应一个存储文件，一个表可以带若干索引，索引也存储在存储文件中。

存储文件的逻辑结构组成了关系数据库的内模式，存储文件的物理结构是任意的，对用户透明。

视图是从一个或几个基本表导出的表。它本身不独立存储在数据库中，即数据库中只存放视图的定义而不存放视图对应的数据，这些数据仍存放在导出视图的基本表中，因此视图是一个虚表。视图在概念上与基本表等同，用户可以在视图上再定义视图。

8.5.4 SQL 的功能

由上节可知，SQL 语言功能丰富，集数据定义语言(DDL)、数据操纵语言(DML)和数据控制语言(DCL)功能于一体，本节通过学生—课程数据库作为一个例子来简单讲解 SQL 的数据定义、数据操纵、数据查询和数据控制等语句的应用。学生—课程数据库包括以下 3 个表，说明如下。

学生表：Student(<u>Sno</u>, Sname, Ssex, Sage, Sdept)；Student 为学生关系名(表名)；Sno, Sname, Ssex, Sage, Sdept 分别表示学生的学号、姓名、性别、年龄和所属的系别。

课程表：Course(<u>Cno</u>, Cname, Cpno, Ccredit)；Course 为课程关系名(表名)；Cno, Cname, Cpno, Ccredit 分别表示课程编号、课程名称、选修课程编号、学分。

学生选课表：SC(<u>Sno</u>, <u>Cno</u>, Grade)；SC 为选课关系；Sno, Cno, Grade 分别表示学号、课程号和成绩。

各个关系的主码加下划线表示。

1. SQL 数据定义语言介绍

关系数据库系统支持三级模式结构，其模式、外模式和内模式中的基本对象有表、视图和索引，因此 SQL 的数据定义功能包括模式定义、表定义、视图和索引的定义，如表 8-2 所示。

表 8-2 SQL 的数据定义语句

操作对象	操作方式		
	创建	删除	修改
模式	CREATE SCHEMA	DROP SCHEMA	
表	CREATE TABLE	DROP TABLE	ALTER TABLE
视图	CREATE VIEW	DROP VIEW	
索引	CREATE INDEX	DROP INDEX	

由于 SQL 语言在以后的课程中会进一步地学习，本书只对数据定义语言进行简单的介绍。以定义基本表为例，SQL 定义基本表一般形式如下。

```
CREATE TABLE <表名>
        (<列名><数据类型>[ <列级完整性约束条件>]
        [,<列名><数据类型>[ <列级完整性约束条件>] ] …
        [,<表级完整性约束条件>] ] );
```

1) SQL 提供了丰富的数据类型

SQL 数据类型很丰富的，如表 8-3 所示。

表 8-3 SQL 提供的基本数据类型

数据类型	含 义
CHAR(*n*)	长度为 *n* 的定长字符串
VARCHAR(*n*)	最大长度为 *n* 的变长字符串
INT	长整数(也可以写作 INTEGER)
SMALLINT	短整数
NUMERIC(*p*,*d*)	定点数，由 *p* 位数字(不包括符号、小数点)组成，小数后面有 *d* 位数字
REAL	取决于机器精度的浮点数
Double Precision	取决于机器精度的双精度浮点数
FLOAT(*n*)	浮点数，精度至少为 *n* 位数字
DATE	日期，包含年、月、日，格式为 YYYY-MM-DD
TIME	时间，包含一日的时、分、秒，格式为 HH:MM:SS

2) 完整性约束

关系数据库中，完整性约束一般包括主码子句(primary key)、检查子句(check)和外码子句(foreign key)。

列级完整性约束条件涉及表的一列，如对数据类型的约束、对数据格式的约束、对取值范围或集合的约束、对空值 NULL(空值、不知道或不能用的值)的约束、对取值的唯一性 UNIQUE 约束及对列的排序说明等。

表级完整性约束条件涉及表的一个或多个列，如选课关系中学号和课程号共同构成选课关系的主码。

如果完整性约束条件涉及该表的多个属性列，则必须定义在表级上，否则既可以定义在列级也可以定义在表级。

例 8-1 定义一个学生表，SQL 语句如下：

```
CREATE TABLE Student
        (Sno    CHAR(9) PRIMARY KEY,          /* 列级完整性约束条件 */
         Sname  CHAR(20) UNIQUE,              /* Sname 取唯一值 */
         Ssex    CHAR(2),
         Sage   SMALLINT,
         Sdept  CHAR(20)
        );
```

以上通过 SQL 定义语言的 CREATE TABLE 语句建立学生表 Student，学号是主码，姓名取值唯一。

2. SQL 数据操纵语言介绍

SQL 数据库操纵语言是通过对数据库对象的基本操作，如查询、插入、删除和修改来实现的。

1) 数据查询操作

数据查询语句是 SQL 的核心，是 SQL 数据操纵功能最重要的组成部分。在实际的应用中，用户用得最多的操作就是查询操作。SQL 查询操作语句的一般格式如下：

```
SELECT [ALL|DISTINCT] <目标列表达式>[,<目标列表达式>] …
FROM <表名或视图名>[, <表名或视图名>] …
[ WHERE <条件表达式>]
[ GROUP BY <列名 1>[ HAVING <条件表达式>] ]
[ ORDER BY <列名 2>[ ASC|DESC ] ];
```

语句说明如下。

(1) SELECT 子句：指定要显示的属性列。

(2) FROM 子句：指定查询对象(基本表或视图)。

(3) WHERE 子句：指定查询条件。

(4) GROUP BY 子句：对查询结果按指定列的值分组，该属性列值相等的元组为一个组。通常会在每组中作用集函数。

(5) HAVING 短语：筛选出只有满足指定条件的组。

(6) ORDER BY 子句：对查询结果表按指定列值的升序或降序排序。

例 8-2　查询选修了 2 号课程且成绩在 90 分以上的所有学生的学号、姓名和系别。SQL 语句如下：

```
SELECT Student.Sno, Sname
FROM   Student, SC
WHERE Student.Sno =SC.Sno AND SC.Cno='2' AND SC.Grade >90;
```

2) 数据更新操作

数据更新操作是 SQL 数据操纵功能的重要组成部分，包括数据的插入、删除和更新操作。

(1) 插入数据。SQL 的数据插入语句 INSERT 通常有两种形式。一种是插入一个元组，另一种是插入子查询结果。后者可以一次插入多个元组。以下简单描述将一个新元组插入基本表。

将新元组插入指定表中的语句格式如下：

```
INSERT
INTO <表名>[(<属性列 1>[,<属性列 2 >…)]
VALUES (<常量 1>[,<常量 2>]…;
```

语句说明如下。

① INTO 子句：属性列的顺序可与表定义中的顺序不一致，可以没有指定属性列，也可以只指定部分属性列。

② VALUES 子句：提供的值的个数和值的类型必须与 INTO 子句匹配。

例 8-3 将一个新学生元组(学号：200215128；姓名：陈冬；性别：男；所在系：IS；年龄：18 岁)插入 Student 表中。SQL 语句如下：

```
INSERT
INTO  Student (Sno,Sname,Ssex,Sdept,Sage)
VALUES ('200215128','陈冬','男','IS',18);
```

(2) 修改数据。修改操作又称为更新操作，其语句的一般格式如下：

```
UPDATE  <表名>
SET  <列名>=<表达式>[,<列名>=<表达式>]…
[WHERE <条件>];
```

语句的功能是修改指定表中满足 WHERE 子句条件的元组。

语句说明如下。

① SET 子句指定修改方式、要修改的列和修改后取值。

② WHERE 子句指定要修改的元组，如果默认表示要修改表中的所有元组。

例 8-4 将学生 200215121 的年龄改为 22 岁。SQL 语句如下：

```
UPDATE  Student
SET Sage=22
WHERE  Sno=' 200215121 ';
```

(3) 删除数据。删除语句的一般格式如下：

```
DELETE
FROM  <表名>
[WHERE <条件>];
```

语句的功能是删除指定表中满足 WHERE 子句条件的元组。如果默认则表示要删除表中的全部元组，但表的定义仍在字典中。

例 8-5 删除学号为 200215128 的学生记录。SQL 语句如下：

```
DELETE
FROM Student
WHERE Sno='200215128 ';
```

关系数据库管理系统在执行插入、删除、更新语句时必须保证数据库的一致性，检查所插元组是否破坏表上已定义的完整性规则。

3. SQL 数据控制语言介绍

大型数据库管理系统几乎都支持自主存取控制，目前的 SQL 标准也对自主存取控制提供支持，这主要是通过 SQL 的 GRANT 语言和 REVOKE 语句来实现的。

用户权限由两个要素组成：数据库对象和操作类型。定义一个用户的存取权限就是要定义这个用户可以在哪些数据库对象上进行哪些类型的操作。在数据库系统中，定义存取权限称为授权(authorization)。关系数据库系统中存取控制的对象不仅有数据本身(基本表中的数据，属性列上的数据)，还有数据库模式(包括数据库 SCHEMA、基本表 TABLE、视图 VIEW 和索引 INDEX 的创建)。

GRANT 语句的一般格式如下：

```
GRANT <权限>[,<权限>]…
[ON <对象类型><对象名>]
TO <用户>[,<用户>]…
[WITH GRANT OPTION];
```

语句的功能是将对指定操作对象的指定操作权限授予指定的用户。

(1) 发出 GRANT 的对象可以是 DBA、数据库对象创建者(即属主 Owner)或者拥有该权限的用户。

(2) 按受权限的用户可以是一个或多个具体用户，也可以是全体用户(以关键字 PUBLIC 表示)。

(3) WITH GRANT OPTION 子句制定权限是否可以传播。

(4) 权限不允许循环授权。

例 8-6 把查询 Student 表权限授给用户 U1，SQL 授权语句如下：

```
GRANT   SELECT
ON   TABLE   Student
TO   U1;
```

授予的权限可以由 DBA 或其他授权者用 REVOKE 语句收回，REVOKE 语句的一般格式为：

```
REVOKE <权限>[,<权限>]…
[ON <对象类型><对象名>]
FROM <用户>[,<用户>]…;
```

例 8-7 把用户 U4 修改学生学号的权限收回，SQL 语句如下：

```
REVOKE UPDATE(Sno)
ON TABLE Student
FROM U4;
```

8.6 数据库应用系统开发

在数据库领域内，通常把使用数据库的各类信息系统都统称为数据库应用系统。例如，以数据库为基础的各种管理信息系统、办公自动化系统、地理信息系统、电子政务系统、电子商务系统等都可以称为数据库应用系统。

数据库应用系统的设计是指对于一个给定的应用环境，构造(设计)优化的数据库逻辑模式和物理结构，并据此建立数据库及其应用系统，使之能够有效地存储和管理数据，满足各种用户的应用需求，包括信息管理要求和数据操作要求。系统设计的目标是为用户和各种应用系统提供一个信息基础设施和高效率的运行环境。高效率的运行环境包括的数据库数据的存取效率、数据库存取空间的利用率、数据库系统运行管理的效率等都是高的。

数据库应用系统的开发是指从数据库设计、实施到运行和维护的全过程，数据库应用系统的开发和一般的软件系统的设计、开发和运行与维护有许多相似之处，更有其自身的特点，本节将重点介绍数据库系统的开发方法和开发步骤。

8.6.1 数据库应用系统的开发方法

大型数据库的设计和开发是涉及多学科的综合性技术，又是一项庞大的工程项目，它要求从事数据库设计的专业人员具备多方面的技术和知识，主要包括以下几个方面：

(1) 计算机的基础知识。

(2) 软件工程的原理和方法。

(3) 程序设计的方法和技巧。

(4) 数据库的基础知识。

(5) 数据库设计技术。

(6) 应用领域的知识。

这样才能设计出符合具体领域要求的数据库及其应用系统。数据库应用系统的开发必须把结构(数据)设计和行为(处理)设计相互结合，也就是说，整个设计过程要把数据库结构设计和对数据的处理设计密切结合起来。数据库应用系统的开发方法主要有结构化开发方法、原型化开发方法和面向对象开发方法3种，下面分别介绍。

1. 结构化开发方法

结构化开发方法是指通过结构化分析、结构化设计和结构化编程来实现应用系统的功能。结构化分析方法一般是面向数据流自顶向下、逐步求精地进行分析，其步骤一般如下：

(1) 按照可行性研究后画好的数据流图，根据输出要求沿数据流图回溯，检验输出及运算所得到的信息是否满足输出要求。

(2) 请用户复查数据流图，是否满足用户的需求。

(3) 细化数据流图，把比较复杂的处理过程分解细化。

(4) 编写文档，进行复查和复审。

结构化设计又分为总体设计和详细设计。总体设计需要确定系统的具体实现方法和软件的具体结构，其步骤如下：

(1) 根据结构化分析的结果选择最佳的实现方案。

(2) 功能分解，确定系统由哪些功能模块构成，以及这些模块之间的相互关系。

(3) 设计软件结构，根据数据流图的类型(处理型、事务型)采用相应的映射方法，映射成相应的模块层次结构，并对其优化。

(4) 进行数据库设计，根据数据字典进行数据库的逻辑设计。

详细设计是借助程序流程图、N-S图或PAD图等详细设计工具描述实现具体功能的算法。

结构化编程采用结构化语言对详细设计所得的算法进行编码。

结构化方法开发步骤明确，结构化分析、结构化设计和结构化编码三者相辅相成，使得数据库应用系统开发的成功率大大提高，深受软件开发人员的青睐。

2. 原型化开发方法

产生原型化开发方法的原因很多，主要是随着系统开发经验的增多，软件开发人员发现并非所有的需求都能够预先定义，而反复修改是不可能的。当然，采用原型化开发方法还是因为开发工具的快速发展，可以让用户得知系统框架。实现原型化开发方法有两种途径：抛弃原型法和演化原型法。原型化开发方法适合用户业务不确定，需求经常变化的情况。当系统规模不是很大也不太复杂时，采用该方法比较好。

3. 面向对象开发方法

随着面向对象编程(OOP)、面向对象设计(OOD)和面向对象分析(OOA)的发展，形成了面向对象的软件开发方法。这是一种自底向上和自顶向下相互结合的方法，它以对象建模为基础，不仅考虑了输入、输出数据结构，实际上也包含了所有对象的数据结构。这种方法用面向对象的概念和术语来说明数据库结构，将其直接转换为面向对象的数据库。

数据库工作者一直在研究和开发数据库设计的工具。经过多年的努力，数据库设计工具已经实用化和产业化。例如，Designer 2000 和 PowerDesigner 分别是 Oracle 公司和 SyBase 公司推出的数据库设计工具软件，这些工具软件可以辅助设计人员完成数据库设计过程中的很多任务，目前已经普遍应用于大型数据库应用系统的设计中。

8.6.2 数据库应用系统的开发步骤

按照规范的设计方法，考虑数据库及其应用系统开发全过程，数据库应用系统的设计步骤一般分为6个阶段，如图8-5所示。

在数据库应用系统设计之前，必须选定参加设计的人，包括系统分析人员、数据库设计人员、应用开发人员(程序员和操作员)、数据库管理员和用户代表。

系统分析人员和数据库设计人员是系统设计的核心人员，自始至终参与数据库设计，他们的水平决定了数据库系统的质量。数据库管理员和用户也很重要，他们主要参加需求分析和数据库的运行和维护。应用开发人员主要负责编制程序和准备软硬件环境，他们主要在系统实施阶段参与进来。

在数据库的设计过程中，需求分析和概念结构设计可以独立于任何数据库管理系统而进行，逻辑设计和物理设计与选用的DBMS密切相关。如果所涉及的数据库应用系统比较复杂，还应该考虑是否需要使用数据库设计工具以来辅助进行设计，以提高数据库设计质量并减少设计工作量。

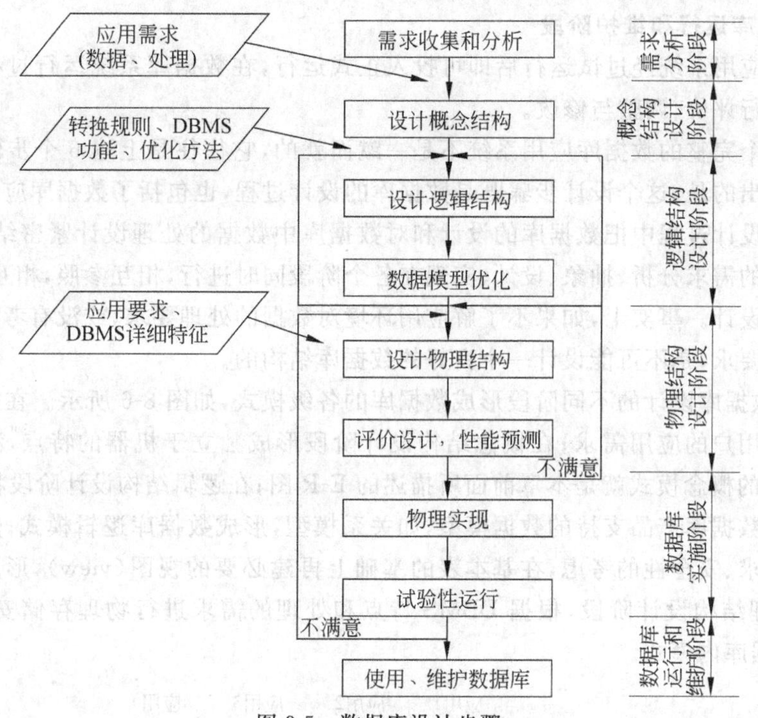

图 8-5　数据库设计步骤

1. 需求分析阶段

需求分析阶段是整个数据库设计的基础，是最困难、最耗费时间的一步，这个阶段的主要任务是准确了解与分析用户需求(包括数据与处理)。作为“地基”的需求分析是否做得充分与准确，决定了在其上构建数据库大厦的速度与质量。需求分析做得不好，甚至会导致整个数据库设计返工重做。

2. 概念结构设计阶段

概念结构设计是整个数据库设计的关键，通过对用户需求进行综合、归纳与抽象，形成一个独立于具体 DBMS 的概念模型。

3. 逻辑结构设计阶段

逻辑结构设计是将概念结构转换为某个 DBMS 所支持的数据模型并对其进行优化。

4. 物理结构设计阶段

物理结构设计是为逻辑数据模型选取一个最适合应用环境的物理结构(包括存储结构和存取方法)。

5. 数据库实施阶段

在数据库实施阶段，设计人员运用 DBMS 提供的数据库语言(如 SQL)及宿主语言，根据逻辑设计和物理设计的结果建立数据库、编制与调试应用程序、组织数据入库并进行试运行。

6. 数据库运行和维护阶段

数据库应用系统经过试运行后即可投入正式运行，在数据库系统运行过程中必须不断地对其进行评价、调整与修改。

设计一个完整的数据库应用系统不是一蹴而就的，它往往是上述 6 个步骤不断的反复。需要指出的是，这个设计步骤既是数据库的设计过程，也包括了数据库应用系统的设计过程。在设计过程中把数据库的设计和对数据库中数据的处理设计紧密结合起来，将这两个方面的需求分析、抽象、设计、实现在各个阶段同时进行，相互参照，相互补充，以完善两方面的设计。事实上，如果不了解应用环境对数据的处理要求，或没有考虑如何去实现这些处理要求，是不可能设计一个良好的数据库结构的。

其次，数据库设计的不同阶段形成数据库的各级模式，如图 8-6 所示。在需求分析阶段综合各个用户的应用需求；在概念结构设计阶段形成独立于机器的特点，独立于各个 DBMS 产品的概念模式就是本章前面所描述的 E-R 图；在逻辑结构设计阶段将 E-R 图转换成具体的数据库产品支持的数据模型，如关系模型，形成数据库逻辑模式；然后根据用户处理的要求、安全性的考虑，在基本表的基础上再建必要的视图(view)，形成数据的外模式；在物理结构设计阶段，根据 DBMS 特点和处理的需求进行物理存储安排，建立索引，形成数据库内模式。

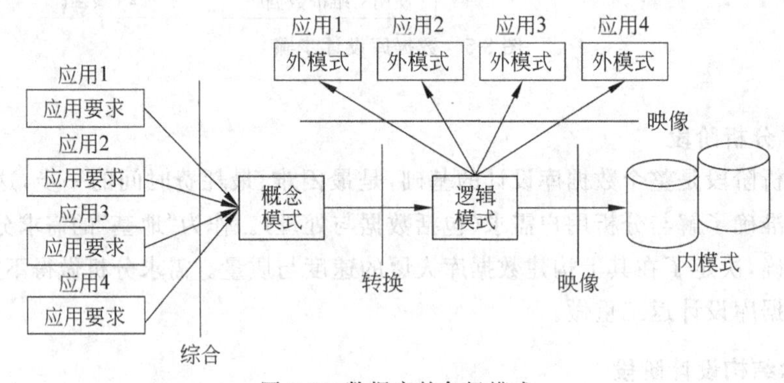

图 8-6 数据库的各级模式

8.7 数据库技术新发展

数据库技术是计算机科学技术中发展最快的领域之一，也是应用最广的技术之一，目前，它已经成为计算机信息系统与应用系统的核心技术和重要基础。本节主要介绍新一代数据库的特点和发展趋势。

8.7.1 新一代数据库系统

数据模型是数据库系统的核心和基础，第一代数据库系统指的是层次和网状数据库系统，可以说，层次数据库是数据库系统的先驱，而网状数据库则是数据库概念、方法、技术的奠基者，它们是数据库技术中研究得最早的两种数据库系统。

第二代的数据库系统是支持关系模型的关系数据库系统，关系模型不仅简单、清晰，而且有关系代数作为语言模型，有关系数据理论作为理论基础。因此，关系数据库系统具有形式化基础好、数据独立性强、数据库语言非过程化等特色。然而，关系模型虽然描述了现实世界数据的结构和一些重要的相互联系，但是仍不能捕捉和表达数据对象所具有的丰富而重要的语义，因此尚只能属于语法模型。

数据库技术是计算机科学技术中发展最快的领域之一，也是应用最广的技术之一，随着科学技术和发展和应用的需求，提出了新一代的数据库系统即第三代数据库系统。

新一代的数据库系统将以更丰富的数据模型和更强大的数据管理功能为特征，从而满足更加广泛、更加复杂的新应用需求。新一代数据库技术的研究导致了众多不同于第一代、第二代数据库的系统诞生，构成了当今数据库系统的大家族。

这些新一代数据库系统无论是基于扩展关系数据模型的(对象关系数据库)，还是面向 OO 模型的，是分布式、客户/服务器还是混合式体系结构的，是在 SMP 还是在 MPP 并行机上运行的并行数据库系统，乃至是用于某一领域(如工程、统计、GIS)的工程数据库、统计数据库、空间数据库等，都可以称为新一代的数据库系统。

尽管第三代数据库系统尚未成熟，但这并妨碍人们来讨论和研究什么样的数据库是第三代数据库。

1990 年，高级 DBMS 功能委员会发表了《第三代数据库系统宣言》的文章，提出第三代 DBMS 应具有的 3 个基本特征。

(1) 第三代数据库系统应支持数据管理、对象管理和知识管理。

除提供传统的数据管理服务外，第三代数据库管理系统支持更丰富的对象结构和规则，应该集数据管理、对象管理和知识管理为一体。

第三代数据库系统不能像第二代关系数据库管理系统一样有一个统一的关系模式，但是有一点是统一的，即无论该数据库系统支持何种复杂的、非传统的数据模型，它应该具有 OO 模型的基本特征。数据模型是划分数据库发展阶段的基本依据，因此第三代数据库系统应该是支持以面向对象数据模型为主要特征的数据库系统。但是，只支持 OO 模型的系统不能称为第三代数据库系统，第三代数据库系统应该具备其他特征。

(2) 第三代数据库系统必须保持或继承第二代数据库系统的技术。

也就是说，必须保持第二代数据库系统的非过程化数据存取方式和数据独立性，第三代数据库系统应该继承第二代数据库系统已有的技术。这不仅能很好地支持对象管理和规则管理，而且能更好地支持原有的数据管理。

(3) 第三代数据库系统必须对其他系统开放。

数据库系统的开放性表现在：支持数据库语言标准，在网络上支持标准网络协议，系统具有良好的可移植性、可连续性、可扩展性和可互操作性。

8.7.2 数据库系统发展特点

数据库系统的发展主要从数据模型的发展、新技术的发展和应用领域的发展 3 个方面来讨论。

1. 数据模型的发展

数据库的发展集中表现在数据模型的发展，从最初的层次、网状到关系模型，数据库技术产生了巨大的飞跃。

随着数据库应用领域的扩展，数据对象的多样化，人们提出并发展了许多新的模型，这些常识是沿着如下几个方面进行的：

(1) 对传统的关系模型 (1NF) 进行扩充，引入了少数构造器，称为复杂数据模型。

(2) 增加全新的数据构造器和数据处理语言，以表达复杂的结构和丰富的语义。

(3) 将语义数据模型和 OO 程序设计方法结合起来，提出了面向对象的数据模型。

(4) XML 数据模型。

2. 新技术的发展

数据库技术和其他学科的内容相结合是数据库技术的一个显著特征，随之也涌现出如图 8-7 所示的各种新型的数据库系统。

(1) 数据库技术与分布式处理技术相结合，出现了分布式数据库系统。

(2) 数据库技术与并行处理技术相结合，出现了并行数据库系统。

(3) 数据库技术与人工智能技术相结合，出现了知识库系统和主动数据库系统。

(4) 数据库技术与多媒体技术相结合，出现了多媒体数据库系统。

(5) 数据库技术与模糊技术相结合，出现了模糊数据库系统等。

(6) 数据库技术与移动通信技术相结合，出现了移动数据库系统等。

(7) 数据库技术与 Web 技术相结合，出现了 Web 数据库等。

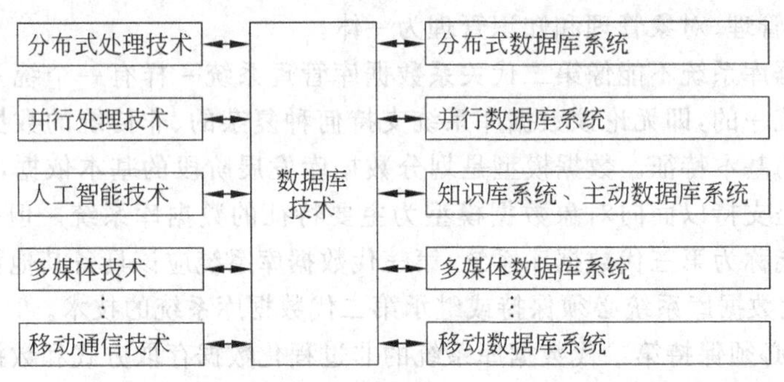

图 8-7　数据库技术与其他计算机技术的相互渗透

3. 应用领域的发展

数据库技术被应用到特定领域，出现了数据仓库、工程数据库、统计数据库、空间数据库、科学数据库等多种数据库，使数据库的应用范围不断扩大，如图 8-8 所示。

这些数据库系统都明显地带有某一领域应用需求的特征。这些数据库不仅为这些应用领域建立了可供使用的数据库系统，有的已实用化，而且为新一代的数据库技术的发展做出了贡献。

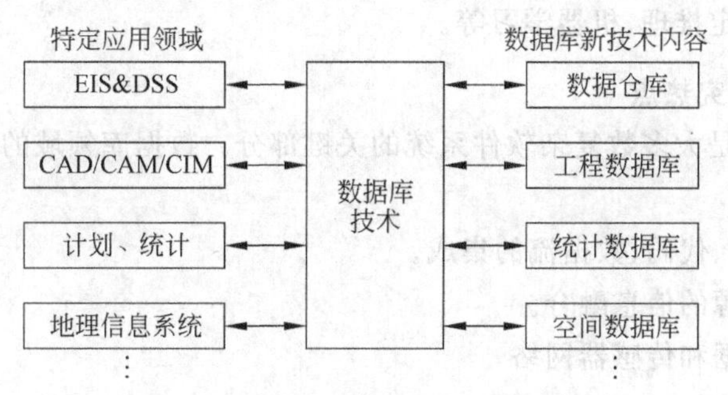

图 8-8　特定应用领域中的数据库技术

8.7.3　数据库系统发展趋势

为了更好地把握数据库技术的发展方向，国际上自身的数据库专家自 1988 年起每隔数年就聚集在一起，对数据库研究现状加以分析和评价，指出其存在的问题，提出未来值得关注的问题和研究领域。一般来说，数据、应用需求、计算机相关技术这 3 个因素是推动数据库技术发展的 3 个主要动力。专家分析了数据、应用需求和计算机相关技术的发展和变化。

1. 信息特征和来源的变化

数据库领域已经从获取、组织、存取、分析和恢复结构化数据扩展到文本、时间、空间、声音、图像、图形、视频等多媒体数据，HTML 教程，XML 等非结构化和半结构化数据，还有程序数据、流数据和队列数据等。

数据类型的多样化、处理这些数据方法的复杂化以及数据量越来越大是当前数据库面临的一个巨大的挑战。是在原来的 DBMS 系统中增加对复杂数据类型的存储和处理功能，将新的结构移植到传统的构架上，还是应该重新思考 DBMS 基本构架，是当前学术界要研究的问题。

2. 应用领域的变化

Internet 是当前应用领域的一个主要驱动力，在当前的环境下，应用已经从企业内部转换为企业之间的应用，需要 DBMS 对信息安全和信息集成提供有力的保障和支持。这些都对数据库技术的研究提出了一些新的挑战。

另一个重要应用领域是科学研究领域，如物理、生物、生命科学和生命工程。这些研究领域产生了大量复杂数据，需要比目前的数据库产品所能提供的更高级的支持，同时也需要信息集成机制。

3. 相关技术的发展

相关技术的发展是推动数据库技术发展的另一个动力，随着相关技术的日益成熟，例如数据挖掘技术，已经成为数据库系统中一个重要组成部分。Web 搜索引擎使得信息检索成了不可缺少的应用，这个检索技术也需要与经典的数据库技术相互结合；许多人工智能领域的研究也产生了能够与数据库技术相结合的技术，这些技术使得人们能够处理语音、自然语言、不确定推理、机器学习等。

4. 当前若干研究热点

信息管理仍然是大多数复杂软件系统的关键部分。数据库领域的研究热点包括以下几个方面：

(1) 文本,数据、代码、数据流的集成。

(2) 异构数据源的信息融合。

(3) 传感器数据和传感器网络。

(4) 多媒体查询。

(5) 不确定数据推理。

(6) 个性化信息服务和信息处理。

(7) 针对信息关联性的无人监督数据的挖掘技术。

(8) 可信系统与信息隐私。

(9) DBMS 的自适应、自管理和自修复。

(10) 新型用户界面。

(11) 数据的永久保存、永恒的查询优化。

(12) ……

这些热点问题的研究对数据库研究者来说是一次次的挑战,在继承数据库技术和其他相关技术相结合的优良传统的基础上,努力探索新的途径、新的方法、新的技术,来改善和提高对数据和信息的使用。

本章小结

本章概述了数据库的基本概念,介绍了数据库系统的发展历程,并简要说明了数据库系统的特点。数据模型是数据库系统的核心和基础,本章介绍了数据的概念模型和常用的一些逻辑模型,数据库系统的三级模式和二级映像的系统结构保证了数据库系统中能够具有较好的逻辑独立性和物理独立性;本章同时也介绍了数据库系统的组成,使读者了解到数据库系统不仅仅是个计算机系统,而是一个人机系统,人的作用尤其 DBA 的作用很重要。

本章对一些常用的关系数据库管理系统给出了简单的介绍,让读者对当前主流的关系数据库系统有一个初步的了解;其次,对功能强大的结构化查询语言——SQL 进行了介绍,同时也介绍了数据库应用系统的开发方法和开发步骤;最后,介绍了新一代数据库技术的发展趋势。

学习这一章应该把注意力放在掌握基本概念和基础知识方面,了解数据库的一些基本概念、发展历程,由于本章只对数据库系统进行了简单的介绍,在计算机本科教学计划中会有专门的课程进行更详细的介绍。由于导论的目的只是作为引导,明确方向,因此,希望同学们在后续的课程中认真学习。

习　题

一、简答题

1. 试述数据、数据库、数据库管理系统、数据库系统的概念。
2. 数据管理技术经历了哪几个阶段？各阶段的主要特点是什么？
3. 简述数据库系统的特点。
4. 简述数据模型的概念，描述常用的逻辑数据模型。
5. 什么是实体？实体之间有哪几种联系？
6. 什么是模式、内模式和外模式？如何实现模式之间的转换？
7. 数据库系统由哪几部分构成？
8. 简单描述几种常见的关系模型数据库，并指出其特点。
9. 简述 SQL 的产生和发展过程。
10. SQL 有何特点，都有哪些功能？
11. 常用的关系数据库系统有哪些？各有什么特点？
12. 简述数据库系统的开发方法。
13. 简述数据库系统的开发步骤。
14. 简述新一代数据库系统的特点和发展趋势。

二、综合应用题

已知学生数据库中包括 3 个表如下：

学生表：Student(Sno,Sname,Ssex,Sage,Sdept)，其中 Sno 为主码。

Sno：学号，Sname：姓名，Ssex：性别，Sage：年龄，Sdept：系。

课程表：Course(Cno,Cname,Cpno,Ccredit)，其中 Cno 为主码。

Cno：课程号，Cname：课程名称，Cpno：先修课程号，Ccredit：学分。

学生选课表：SC(Sno,Cno,Grade)，其中主码为(Sno,Cno)。

Sno：学号，Cno：课程号，Grade：成绩。

请用 SQL 语言完成下面 1～10 题。

1. 向学生表增加“入学时间(Sentrance)”列，数据类型为日期型(DATE)。
2. 为 SC 表按照学号升序和课程号降序建立唯一索引。
3. 查询信息系(‘IS’)年龄小于 20 岁的女生的姓名及其出生年份。
4. 查询年龄在 19～22 岁之间的所有学生信息。
5. 查询所有不姓刘的学生学号、姓名和年龄，并按年龄升序排序。
6. 查询所有有成绩的学生学号和课程号。
7. 查询每个学生的学号、姓名、选修的课程名称及其成绩。
8. 将一个新学生元组(学号：‘200715128’；姓名：‘张三’；性别：‘男’；年龄：20；所在系：‘IS’)插入 Student 表中。
9. 建立信息系(‘IS’)学生的视图。

10. 把对 Student 表的查询和插入权限授予张三，并允许将此权限再授予其他人。

三、设计题

设计一个图书馆数据库，此数据库中对每个借阅者保存读者记录，包括读者号、姓名、地址、性别、年龄、单位；对每本书的信息包括书号、书名、作者、出版社；对每本被借阅的书存有读者号、借出日期和应还日期。要求：画出 E-R 图，再将其转化为关系模型。

第9章 多媒体技术

多媒体技术的出现和发展使计算机不仅能够处理数字和文本信息，还能处理声音、图形、图像、动画、视频等多种媒体的信息。它大大拓展了计算机的应用领域和范围，并使计算机的信息以多种方式展现与表示出来(除文本外还可以有声音与动态图像)，同时使人-机交互变得更加直接。

本章将首先介绍多媒体信息的数字化，它是计算机能处理多媒体信息的前提。接着，将介绍多媒体信息压缩的原理及其国际标准。然后，将扼要介绍计算机中多媒体信息创作的工具与软件。最后，将介绍多媒体文档和多媒体网站的特点、描述与制作的语言。

9.1 多媒体的定义及其特点

多媒体的英文单词是 Multimedia，它由 multi 和 media 两部分组成。一般理解为多种媒体的综合。

多媒体技术不是各种信息媒体的简单复合，它是一种把文本(text)、图形(graphics)、图像(images)、动画(animation)和声音(sound)等形式的信息结合在一起，并通过计算机进行综合处理和控制，能支持完成一系列交互式操作的信息技术。多媒体技术的发展改变了计算机的使用领域，使计算机由办公室、实验室中的专用品变成了信息社会的普通工具，广泛应用于工业生产管理、学校教育、公共信息咨询、商业广告、军事指挥与训练，甚至家庭生活与娱乐等领域。

多媒体技术有以下几个主要特点：

(1) 集成性。能够对信息进行多通道统一获取、存储、组织与合成。

(2) 控制性。多媒体技术是以计算机为中心，综合处理和控制多媒体信息，并按人的要求以多种媒体形式表现出来，同时作用于人的多种感官。

(3) 交互性。交互性是多媒体应用有别于传统信息交流媒体的主要特点之一。传统信息交流媒体只能单向、被动地传播信息，而多媒体技术则可以实现人对信息的主动选择和控制。

(4) 非线性。多媒体技术的非线性特点将改变人们传统循序性的读写模式。以往人们读写方式大都采用章、节、页的框架，循序渐进地获取知识，而多媒体技术将借助超文本链接(hyper text link)的方法，以一种更灵活、更具变化的方式把内容呈现给读者。

(5) 实时性。当用户给出操作命令时，相应的多媒体信息都能够得到实时控制。

(6) 信息使用的方便性。用户可以按照自己的需要、兴趣、任务要求、偏爱和认知特点来使用信息，任取图、文、声等信息表现形式。

(7) 信息结构的动态性。“多媒体是一部永远读不完的书”，用户可以按照自己的目的和认知特征重新组织信息，增加、删除或修改节点，重新建立链。

从概念上准确地说，多媒体中的“媒体”应该是指一种表达某种信息内容的形式。同理可以知道，这里所指的多媒体应该是多种的信息的表达方式或者多种信息的类型。自然地，就可以用多媒体信息这个概念来表示包含文字信息、图形信息、图像信息和声音信息等不同信息类型的一种综合信息类型。

总之，由于信息最本质的概念是客观事物属性的表面特征，其表现方式是多种多样的，因此，较为准确而全面的多媒体定义就应该是指多种信息类型的综合。

这些媒体可以是图形、图像、声音、文字、视频、动画等信息表示形式，可以是显示器、扬声器、电视机等信息的展示设备，也可以是传递信息的光纤、电缆、电磁波等中介媒质，还可以是存储信息的磁盘、光盘、磁带等存储实体。

9.2　数字化信息的原理

世界上的多媒体信号是模拟的(analog)，即如图 9-1 所示在时间和幅度上是连续的。对于这种信号，数字计算机是不能处理的。因此，要想让数字计算机处理这些信号，需要先对这些信息数字化，即把模拟的信号转换为数字信号。转换成数字信号之后，数字计算机就好处理了。信号的数字划分为 3 个步骤：采样、量化和编码。下面来具体地说明这 3 个步骤。

1. 数据采样(sampling)

数据采样是每间隔一段时间对模拟信号进行采样。如果模拟信号用 $f(t)$来表示，采样后的信号为 $f(n)=f(n\Delta t)$，其中 Δt 为采样间隔。采样后的信号叫做离散信号(discrete signal)。这样，离散信号只在采样点上有值和定义，在两个采样点之间是没有定义的。离散信号如图 9-2 所示。

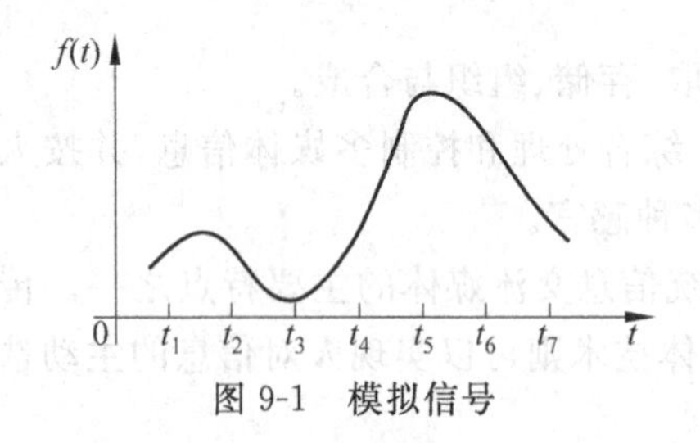

图 9-1　模拟信号

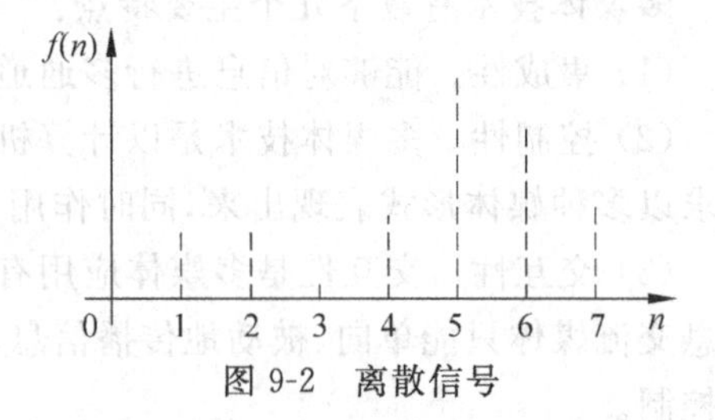

图 9-2　离散信号

直观上，如果采样间隔 Δt 越小，采样后的离散信号和原模拟信号越接近。另外，如果原模拟信号的变化比较快，所使用的采样间隔 Δt 应比较小，这样才能跟得上信号的变化。如果原模拟信号的变化比较慢，采样间隔可以取得比较大。实际上，在信号的采样领域内有一个香农(Shannon)提出的采样定理。Shannon 采样定理指出：采样频率 $f_s=\frac{1}{\Delta t}$必须大于或等于 2 倍的信号($f(t)$)的带宽 B_W。

对于数码录音笔，其数据采样是符合以上规律的。对于数码照相机，其数据采样是对二维模拟信号进行采样的，即$f(m,n)=f(m\Delta x,n\Delta y)$。这里，$\Delta x$ 和 Δy 分别是水平和垂直方向的采样间隔。对于数码摄像机，其数据采样是对三维模拟信号进行采样的，即$f(m,n,k)=f(m\Delta x,n\Delta y,k\Delta t)$。这里，$\Delta x$ 和 Δy 分别是水平、垂直方向的采样间隔，Δt 是时间域上的采样间隔，即每秒有 $f_s=\frac{1}{\Delta t}$帧。

2. 量化(quantization)

在进行了采样之后，得到了时间上离散的信号。但是，对于这样的信号，数字计算机还是不能处理的。因为受计算机字长的影响，数字计算机所能处理的数是有一定精度的，而离散信号的幅度是具有无限精度的。为此，要进行量化，把无限精度的数量化为有限精度的数。即对已在时间上离散的信号，在幅度上再对其离散化。这个过程类似于数学中的四舍五入。对于均匀量化，如果量化步长为 Δ，则幅度为 $f(n)$的信号将量化为：

$$\hat{f}(n)=\begin{cases}\Delta\cdot\arg[\min\limits_{m}|f(n)-m\Delta|] & -A<f(n)<A\\ A & f(n)\geqslant A\\ -A & f(n)\geqslant -A\end{cases}\tag{9-1}$$

这里，A 为量化后最大能表示的数，$-A$ 为量化后最小能表示的数。当离散信号的幅度 $f(n)$超过所能表示的最大值 A 时，量化后的值为 A。当离散信号的 $f(n)$幅度小于所能表示的最小值$-A$ 时，量化后的值为$-A$。当离散信号的幅度 $f(n)$位于$-A$ 与 A 之间时，找信号的幅度和各量化点 $O_m=m\Delta$(m 为整数)中最接近的量化点 O_i(O_i 和 $f(n)$的距离最近)。$f(n)$的量化后的值即 $i\Delta$。量化后的信号就是数字信号了，其在时间上是离散的，在幅度上也是离散的(因其只能取量化点上的值)。

对于数码录音笔，其量化过程是符合以上规律的。对于数码照相机和数码摄像机，也是对信号的幅度进行量化的。数码相机是对二维信号 $f(m,n)$的幅度进行量化，数码摄像机时对三维信号 $f(m,n,k)$的幅度进行量化。

对于数字信号，它有一个很大的优点，就是抗干扰性强。对数字信号，当噪声或干扰信号的值小于量化步长 Δ 时，这样的干扰可以轻而易举地通过再量化被去掉。而当这样的干扰或噪声叠加到模拟信号上时，一般情况下是很难去掉的。

3. 编码

经过采样和量化的信号就是数字信号 $\hat{f}(n)$($\hat{f}(n)$为整数)。由于数字计算机只能处理二进制的数，还需要对 $\hat{f}(n)$进行二进制化(binarization)，把这个数 $\hat{f}(n)$用一个二进制数来表示。这个二进制化的过程就叫做编码。最简单的编码方法是采用定长的二进制数来表示 $\hat{f}(n)$(对于负数可利用补码来表示)。例如：当 $\hat{f}(n)$只有 3 种可能性：0，1，2 时，可以用表 9-1 所示的编码方法来编码。即 $\hat{f}(n)=0$ 时，用 00 来编码；$\hat{f}(n)=1$ 时，用 01

来编码；$\hat{f}(n)=2$ 时，用 10 来编码。在 $\hat{f}(n)$ 所取各值的可能性相等或在进行四则运算时，这种编码方法是比较好的。但在 $\hat{f}(n)$ 所取各值的可能性不等和用于传输或保存时，这种编码方法就不是最优的。因此，将在本章的后面介绍性能比较好的霍夫曼编码方法。

表 9-1　对所举例子的定长的编码方案

符号	A	B	C	D
编码	00	01	10	11

9.3　多媒体信息的数据压缩方法

多媒体信息具有一个很显著的特点，就是其信息量特别大。例如：对于一个每秒有 30 帧，每帧内的采样点数为 1024×768，每个采样像素上的信息为 3 字节(B)(1B 表示红色，1B 表示绿色，1B 表示蓝色)的数码摄像机，在 1 秒(s)内的原始信息量为：

$$I_s = 30 \times 1024 \times 768 \times 3 \approx 70\text{MB} \tag{9-2}$$

在 1 小时(h)中，这个数码摄像机所产生的原始信息所占用的字节数为

$$I_h = I_s \times 60 \times 60 \approx 2.5 \times 10^{11} = 250\text{GB} \tag{9-3}$$

这样，一个两小时的高清电影的原始信息就会把硬盘都占满了。同时，如果这样的电影文件放在网上，即使利用每秒 10MB 的宽带网来下载，其下载时间需要 5.6 小时。即需要等待 5.6 小时才能下载完。那么如何才能很好地解决多媒体信息的信息量很大的问题？这就需要用到处理多媒体信息中的数据压缩技术。

1. 数据压缩原理

数据压缩分为有损压缩和无损压缩两种。在无损压缩中，原始的信息经压缩和解压缩后能无失真地还原。即 $D(E(I))=I$，这里 E 表示压缩，D 表示解压缩。在有损压缩中，原始的信息经压缩和解压缩后，不能无失真地得到原始信息。即 $D(E(I))\neq I$。

信息的压缩倍数可以用原始信息的比特数除以压缩后的比特数来衡量。即压缩倍数 C 可表示为：

$$C = \frac{L(I)}{L(E(I))} \tag{9-4}$$

这里，$L(x)$ 是 x 的比特数。一般来说，有损压缩的压缩倍数比无损压缩的压缩倍数要大。无损压缩应用于要求信息压缩后无失真的场合，有损压缩应用于允许信息有失真的场合。在观看电影时，是允许有些失真的。对于一些微小的失真，人眼是无法察觉出来的。或者，即使感觉上有些失真，但却是能够接受的。因此，对于高清电影，是先进行压缩，然后把压缩后的文件放在网上。客户要观看这些电影的话，可以先下载压缩后的网上电影的文件，然后利用一些工具软件(如 Windows Media Player 等)播放电影。这些工具软件在播放电影时是边解压缩边播放的。由于采用了现代数据压缩技术，原本 500GB 的数据压缩到 1GB 时，播放时依然具有较好的质量。另外，还有一种网上观看电影的方式，这种方

式叫流媒体方式。在这种方式下，可以边下载，边解压缩，边播放。即可不等下载好就马上观看电影。正是由于有了数据压缩技术，才使得流媒体成为可能。否则，由于数据量太大，流媒体方式下会因经常等待下载而播放得断断续续的，而不是流畅的。

2. 霍夫曼编码

对于数据压缩的原理，将先介绍霍夫曼编码的方法。霍夫曼编码是一种无损压缩的方法。其原理是对经常出现的符号使用短码（码的长度短），对不经常出现的符号使用长码，以使平均码长比较小，达到数据压缩的目的。下面以一个例子来说明霍夫曼编码。

假设当前有 4 个符号：A、B、C、D，它们在系统中出现的可能性分别为 $p(\mathrm{A})=0.6$、$p(\mathrm{B})=0.3$、$p(\mathrm{C})=0.05$、$p(\mathrm{D})=0.05$。若采用定长的普通编码的方案，每个符号需占用 2 个比特，一种可能的定长编码方案如表 9-1 所示。这时，由于所有的符号的编码的码长都为 2 个比特，编码后的平均码长为 2 个比特。

下面来看霍夫曼编码方案。在霍夫曼编码中，每次寻找出现概率（可能性）最小的两个符号，然后把这两个符号合并为一个新符号，新符号出现的概率为这两个符号出现概率之和。同时，指定编码“0”给其中的一个符号，编码“1”给另一个符号。重复以上过程，直至新符号的概率为 1。这时，每个符号所对应的霍夫曼编码即为这个符号从后向前所指定的编码序列。以上面的 4 个符号为例，霍夫曼编码首先把概率出现最小的两个符号 C 和 D 合并成一个新符号，这个符号出现的概率为 $p(\mathrm{C})+p(\mathrm{D})=0.05+0.05=0.1$。同时，指定“1”给 C，“0”给 D，这样可得到图 9-3。接着，把符号 B 和这个新符号合并，合并后的新符号的概率为 0.4，并指定“1”给符号 B，“0”给此前的新符号。这样，可得到图 9-4。然后，把符号 A 和刚才的新符号合并，并指定“1”给符号 A，“0”给刚才的新符号。这样，可得到图 9-5。根据图 9-5，可确定每个符号的霍夫曼编码。例如，对于符号 C，从前到后，对其指定了编码“1”，编码“0”，编码“0”，把这些编码按从后向前的顺序排列，得到符号 C 的霍夫曼编码为“001”。对于其他符号，按类似的规则确定其霍夫曼编码。这样，对这个例子的霍夫曼编码如表 9-2 所示。

A 0.6
B 0.3
C 0.05 “1”
“0” 0.1
D 0.05

图 9-3 霍夫曼编码过程的第一步

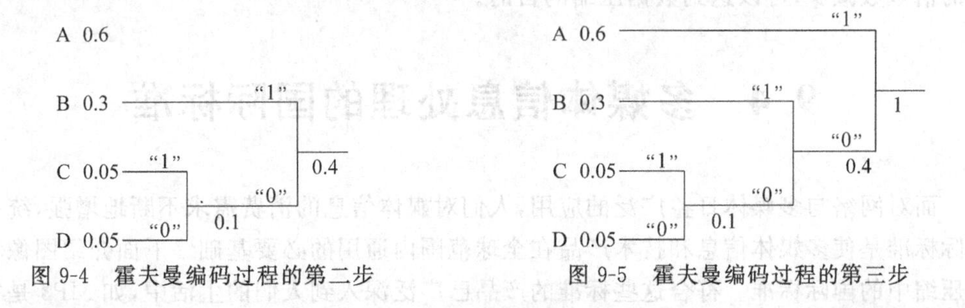

图 9-4 霍夫曼编码过程的第二步　　图 9-5 霍夫曼编码过程的第三步

表 9-2 对所举例子的霍夫曼编码

符号	A	B	C	D
霍夫曼编码	1	01	001	000

下面计算霍夫曼编码后的平均码长。平均码长的计算公式为

$$\bar{n} = \sum_{i} p(\mathrm{S}_i) \times l(\mathrm{S}_i) \tag{9-5}$$

其中，$p(\mathrm{S}_i)$为符号 S_i 出现的概率，$l(\mathrm{S}_i)$为符号 S_i 霍夫曼编码后的长度。这样，对于以上这个例子的霍夫曼编码后的平均码长为

$$\begin{aligned}\bar{n} &= 1 \times p(\mathrm{A}) + 2 \times p(\mathrm{B}) + 3 \times p(\mathrm{C}) + 3 \times p(\mathrm{D}) \\ &= 1 \times 0.6 + 2 \times 0.3 + 3 \times 0.05 + 3 \times 0.05 \\ &= 1.5\end{aligned} \tag{9-6}$$

即经过霍夫曼编码后，平均每个符号占 1.5 个比特。而不采用霍夫曼编码，用定长编码时，平均每个符号占 2 个比特。因此，利用霍夫曼编码达到了数据压缩的目的。其压缩率为

$$C = \frac{2}{1.5} \approx 1.3 \tag{9-7}$$

下面简单地介绍其他的一些数据压缩方法。

3. 游程编码

对于连续出现很多同样符号的序列，可以用游程编码对其进行压缩。如序列"000000000"可表示为符号(9,0)。这个符号中的"9"表示游程长度(序列中相同符号的个数)，"0"表示出现的符号值。

4. 预测编码

通常信息的前后符号间存在相关性。可以利用此相关性来达到数据压缩的目的。预测编码就利用这一思想，用前面的符号来预测当前的符号，然后仅对预测值和当前符号之间的差值进行编码。由于此差值一般比较小，因此仅需少量的比特数就可表示了。

5. 变换编码

对于变换编码，先对输入信号做一个变换。一般来说，这些变换能达到能量集中的效果。这样，变换后的信号仅在很少的位置上信号值较大，其余位置上信号值接近于 0。这时，可以仅对信号值较大的位置上的信号进行编码，对其余位置上的信号不编码。由于编码的信号数减少，可以达到数据压缩的目的。

9.4 多媒体信息处理的国际标准

面对网络与多媒体日益广泛的应用，人们对媒体信息的消费需求不断地增强，统一的国际标准是使多媒体信息和技术产品在全球范围内通用的必要基础。下面介绍图像和视频压缩中的国际标准。符合这些标准的产品已广泛深入到人们的生活中，如 MP3 是符合 MPEG-1 标准中的音频压缩的第三层，CD 是符合 MPEG-1 标准的，DVD、数字电视和高清晰度电视是符合 MPEG-2 标准的。最新的国际视频压缩标准 MPEG-4 和 H.264 在性能上优于以前的压缩标准，有取代以前的标准的趋势。在 MPEG-4 中，首次提出了基于对象的编码，在一个视频场景中的不同物体可以有不同的压缩后的码率。H.264 标准在压

缩率的性能方面是迄今为止所有视频压缩标准中最好的。

9.4.1 MPEG 系列标准

从 MPEG 系列标准的演进过程来看,MPEG 系列标准的产生最初是由于人们实现多媒体通信的需求,使得多媒体数据的有效压缩和适当处理成为该领域的关键问题。MPEG 系列标准包括 MPEG-1、MPEG-2、MPEG-4、MPEG-7 和 MPEG-21。MPEG-1 和 MPEG-2 提供了压缩视频音频的编码表示方式,为 VCD、DVD、数字电视等产业的发展打下了基础。MPEG-4 通过本身的特性将音视频业务延伸到更多的领域,其特性包括可扩展的码率范围、可分级性、差错复原功能、在同一场景中对不同类型对象的无缝合成、实现内容的交互等。MPEG-4 采用了基于对象的编码方法,使压缩比和编码效率得到了显著的提高。继 MPEG-4 之后,视频压缩标准要解决的问题是对日渐庞大的图像、声音信息的有效管理和迅速搜索,针对该问题 MPEG 提出了解决方案 MPEG-7,它采用标准化技术对多媒体内容进行描述和检索。随着 MPEG-7 的出现,在互操作方式下用户与网络之间方便地交换多媒体信息成为现实。MPEG-21 的重点是为从多媒体内容发布到消费所涉及的所有标准建立一个基础体系,支持连接全球网络的各种设备透明地访问各种多媒体资源。目前,MPEG 系列国际标准已经成为影响最大的多媒体技术标准,对数字电视、视听消费电子产品、多媒体通信产业产生了深远影响。MPEG 中的系列标准是在市场需求的驱动下提出并发展起来的,它成功地将商业需求转化为技术规范,整个系列标准随着视频通信需求的变化而不断发展。

1. MPEG-1

MPEG-1(ISO/IEC 11172)标准于 1993 年正式推出。MPEG-1 是用于压缩后的码率高至 1.5Mbps 的数字媒体的活动图像及其伴音的压缩编码标准,包括系统、视频、音频、一致性和参考软件 5 个部分。MPEG-1 为了满足用户的应用需求,具有随机存取、快速正向/逆向搜索、逆向重播、视听同步、容错性等功能。

2. MPEG-2

MPEG-2(ISO/IEC 13818)标准于 1994 年正式推出,主要用于高清晰度视频及其音频的编码。MPEG-2 解决了 MPEG-1 不能满足的日益增长的多媒体应用对分辨率和传输率的要求,支持固定比特率传送、可变比特率传送、随机访问、分级编码、比特流编辑等功能。MPEG-2 能够提供广播级的视像和 CD 级的音质。

MPEG-2 主要用于数字存储媒体、高清晰度电视和数字视频广播等领域。从技术角度看,MPEG-2 和 MPEG-1 在细节上存在着一些差别,MPEG-2 可以说是 MPEG-1 的超集,在 MPEG-1 的基础上附加了一些特征帧格式和编码选项。MPEG-2 音频与 MPEG-1 差别不大,其优于 MPEG-1 的地方主要体现在视频方面:设置了"按帧编码"和"按场编码"两种模式;在 MPEG-2 中,亮度信号与色度信号的比例由 MPEG-1 的 4:2:0 扩展为 4:2:2 或 4:4:4;规定了 4 种图像预测和运动补偿方式;视频编码采用了分级编码技术,按类别的不同分为 5 种档次和 4 个不同的等级。

3. MPEG-4

1999 年 1 月 MPEG-4(ISO/IEC 14496)第 1 版正式公布,1999 年 12 月第 2 版公布。标准中规定适应的 3 段比特率范围分别为低于 64Kbps,64～384Kbps,384Kbps～4Mbps。MPEG-4 标准是一个适合多种多媒体应用的视听对象编码标准,它定义了一种框架而不是具体的算法,使视频产品具备更大的灵活性和可扩展性。MPEG-4 采用基于对象的方式,通过对不同的视听对象(自然的或合成的)独立进行编码实现较高的压缩效率,同时可实现基于内容的交互功能,满足了多媒体应用中人机交互的需求。设备厂商在应用 MPEG-4 标准进行产品研发时,可根据应用领域的不同适当选择标准工具的子集。

MPEG-4 标准与 MPEG-1 和 MPEG-2 标准最根本的区别在于 MPEG-4 采用基于对象的方法,可以支持基于对象的互操作性。为适应通用访问,MPEG-4 标准中加入了面向功能的传送机制,其中的错误鲁棒性、错误恢复的处理和速率控制等功能使编码能适应不同信道的带宽要求。MPEG-4 编码系统是开放性质的,可随时加入新的编码算法模块,可根据不同的应用需求,现场配置解码器。

MPEG-4 标准的开发目标是实现多媒体业务在各个领域的应用,涉及面非常广泛,不同的应用对应的码率、分辨率、质量和服务也不同。目前基于 MPEG-4 标准的应用有数字电视、实时多媒体监控、视频会议、低比特率下的移动多媒体通信、PSTN 网上传输的可视电话等。

4. MPEG-7

MPEG-7(ISO/IEC 15938)一般称为多媒体内容描述接口,侧重于媒体数据的信息编码表达,是一套可用于描述多种类型的多媒体信息的标准。MPEG-7 定义了一个关于内容描述方式的可互操作的框架,它超越了传统的元数据概念,具有描述从低级(low-level)元素信号特征,如颜色、形状、声音特质到关于内容搜集的高级结构信息的能力。MPEG-7 通过定义的一组描述符与多媒体信息的内容本身相关联,支持用户快速有效地搜索其感兴趣的信息。通过给携有 MPEG-7 数据的多媒体信息加上索引,用户就可方便地进行信息检索了。

MPEG-7 使多媒体信息查询更加智能化,它对多媒体内容进行描述的功能对现有的 MPEG-1、MPEG-2、MPEG-4 标准将起到功能扩展的作用。MPEG-7 的应用可以分成三大类:第一类是索引和检索类应用;第二类是选择和过滤类应用,可以帮助使用者只接受符合需要的信息服务数据;第三类是与 MPEG-7 中"元(meta)"内容表达有关的专业化应用。

MPEG-7 目前已经实现了包括数字图书馆、广播媒体选择、多媒体目录服务、多媒体编辑、远程教育、医疗服务、电子商务、家庭娱乐等,涉及教育、新闻工作、旅游、娱乐、地理信息系统、医疗应用、商业、建筑等诸多领域的应用。

5. MPEG-21

由于多媒体内容的处理涉及许多不同的平台,关系到数字资产权利保护等诸多问题,所以虽然目前用于多媒体内容的传输和使用的许多标准都已存在,但想要建立一个统一的完整体系还有很多问题需解决。为了将不同的协议、标准和技术结合在一起,使得用户可以在现有的各种网络和设备上透明地使用多媒体内容,实现互操作(interoperability),

需要建立一个开放的多媒体框架，所以出现了 MPEG-21 标准。

MPEG-21 标准（ ISO/IEC 21000 ）的正式名称是多媒体框架，其制定工作于 2000 年 6 月开始。MPEG-21 将创建一个开放的多媒体传输和消费的框架，通过将不同的协议、标准和技术结合在一起，使用户可以通过现有的各种网络和设备透明地使用网络上的多媒体资源。MPEG-21 中的用户可以是任何个人、团体、组织、公司、政府和其他主体，在 MPEG-21 中，用户在数字项的使用上拥有自己的权力，包括用户出版/发行内容的保护、用户的使用权和用户隐私权等。

MPEG-21 包括 7 个基本要素：数字项声明(digital item declaration)、数字项识别和描述、内容处理和使用、知识产权管理和保护、终端和网络、内容表示、事件报告。数字项是 MPEG-21 框架中的基本单元，它由资源、原数据(metadata)和结构共同组成，是一个带有标准化的结构化数字对象。要素中的资源包括采用 MPEG-1、MPEG-2、MPEG-4 标准的多媒体信息。通过数字项的定义，MPEG-21 集成了 MPEG 系列的其他标准，由此也可以看出，MPEG-21 是建立在其他标准的基础之上的。

MPEG-21 标准支持以下功能：内容创建，内容生产，内容分配、消费和使用、分组、内容识别和描述、知识产权管理和保护、用户权限、终端和网络资源提取、内容表示和事件报告等。该标准是从商业内容和与内容相关服务的前景等角度开发的，将同已有的其他 MPEG 系列标准等进行适当结合，从而使用户对视频、音频的处理更加方便和有效，最终为多媒体信息的用户在全球范围内提供透明而有效的视频通信应用环境。MPEG-21 的出台可以将现有的标准统一起来，消费者将可以自由使用音频、视频内容而不被不兼容的格式、编解码器、媒体数据类型及诸如此类的东西所干扰。

6. MPEG 应用

基于 MPEG-1 的影碟曾风云一时，其产品 VCD 早已得到广泛应用，它的图像质量和清晰度已被用户接受。然而，随着 MPEG-2 标准的出台，各个厂家都在追逐接近数字演播室标准 CCIR601 和 HDTV 中所需要的视频质量。DVD 的推出使 VCD 在市场的霸主地位动摇了，不久它将取代 VCD。由于一路 MPEG-2 码流中可以同时传输多套电视节目，用户可以根据喜好收看其中某一套节目，即视频点播(VOD)业务。数字机顶盒的推出也是成功运用 MPEG-2 标准的典型，它是广播业务走向全数字化的过渡产品。可以预计，DVD 和数字机顶盒在未来几年中将是百姓消费的主流。另外，由于 MPEG-2 标准的突出表现，使其在高清晰度电视的应用领域占有一席之地。MPEG-2 标准还可用于为有线电视网、电缆网络以及卫星直播提供广播级的数字视频(DVB)。如果说 MPEG-1 使得 VCD 取代了传统的录像带，而 MPEG-2 将使数字电视最终完全取代现有的模拟电视。

最新视频格式 MPEG-4 的应用举不胜举。例如，现在可以在家用 PC 上将 DVD 转换为 MPEG-4 格式，然后就可以在笔记本电脑上播放了(无须 DVD-ROM 驱动器)。音频信号能够以 MPEG-4 压缩通过 Internet 实现“音频点播”。这种数字音频传播之所以能够实现是因为它只需要约 16Kb/s 的宽带。这种情况与视频服务及 2D 或 3D 对象的动画相似，这些服务与动画能够以不同的数据率通过 Internet 同时进行传送。另外，MPEG-4 在以下方面的应用一直看好：数字电视制作与播出、动态图像、互联网、实时多媒体监控、低比特率下的移动多媒体通信、基于内容存储和检索多媒体系统、Internet/Intranet 上的视频流与可视游戏、基于面部表情模拟的虚拟会议、DVD上的交互多媒体应用、基于计算机网络的可视化合作实验室场景应用等。

MPEG-7的应用范围很广泛，既可应用于存储（在线或离线），也可用于流式应用（如广播，将模型加入Internet等），还可以在实时或非实时环境下应用，如数字图书馆（图像目录，音乐字典等）、多媒体名录服务（如黄页）、广播媒体选择（无线电信道、TV信道等）、多媒体编辑（个人电子新闻业务、媒体写作）等。另外，MPEG-7在教育、新闻、导游信息、娱乐、研究业务、地理信息系统、医学、购物、建筑等各方面均有较大的应用潜力。

9.4.2 JPEG系列标准

JPEG（joint photographic experts GROUP）是由国际标准组织（International Standardization Organization，ISO）和国际电话电报咨询委员会（Consultation Committee of the International Telephoneand Telegraph，CCITT）为静态图像所建立的第一个国际数字图像压缩标准，也是至今一直在使用的、应用最广的图像压缩标准。采用这个标准压缩格式的文件一般称为JPEG；此类文件的一般扩展名有*.jpeg、*.jfif、*.jpg或*.jpe，其中在主流平台最常见的是*.jpg。使用JPEG格式存储图像文件，其压缩比率可以高达100：1（JPEG格式可在10：1～20：1的比率下轻松地压缩文件，而图片质量不会下降得太多）。如果想压缩图像的存储空间，同时失真不多，这时可以选择用JPEG格式来保存图像。JPEG压缩技术用有损压缩方式去除冗余的图像数据，在获得极高的压缩率的同时能展现十分丰富生动的图像，换句话说，就是可以用较少的磁盘空间得到较好的图像品质。而且JPEG是一种很灵活的格式，具有调节图像质量的功能，允许用不同的压缩比例对文件进行压缩，支持多种压缩级别，压缩比率通常在10：1到40：1之间，压缩比越大，品质就越低；相反地，压缩比越小，品质就越好。例如可以把1.37Mb的BMP位图文件压缩至20.3KB。当然也可以在图像质量和文件尺寸之间找到平衡点。JPEG格式压缩的主要是高频信息，对色彩的信息保留较好，适用于互联网，可减少图像的传输时间，可以支持24bit真彩色，也普遍应用于需要连续色调的图像。

把某一图像文件转换为JPEG格式的图像的步骤如下：

(1) 用Windows自带的画图软件或其他图像处理软件（Photoshop）等打开图像。

(2) 在“文件”菜单下选择“另存为”命令。

(3) 在弹出的对话框中选择“保存类型”为JPEG。

(4) 给保存的文件取名并保存文件。

JPEG格式的应用非常广泛，特别是在网络和光盘读物上，都能找到它的身影。目前各类浏览器均支持JPEG这种图像格式，因为JPEG格式的文件尺寸较小，下载速度快。

JPEG标准的压缩步骤分为：①颜色转换，把三基色红、黄、蓝转换为亮度和色度信号；②DCT变换；③量化；④编码。

JPEG 2000作为JPEG的升级版，其压缩率比JPEG高约30%，同时支持有损和无损压缩。在JPEG 2000中，在JPEG中的DCT变换可被小波变换所取代。JPEG 2000格式有一个极其重要的特征在于它能实现渐进传输，即先传输图像的轮廓，然后逐步传输数据，不断提高图像质量，让图像由朦胧到清晰显示。此外，JPEG 2000 还支持所谓的"感兴趣区域"特性，可以任意指定影像上感兴趣区域的压缩质量，还可以选择指定的部分先解压缩。JPEG 2000 和 JPEG 相比优势明显，且向下兼容，因此可取代传统的 JPEG 格式。JPEG 2000 既可应用于传统的 JPEG 市场，如扫描仪、数码照相机等，又可应用于新兴领域，如网路传输、无线通信等。

虽然 JPEG 和 JPEG 2000 标准是应用于静态图像的压缩标准。但是，也有人把它们应用于动态的视频图像。这时，人们对动态图像中的每一帧图像应用 JPEG 进行压缩，并把这种压缩方式称为 M-JPEG。当然，这种方式的压缩性能是不如 MPEG 标准和 H.26x 系列标准的。

9.4.3 H.26x 系列标准

1. H.261

H.261 是最早出现的视频编码建议，目的是规范 ISDN 网上的会议电视和可视电话应用中的视频编码技术。它采用的算法结合了可减少时间冗余的帧间预测和可减少空间冗余的 DCT 变换的混合编码方法。和 ISDN 信道相匹配，其输出码率是 $p\times 64$Kb/s(p 为正整数)。p 取值较小时，只能传清晰度不太高的图像，适合面对面的电视电话；p 取值较大时(如 $p>6$)，可以传输清晰度较好的会议电视图像。可以说 H.261 标准是视频编码的经典之作，但是其逐渐被后来的标准 H.263 和 H.264 所取代。

2. H.263

H.263 是低码率图像压缩标准，在技术上是对 H.261 的改进和扩充，支持码率小于 64Kbps 的应用。但实质上 H.263 以及后来的 H.263+ 和 H.263++ 已发展成支持全码率应用的建议，从它支持众多的图像格式这一点就可看出，如 Sub-QCIF、QCIF、CIF、4CIF 甚至 16CIF 等格式。H.263 是 H.261 的发展，并将逐步在实际上取而代之，主要应用于通信方面，但 H.263 众多的可选的选项往往令使用者无所适从。

3. H.264

H.264 是 ITU-T(国际电信联盟)的 VCEG(视频编码专家组)和 ISO/IEC(国际标准化组织中的国际电工委员会)的 MPEG(活动图像编码专家组)的联合视频组(Joint Video Team，JVT)开发的一个新的数字视频编码标准。它既是 ITU-T 的 H.264，又是 ISO/IEC 的 MPEG-4 的第 10 部分。1998 年 1 月份开始草案征集，1999 年 9 月，完成第一个草案，2001 年 5 月制定了其测试模式 TML-8，2002 年 6 月的 JVT 第 5 次会议通过了 H.264 的 FCD 版。2003 年 3 月正式发布。

H.264 和以前的标准一样，也是预测编码加变换编码的混合编码模式。但它采用"回归基本"的简洁设计，不用众多的选项，获得比 H.263++ 好得多的压缩性能。同时，加强了对各种信道的适应能力，采用"网络友好"的结构和语法，有利于对误码和丢包的处理；应用目标范围较宽，以满足不同速率、不同解析度以及不同传输(存储)场合的需求；它的基本系统是开放的，使用无需版权。

在技术上，H.264标准中有多个闪光之处，如统一的VLC符号编码，高精度、多模式的运动估计，基于4×4块的整数变换、分层的编码语法等。这些措施使得H.264算法具有很的高编码效率，在相同的重建图像质量下，能够比H.263节约50%左右的码率。H.264的码流结构的网络适应性强，增加了差错恢复能力，能够很好地适应IP和无线网络的应用。

9.5 多媒体创作工具

1. 声音处理

在计算机中对于声音的处理分为WAVE和MIDI两大类。对于WAVE的处理，主要是针对录制的声音；而对于MIDI处理，主要是针对音乐创作。

1) WAVE处理

可以用Windows自带的录音程序或者其他录音软件来录制声音。然后，可以用一些声音的编辑软件对这些声音做一些处理。例如：可以去除声音中的噪声，去除不想要的声音片段，把几个声音文件混合在一起(混音，如人的演唱声音和音乐的混音等)，把一个声音文件的持续时间拉大一些或缩短一些，对声音文件进行滤波处理，进行声音文件格式的转换，等等。对声音处理的软件有很多，如Sound Recorder、Sound Forge、Wave for Windows、Gold Wave、Authorware、Cool Edit、Audition等。对于声音文件的格式，*.WAV、*.AIF、*.VOC是常见的没有压缩的声音的文件格式。*.mp3、*.mp4、*.rm是压缩过的声音的文件格式，其采用的压缩标准分别为MPEG-1的第三层、MPEG-4和Real Networks的压缩方法。

2) MIDI处理

MIDI软件可用于音乐创作。一般有两种不同创作方式的软件，即琴卷创作法和符号创作法。

(1) 音乐串连(sequencer)软件。一段剪辑好的音乐文件一般由活泼的、优美的、有力的等各种不同性质的音乐串连而成。对于音乐串连，常用的软件有Cakewalk for Windows、Master Tacks Pro 4、WinJammer等。Cakewalk for Windows是专业性技术性很强的音乐串连软件。Master Tacks Pro 4是界面友好、功能较强的音乐串连软件，兼有符号谱曲功能。WinJammer是廉价而功能简单的共享软件，可作操作尝试之用。

(2) 音乐创作(notation)软件。对于音乐创作，常用的软件有Finale、Encore、Music Prose等。Finale是纯专业且功能强大的符号法谱曲软件。Encore是功能强大且易用的符号法谱曲软件。Music Prose是大众化简明扼要的符号法谱曲软件。

2. 图像、图片处理

计算机的图像、图片处理主要为静态图像、图片的创作编辑和处理。例如：可以对图像进行裁剪，去除图像中的噪声，出除数码像片中的红眼(Red Eye)现象，把一幅图像的物体或前景提取出来放到另一幅图像上，提高图像的对比度，突出图像中的某些细节，对图像中的某些部分进行模糊处理，转换图像文件的格式，等等。前一阶段，在互联网上炒作的华南虎事件的照片就是用计算机的图像处理软件制作出来的照片，而不是真实拍摄的照片。它把动物园的华南虎的照片中的虎的部分放到了另一张野生环境的照片之上。照片的作者并没有拍到野生华南虎。图像、图片处理方面的计算机软件有 Photoshop、Photostyler、Fractal Design Painter 等。其中，Photoshop 是 Adobe 公司提供的可在 Macintosh 和 PC 双平台运行的卓越产品。Photoshop 在图像处理方面是举世闻名并且公认的超级大师。Photostyler 与 Photoshop 功能类似，但比 Photoshop 稍逊色一些。Fractal Design Painter 是 Fractal Design 公司奉献的奇妙的"画家"创作工具，可以说 Painter 确实名符其实。

对于图像文件的格式，*. BMP、*. GIF、*. TIFF、*. PCX、*. TGA、*. MMP 是没有经过压缩的图像文件格式。*. JPG、*. JPEG、*. JFIF、*. JPE 是经过 JPEG 标准压缩过的图像的格式。

3. 影像、动画处理

影像、动画处理为面向具有动态视频处理的一类软件，常用的有 Video for Windows、3D Studio、Premiere、Maya、Animator Pro、Typestry、会声会影(Ulead Video Studio)等。通过影像、动画处理软件可以进行动态图像及其所对应的声音的编辑，制作一些特殊效果等。其中，Video for Windows(简称 VFW)是 Microsoft 公司的产品，包括 Vidcap(视频捕捉)、VidEdit(视频编辑)和 Media Player(视频播放)三大功能。3D Studio 为出自 Autodesk 公司的三维动画制作软件产品。Premiere 为 Adobe 公司提供的产品，是创建视频文件的十分方便的软件工具，其生成的 AVI 文件在 Web、视频录象、VCD 刻制方面都有广泛的应用。Animator Pro 为 Autodesk 公司的早期二维(平面)动画制作软件产品。Typestry 是 Pixar 的产品，它的表现对象主要是文字，使文字产生动感，形成文字动画是其强项。

对于影像文件的格式，*. AVI 、*. AVS 是没有经过压缩的，*. mpg、*. mp4、*. 263、*. 264、*. rm 是压缩过的声音的文件格式，其采用的压缩标准分别为 MPEG-2、MPEG-4、H. 263、H. 264 和 Real Networks 的压缩方法。

4. 适合不同应用对象的多媒体开发与编著工具

下面列举多媒体开发工具的几种主要方式及其代表性软件包。

1) 描述语言方式

这是一种基于对象和事件处理过程的软件，如 Tool Book 和 Hypercard。描述性语言方式的软件包往往需要开发者花费大量时间熟悉一整套描述语言，对于急功近利者则像一种苦行僧式的磨难，但有志者尚能取得真经。

2) 流程图标驱动方式

这种方式的软件包采用类似程序流程图式的开发过程，其使用流程图标构造应用项目的总流程和分流程，乃至细化每一个动作。这方面的代表软件有 Authorware、Tour Guide、Icon Author。它们最大的优点在于，开发者几乎无需什么计算机背景知识，就可根据创作思路，用图标驱动产生效果挺专业的多媒体表现。它们也同时兼有演示性和交互性的应用特点。

此类产品的弱点是必须按照规定的条条框框去做，有时不得不束缚自己的手脚，尽管如此，它们仍为许多专业的或非专业的开发者所青睐。

3）时序驱动类

此类软件最显著的特点是按时序驱动场景演示，通过时间线窗口直观方便地控制场景及其对象，实现多媒体演示功能。这方面的软件有 Action 和 Director。

4）幻灯片类

幻灯片式开发工具借用了幻灯片的制作原理，令人激动的是无须真地去手工绘制幻灯膜片，一切均在计算机屏幕上进行。这类工具对制作广告演示、学术报告类的多媒体运用题材富有成效，可以将幻灯片定义为文字、图片、影像，按照幻灯播放形式进行演示，并可自如、精确地控制播放过程。这方面的软件有 Compel 和 PowerPoint。

5）编程类

具有编程基础的开发人员或许更喜欢这一类开发工具，在这里可以更深入地控制应用项目的每一个细节，即所谓更好地控制弹性。其开发出的软件更富于个性表现和展示项目特性，但随之带来的是开发周期的相对延长。这方面开发工具有 Visual Basic for Windows（简称 VB，使用 Basic 编程语言）、Delphi（使用 PASCAL 编程语言）、Visual C++ for Windows（简称 VC，使用 C 或 C++ 编程语言）。

9.6 多媒体网站

在本节中，将首先介绍多媒体文档的特点，接着将阐述多媒体网站的开发中会用到的多媒体网站的语言。

9.6.1 多媒体文档

多媒体文档是由多种媒体组成的文档。普通文档是以线性方式组合在一起的，而多媒体文档中的超媒体或超文本的方式下的文档的组合方式是非线性的，此时各种媒体之间是一个网状的链接结构。这种信息的组成方式和人对信息的联想方式是类似的。在此，相互关联的信息以网状的结构加以存储和记录。例如某人对“夏天”一词可能产生下面一系列的联想：夏天—游泳—海—鱼—吃饭—饭盒—餐具—银器—耳环……显然，这种相互关联的网状信息结构用传统的线性文本是无法记载与管理的，必须采用比传统文本更高一层次的基于超文本的信息管理技术。因此，超文本和超媒体是一种典型的数据库技术，是由节点和表达节点之间关系的链组成的网。每个节点都链接在其他节点上，用户可以对此信息网进行浏览、查询和注释等操作。超文本结构图如图 9-6 所示。

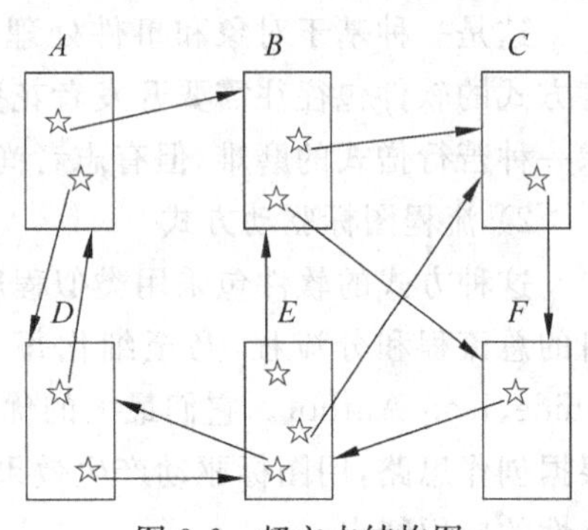

图 9-6　超文本结构图

在这里，超媒体与超文本之间的不同之处在于：超文本主要是以文字的形式表示信息，建立的链接关系主要是文本之间的链接关系。超媒体除了使用文本外，还使用声音、图形、图像、动画和视频片段等多种媒体信息来表示信息，建立的链接关系是文本、声音、图形、图像、动画和视频片段之间的链接关系。超文本与超媒体的文档由以下这些要素组成。

1. 节点

超文本和超媒体是由节点和链所构成的信息网络。节点是表达信息的单位，是围绕一个特殊主题组织起来的数据集合。节点的内容可是文本、图形、图像、动画、音频、视频等，也可以是一般计算机程序。

2. 链

超文本和超媒体中的链又称为超链，是节点间的信息联系，它以某种形式将一个节点与其他节点连接起来。由于超文本和超媒体没有规定链的规范与形式，因此，超文本与超媒体系统的链也是各异的，信息间的联系丰富多彩引起链的种类复杂多样。但最终达到效果却是一致的，即建立起节点之间的联系。在多媒体网站中，链是能进一步浏览其他信息的指示器(pointer)或链(anchor)。当鼠标放到超文本或超媒体的链上时，鼠标会变成手状。此时，单击左键会跳转到链所连接的网页上或出现一段链所连接的解释性文字。

3. 网络

超文本和超媒体是由节点和链构成的网络。它是一个有向图，这种有向图与人工智能中的语义网有类似之处。人工智能中的语义网是一种知识的表示方法，它也是一种有向图。

对于超文本和超媒体，其体系结构可分为如下3个层次：表现层——用户接口层；超文本抽象机层——节点和链；数据库层——存储、共享数据和网络访问。

超文本和超媒体在Internet上的应用有远程教育、商业应用、娱乐等。超文本传输协议的英文为hyper text transfer protocol (HTTP)。它为客户/服务器的通信方式提供了联络方式及信息传输格式。目前，在多媒体网站中广泛应用的超文本标记语言为hyper text markup language (HTML)。它是一种用户与程序都能理解的语言，是为文献提供表现界面与超文本链接的标记语言。其他在多媒体网站中应用的超文本和超媒体语言有SGML、XML和VRML。它们在超文本与超媒体领域内是正在发展中并有巨大潜力的技术。

9.6.2 多媒体网站语言

1. HTML、XHTML和DHTML

HTML是一种基本的Web网页设计语言。XHTML是基于XML的置标语言，看起来与HTML有些相像，只有一些小的但重要的区别，XHTML就是一个扮演着类似HTML角色的XML，所以，从本质上说，XHTML是一个过渡技术，结合了XML(有几分)的强大功能及HTML(大多数)的简单特性。

XHTML解决了部分HTML语言所存在的严重制约其发展的问题。HTML发展到今天存在3个主要缺点：①不能满足现在越多的网络设备和应用的需要，例如手机、PDA、信息家电都不能直接显示HTML；②HTML代码不规范、臃肿，浏览器需要足够智能和庞大才能够正确显示HTML；③数据与表现混杂，这样页面要改变显示就必须重新制作HTML。因此HTML需要发展才能解决这个问题，于是W3C(国际万维网联盟)又制定了XHTML，XHTML是HTML向XML过渡的一个桥梁。

XHTML是一种为适应XML而重新改造的HTML。当XML越来越成为一种趋势，就出现了这样一个问题：如果有了XML，是否依然需要HTML？为了回答这个问题，1998年5月W3C在旧金山开了两天的工作会议，会议的结论是：依然需要使用HTML。因为大量的人已经习惯使用HTML来作为他们的设计语言，而且，已经有数以百万计的页面是采用HTML来编写的。

DHTML是Dynamic HTML的缩写，意思就是动态的HTML。它并不是某一门独立的语言，事实上任何可以实现页面动态改变的方法都可以称为DHTML。JavaScript、DOM和DHTML是比较容易混淆的。通常，DHTML实际上是JavaScript、HTML DOM、CSS以及HTML/XHTML的结合应用。而HTML DOM和JavaScript则是分别独立的。DHTML可以让网页上的内容移动、变化、消失、出现……总之，DHTML一直被认为是网页设计中比较酷的语言。

2. JavaScript

为了使网页能够具有交互性，能够包含更多活跃的元素，就有必要在网页中嵌入其他技术，如JavaScript、VBScript、Document Object Model(文件目标模块)、Layers和Cascading Style Sheets(CSS)。JavaScript就是为适应动态网页制作的需要而诞生的一种新的编程语言，如今越来越广泛地使用于Internet网页制作上。JavaScript是一种解释性的，由Netscape公司开发的基于对象的脚本语言(an interpreted，object-based scripting language)，或者称为描述语言。在HTML基础上，使用JavaScript可以开发交互式Web网页。HTML网页在互动性方面能力较弱，例如下拉菜单，就是用户单击某一菜单项时，会自动出现该菜单项的所有子菜单，用纯HTML网页无法实现；又如验证HTML表单(form)提交信息的有效性，用户名不能为空，密码不能少于4位，邮政编码只能是数字之类，用纯HTML网页也无法实现。要实现这些功能，就需要用到JavaScript。JavaScript的出现使得网页和用户之间实现了一种实时性的、动态的、交互性的，使网页包含更多活跃的元素和更加精彩的内容。运行用JavaScript编写的程序需要能支持JavaScript语言的浏览器。Netscape公司Navigator 3.0以上版本的浏览器都能支持JavaScript程序，微软公司Internet Explorer 3.0以上版本的浏览器基本上支持JavaScript。微软公司还有自己开发的JavaScript，称为JScript。JavaScript和JScript基本上是相同的，只是在一些细节上有出入。JavaScript主要是基于客户端运行的，用户单击带有JavaScript的网页，网页里的JavaScript就传到浏览器，由浏览器作处理。前面提到的下拉菜单、验证表单有效性等大量互动性功能都是在客户端完成的，不需要和Web Server发生任何数据交换，从而不会增加Web Server的负担。这样，JavaScript是在客户机上执行的，大大提高了网页的浏览速度和交互能力，同时它又是专门为制作Web网页而量身定做的一种简单的编程语言。

虽然，在 Dreamweaver 的 Behaviors 可以为人们方便地使用 JavaScript 程序而不用编写代码，而了解了 JavaScript 的编程方法后，将能更加方便灵活地应用，也使 JavaScript 的代码更简练。

3. ASP

ASP 的英文全称为 active server pages。ASP 是一种动态网页，文件后缀名为. asp。ASP 网页是包含有服务器端脚本(server-side script) 的 HTML 网页。Web 服务器会处理这些脚本，将其转换成 HTML 格式，再传到客户的浏览器端。如图 9-7 所示，可以很直观地理解 HTML 和 ASP 的区别。当一个用户浏览器(图 9-7 中的 Web Client)从 Web 服务器(图 9-7 中的 Web Server) 要求一个 ASP 网页时，Web 服务器会将这个 ASP 文件发送给 Web 服务器的 ASP 引擎 (图 9-7 中的 ASP Engine)，ASP 引擎则将该 ASP 网页中所有的服务器端脚本(图 9-7 中的＜%和%＞之间的代码) 转换成 HTML 代码，然后将所有 HTML 代码发送给用户浏览器。

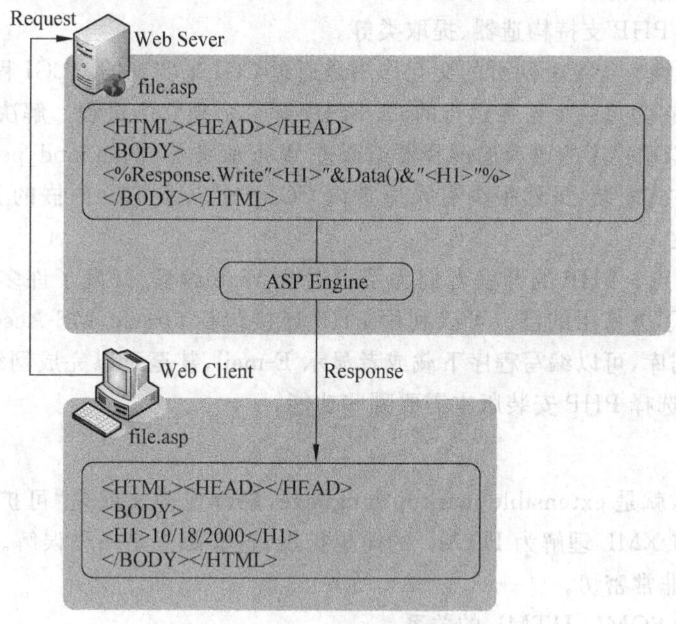

图 9-7　ASP 示意图

用 HTML、CSS 已经能够编写非常漂亮的静态网页，但是这些网页缺乏和用户的互动性。例如，当需要为网站增加用户注册和登录的功能时，可能还需要做一些网上调查，了解用户对于某个事件或者产品的反馈；还可能需要一个电子商务网站，及时发布产品信息和满足用户在线订购的需要……编写 ASP 动态网页有助于实现这些和用户互动的功能。

4. PHP

PHP(最初称为 personal home page tools，也称为 professional homepages，或者 prehypertext processor)是一种开放源代码的脚本编程语言，主要用于Web服务器的服务器端应用程序，用于动态网页设计。Rasmus Lerdorf在1994年发布了PHP的第一个版本。从那时起它就飞速发展，并在原始发行版上经过无数的改进和完善，现在已经发展到4.0.3版本。PHP是一种嵌入HTML并由服务器解释的脚本语言。它可用于管理动态内容、支持数据库、处理会话跟踪，甚至构建整个电子商务站点。它支持许多流行的数据库，包括MySQL、PostgreSQL、Oracle、Sybase、Informix和Microsoft SQL Server。PHP可以用于替代微软的ASP/VBScript/JScript体系、Sun公司的JSP/Java体系，以及CGI/Perl等。它是一种嵌入HTML页面中的脚本语言。现在的PHP是非常活跃的后台语言，产生了Discuz、PHPWIND、PHPBB、Joomla等非常优秀的产品。PHP具有以下特点：

(1) 可扩展性。就像前面说的那样，PHP已经进入一个高速发展的时期。对于一个非程序员来说为PHP扩展附加功能可能会比较难，但是对于一个PHP程序员来说并不困难。

(2) 面向对象编程。PHP提供了类和对象。基于Web的编程工作非常需要面向对象的编程能力。PHP支持构造器、提取类等。

(3) 可伸缩性。传统上网页的交互作用是通过CGI来实现的。CGI程序的伸缩性不是很理想，因为它为每一个正在运行的CGI程序开一个独立的进程。解决的方法就是将经常用来编写CGI程序的语言的解释器编译进Web服务器(例如mod_perl，JSP)。PHP就可以以这种方式安装，虽然很少有人愿意以CGI方式安装它。内嵌的PHP可以具有更高的可伸缩性。

(4) 更多特点。PHP的开发者们为了更适合Web编程，开发了许多外围的流行基库，这些库包含了更易用的层。可以利用PHP连接包括Oracle、MS-Access、MySQL在内的大部分数据库，可以编写程序下载或者显示E-mail，甚至可以完成网络相关的功能。最好的是，可以选择PHP安装版本需要哪些功能。

5. XML

所谓XML，就是extensible markup language，翻译成中文就是“可扩展标识语言”，在国内很多人将XML理解为HTML的简单扩展，这实际上是一种误解。尽管XML同HTML的关系非常密切。

1) XML与SGML、HTML的关系

SGML、HTML是XML的先驱。SGML是指通用标识语言标准(standard generalized markup language)，它是国际上定义电子文件结构和内容描述的标准，是一种非常复杂的文档结构，主要用于大量高度结构化数据和其他各种工业领域，以利于分类和索引。同XML相比，SGML定义的功能很强大，缺点是它不适用于Web数据描述，而且SGML软件价格非常昂贵。HTML即hyper text markup language(超文本标识语言)，它的优点是比较适合Web页面的开发。但它有一个缺点是标记相对少，只有固定的标记集，如<p>，<strong>等，缺少SGML的柔性和适应性。同时，不能支持特定领域的标记语言，如对数学、化学、音乐等领域的表示支持较少。举例来说，开发者很难在Web页面上表示数学公式、化学分子式和乐谱。

XML 结合了 SGML 和 HTML 的优点并消除了其缺点。XML 仍然被认为是一种 SGML 语言。它比 SGML 要简单,但能实现 SGML 的大部分功能。1996 年的夏天,Sun Micro System 的 John Bosak 开始开发并成立 W3C SGML 工作组(现在称为 XML 工作组)。他们的目标是创建一种 SGML,使其在 Web 中既能利用 SGML 的长处又保留 HTML 的简单性。现在此目标基本达到。

2) 什么是 XML

首先,XML 是一种元标记语言,所谓"元标记"就是开发者可以根据自己的需要定义自己的标记,例如开发者可以定义如下标记＜book＞、＜name＞,任何满足 XML 命名规则的名称都可以标记,这就为不同的应用程序打开了大门。HTML 是一种预定义标记语言,它只认识诸如＜html＞、＜p＞等已经定义的标记,对于用户自己定义的标记是不认识的。其次,XML 是一种语义/结构化语言。它描述了文档的结构和语义。举个例子,在 HTML 中,要描述一本书,可以表示如下:

```
<dt>book name
<dd>author_name <ul><li>publisher_name ;;;; <li>isbn_number <ul>
```

在 XML 中,同样的数据表示为

```
<book><title>book name</title><author>author name</author) <publisher>
publisher name</publisher><isbn>isbn_number</isbn></book>
```

从上面的对比可以看出,XML 的文档是有明确语义并且是结构化的。XML 是一种通用的数据格式,从低级的角度看,XML 是一种简单的数据格式,是纯 100%ASCII 码的,ASCII 码的抗破坏能力是很强的。它不像压缩数据和 java 对象,只要破坏一个数据文件中的数据就不可阅读。从高级的角度看,XML 是一种自描述语言。

因为 XML 表示的信息是独立于平台的,XML 可应用于数据交换。这里的平台既可以理解为不同的应用程序也可以理解为不同的操作系统。XML 描述了一种规范,通过利用它,Microsoft 的 word 文档可以和 Adobe 的 Acrobat 交换信息,可以和数据库交换信息。

3) XML 表示的结构化数据

对于大型复杂的文档,XML 是一种理想语言,不仅允许指定文档中的词汇,还允许指定元素之间的关系。例如可以规定一个 author 元素必须有一个 name 子元素,可以规定企业的业务必须包括什么子业务。

XML 文档由 DTD 和 XML 文本组成,所谓 DTD(document type definition),简单地说就是一组标记符的语法规则,表明 XML 文本是怎么样组织的,例如 DTD 可以表示一个＜book＞,必须有一个子标记＜author＞,可以有或者没有子标记＜pages＞,等等。当然一个简单的 XML 文本可以没有 DTD。下面是一个简单的 XML 文本:＜? Xml version="1.0" standalone="yes"＞＜book＞ haha ＜/book＞。其中以"?"开始并结尾的是进程说明。Standalone 表示外围设备。这里外围设备可以理解为该 XML 文本没有应用其他文件。因为 XML 文件可以外部应用 DTD 等外部数据。

4) XML涉及的一些技术

(1) XSL和CSS。通过前面的介绍可以知道，XML可以定义信息的内容，却没有定义信息该如何表达，这实际上就是XML的长处，它把内容和形式分离了，这样同一个内容可以有不同的表达。而XML内容的表达就是通过XSL(XML style language)和CSS(cascading style sheets，层叠样式表)来实现。如前一个例子，可以为该XML文档定义的样式表(XSL)如下：

```
<xsl><rule><root/><H1><children/></H1></rule><xsl>
```

这就是一个简单的XSL文件，利用msxsl可以生成HTML文件。至于CSS，在HTML文件中就已经有它的影子了，例如H1 { font-size: 12pt; font-weight: bold; }就是一段简单的CSS的文本。

尽管DTD给标记的使用加了限制，但是对于XML的自动处理却还需要更加严格、更加全面的工具。例如DTD不能保证一个标记的某个属性的值必须不为负值，于是出现了XML Schema。由于XML Schema(不同于DTD)本身也是一个正规的XML文档，因此开发者可以使用相同的工具处理其同其他XML的信息交换。最初XML Schema由Microsoft提出，W3C的专家们经过充分讨论和论证，在1999年的2月发布了一个需求定义，说明Schema必须符合的要求；5月，W3C完成并发布了Schema的定义。目前，IE5中的XML解析器能够根据文档类型定义(DTD)或XML Schema解析XML。

(2) 关于DOM。DOM即Document Object Model，它把XML文档的内容实现为一个对象模型，简单地说就是应用程序如何访问XML文档，W3C的DOM Level 1定义了如何实现属性、方法、事件等。

(3) 关于XSLT。XSLT即XML stylesheet language transformation。W3C在1999年11月通过了XSLT。XSLT是一种用来进行XML文档间相互转化的语言。简单地说，不同的开发者对于各自的应用会用不同的XML文档，利用XSLT可以从一个已经定义的XML文档抽取需要的数据，组成不同的形式，可以是XML、HTML和各种不同的SCRIPT。

(4) 关于Xpointer和Xlinks。类似于HTML中的Hyper Link。Xpointer和Xlink用于连接其他XML文档和其他XML文档中的部分，其中Xpointer相当于HTML中用于定位HTML文档子内容的锚(anchor)，不过其连接水平更强大。例如，在bookstore中，可以定位到作者金庸的书中有四大恶人的那本书，在HTML中这是不可能实现的。

当然，XML的发展促使了许多的新技术的出现，如RDF、Xfrom等。对于其中的大部分，W3C只是给出了建议，还没有形成正式的标准，有些内容甚至还处于讨论阶段。应密切注视这方面内容的变化。

5) XML框架

XML是一个通用的标准。它不属于个人，认证它的也不是一家公司，而是W3C。那么为什么那么多的大公司纷纷趋之如鹜呢？各家公司互相竞争的是它的框架(framework)，是它的Schema。XML Framework是驾驭XML文件的结构，是一种高层次的结构控制。利用XML Framework可以把商业逻辑(business logic)分离出来，实现数据与计算的分离。目前著名的 Framework 有 Microsoft 的 Biztalk 以及联合国(UN/CEFACT)和 OASIS 联合于 1999 年底推出了 EBXML 动议。相信在不久的将来会有许多的 Framework。其中的一个问题就是在 W3C 中关于 XML 的很多东西还处于建议时就推出 Framework 是不是一种冒险。不过,互联网的发展似乎就是这样,关于 Framework 的发展,我们将拭目以待。

本章小结

多媒体信息的不仅包括文本,还可包括声音、图形、图像、动画、视频等多种信息。除文本外,它们需要经过采样、量化、编码这 3 个步骤由模拟信号变成二进制的信号后,数字计算机才能处理。由于多媒体信号的信息量很大,通常情况下,需要对其进行压缩。当前的压缩方法有霍夫曼编码、游程编码、预测编码、变换编码等多种方法。接着,本章介绍了多媒体信息处理中的国际标准:MPEG 系列标准、H.26x 系列标准和 JPEG 系列标准。接下来,本章介绍了一些典型和通用的多媒体创作方面的工具软件。如在声音处理方面,Cool Edit 和 Audition 是较优秀的软件;在图像处理方面,首推 Photoshop;在影像处理方面,首推 Premiere 和 Ulead Video Studio;三维动画方面,首推 3-D Studio。最后,本章介绍了多媒体网站的特点及其描述语言。

习题

一、简答题

1. 简述把模拟信号转换为数字信号的过程。
2. 简述预测编码的原理。
3. 简述 ASP 网页的工作过程。
4. 简述什么是 XML。

二、选择题

1. 已知量化步长 $\Delta=2$,则离散信号 $f(n)=7.1$,将量化为 $\hat{f}(n)$________。

A) 2　　B) 4　　C) 6　　D) 8

2. 已知某模拟信号 $f(t)$的带宽为 300Hz,根据香农采样定理,其采样频率至少应为________Hz。

A) 300　　B) 600　　C) 900　　D) 1200

3. 现有 20 个符号,并采用定长编码的方法对其进行编码,则编码后的二进制码的长度为________。

A) 3　　B) 4　　C) 5　　D) 6

4. 现对符号“000000”进行游程编码，则编码后的符号为________。

A）(0,6)　　B）(0,5)　　C）(1,6)　　D）(1,5)

5. MP3 是符合________国际压缩标准的。

A）MPEG-1　　B）MPEG-2　　C）MPEG-4　　D）H.263

6. ________国际视频压缩标准是面向对象的。

A）MPEG-1　　B）MPEG-2　　C）MPEG-4　　D）H.263

7. ________国际视频压缩标准是用于视频检索的。

A）MPEG-1　　B）MPEG-2　　C）MPEG-4　　D）MPEG-7

8. ________国际视频压缩标准是用于静态图像压缩的。

A）JPEG　　B）MPEG-1　　C）MPEG-2　　D）H.263

9. ________国际视频压缩标准是面向视频会议的。

A）JPEG　　B）MPEG-1　　C）MPEG-2　　D）H.263

10. 以下________文件格式是进行过数据压缩后的文件格式。

A）*.WAV　　B）*.AVI

C）*.MPG　　D）*.BMP

11. 超文本结构中，文本间的关系是用________来表示的。

A）链　　B）ASCII 码　　C）注释　　D）动画

12. 超媒体是________的。

A）线性　　B）非线性

C）线性且非线性　　D）线性或非线性

13. 以下________是动态 HTML 语言。

A）DHTML　　B）XHTML

C）XML　　D）SGML

14. 当前压缩效率最高的国际视频压缩标准是________。

A）MPEG-2　　B）MPEG-1　　C）H.264　　D）H.263

三、计算题

1. 已知符号 A、B、C 出现的概率分别为 $p(A)=0.5$，$p(B)=0.2$，$p(C)=0.3$，对其进行霍夫曼编码，并计算编码后的平均码长。

2. 已知一数码摄像机每秒采集 40 帧，每帧的分辨率为 1024×768，每个像素点用 3B（红、黄、蓝各 1B），则不经过压缩的话此数码摄像机 1h 所产生的数据量为多大？若采用压缩率为 50 倍的压缩方法，则一小时所产生的数据量为多少？

四、上网练习题

1. 请上网搜索关于多媒体网站描述语言方面的文章，并就各语言的优缺点撰写一篇论文。

2. 请上网搜索关于图像压缩中小波变换的文章，并就 JPEG 2000 中的小波变换压缩方法撰写一篇论文。

五、探索题

1. 现要对一幅图像进行裁剪并拉伸其明暗对比度，请选择一款工具软件并完成此功能。

2. 现想要在计算机上自动播放一些照片，并在播放照片的同时播放一些音乐，请选择一款软件并完成此功能。

3. 现要对一些视频进行剪辑，并把剪辑后的结果拼接在一起，请选择一款软件并完成此功能。

第10章 计算机安全

随着计算机和网络技术的发展，计算机已深入到人们生活的方方面面。而与此同时，计算机安全也日益显得重要。每年，都会有很多计算机病毒发作，从而带来巨大的经济损失。同时，网上黑客日益猖獗，盗取别人账号和密码，黑掉或篡改某个网站的事情经常发生。网上木马和钓鱼程序日益增多，它们会盗取用户的私人信息。为此，人们需要学习计算机安全方面的技术，以在技术层面上做好一些防范。

本章将首先介绍计算机安全方面的要求和当前计算机犯罪的特点。接着，将阐述计算机安全方面的加密和解密技术、计算机病毒的特点和防范措施、防火墙技术的应用。最后，将介绍计算机安全监控方面的知识，以在遭到网络攻击时能有所察觉。

10.1 计算机安全概述

信息技术和信息产业正在改变传统的生产、经营和生活方式，信息已成为社会发展的重要战略资源。电子商务、电子政务、电子税务、电子银行、电子海关、电子证券、网络书店、网上拍卖、网络购物、网络防伪、计算机电信集成(computer telephony integration, CTI)、网上交易、网上选举等网络信息系统，将在政治、军事、金融、商业、交通、电信、文教等方面发挥越来越大的作用。社会对网络信息系统的依赖也日益增强，信息网络已经成为社会发展的重要保证。

在计算机应用日益广泛和深入的同时，计算机网络的安全问题日益复杂和突出。网络的脆弱性和复杂性增加了威胁和攻击的可能性。现今，在世界上出现了许多威胁计算机安全的黑客。关于黑客的定义有多种。现在“黑客”一词在信息安全范畴内的普遍含义是特指对计算机系统的非法侵入者。黑客对自己的定义是：黑客(hacker)就是那些对技术的局限性有充分认识的人。黑客大都是程序员，他们具有操作系统和编程语言方面的高级知识，乐于探索可编程系统的细节，并且不断提高他们的能力，知道系统中的漏洞及其原因所在；他们不断追求更深的知识，并公开他们的发现，与其他人分享，专业黑客都是很有才华的源代码创作者。美国警方把所有涉及“利用”、“借助”、“通过”或“阻挠”计算机的犯罪行为都定为Hacking。中国的一些黑客自称红客(honker)。与此相应地，网络上出现许多入侵者(cracker)。网络入侵者是指怀着不良的企图，闯入甚至破坏远程机器系统完整性的人。入侵者利用获得的非法访问权，破坏重要数据，拒绝合法用户服务请求，或为了自己的目的制造麻烦。

从以下数据,可以看出信息的安全问题显得越来越重要。

1986 年初在巴基斯坦的拉合尔(Lahore)、巴锡特(Basit)和阿姆杰德(Amjad)两兄弟编写的 Pakistan 病毒(即 Brain)在一年内流传到了世界各地。

1988 年 11 月,美国康乃尔大学的学生 Morris 编制的名为"蠕虫"的计算机病毒通过因特网传播,致使网络中约 7000 台计算机被传染,因特网不能正常运行,迫使美国政府立即做出反应,国防部成立了计算机应急行动小组。造成经济损失约 1 亿美元。这是一次非常典型的计算机病毒入侵计算机网络的事件。

1996 年 12 月 29 日,黑客侵入美国空军的全球网网址并将其主页肆意改动,迫使美国国防部一度关闭了其他 80 多个军方网址。

1998 年 6 月 16 日,黑客入侵了上海某信息网的 8 台服务器,破译了网络大部分工作人员的口令和 500 多个合法用户的账号与密码,其中包括两台服务器上超级用户的账号和密码。

1998 年 10 月 27 日,刚刚开通的由中国人权研究会与中国国际互联网新闻中心联合创办的"中国人权研究会"网页被"黑客"严重篡改。

2000 年 3 月 6 日晚 6 时 50 分,美国白宫网站主页被黑。

2001 年南海撞机事件引发中美黑客大战。中美双方各有数千网站被黑。

事实上,除此之外,还有相当多的网络入侵或攻击并没有被发现。即使被发现了,由于这样或那样的原因,人们并不愿意公开它。

因此,计算机的信息安全技术日益重要,人们需要了解当前计算机信息安全存在的问题和相应的安全防范措施。

10.1.1 计算机安全的定义

国际标准化组织将"计算机安全"定义为:"为数据处理系统建立和采取的安全技术和相应的管理方面的安全保护,以保护计算机硬件、软件数据不因偶然和恶意的原因而遭到破坏、更改和泄漏"。

上述计算机安全的定义包含物理安全和逻辑安全两方面的内容。其中物理安全方面包括如何应付突发的自然灾害、军事打击等对计算机硬件和计算机网络的破坏,以及在网络出现异常时如何恢复网络通信,保持网络通信的连续性。逻辑安全方面包括网络信息的保密性(confidentiality)、完整性(integrity)、可用性(availability)和可控性(controllability)。其中计算机的物理安全比较好理解,而其逻辑安全就不太直观和好理解。所以,以下对计算机逻辑安全 4 个方面做进一步的解释。

1. 保密性

保密性指的是系统中的信息只能由授权的用户进行访问,非授权的用户无法进行访问,或者即使访问到也无法理解其中的内容。保密性在计算机安全中主要通过身份验证和加密来实现。其中,身份验证可以拒绝非法用户对系统的访问。加密技术可以把明文信息加密成密文。这样,即使非法用户得到密文也无法解密,从而无法理解其中的内容。关于加密技术,将在后面做进一步的阐述。

2. 完整性

完整性指系统中的资源只能由授权的用户进行合法修改，以确保信息资源没有被非法篡改。这样，完整性要求信息必须是正确和完全的，而且能够免受非授权、意料之外或无意的更改。普遍认同的完整性目标有：①确保计算机系统内的数据的一致性；②在系统失败事件发生后能够恢复到已知的一致状态；③确保无论是系统还是用户进行的修改都必须通过授权的方式进行；④维持计算机系统内部信息和外部真实世界的一致性。

3. 可用性

可用性要求信息在需要时能够及时获得以满足业务需求。它确保系统用户不受干扰地获得诸如数据、程序和设备之类的系统信息和资源。不同的应用有不同的可用性要求。在此方面，发生过黑客攻击 Yahoo 网站，使该网站在几个小时内不可用的情况(即用户无法浏览和使用 Yahoo 网站)。这种攻击在计算机安全上叫做拒绝服务攻击(denial of service，DoS)。因此，信息安全方面的可用性的指标要求计算机系统能防范拒绝服务攻击。

4. 可控性

可控性指的是在系统遭到攻击时，系统能够自动检测出来，向负责计算机安全的相关人员报告，以采取相应的措施。它主要是通过对系统内部进行监视、检测，以识别系统是否正在受到攻击或机密信息是否被非法访问，如发现问题后则采取相应的措施。

不同的应用系统对于这些安全目标有不同的侧重，例如：①国防系统这样高度敏感的系统对信息的保密性的要求很高；②电子金融汇兑系统或医疗系统对信息完整性的要求很高；③自动柜员机系统对保密性、完整性、可用性和可控性都有很高的要求，如客户个人识别码需要保密，客户账号和交易数据需要准确，柜员机应能够提供 24 小时不间断服务。

以下，先介绍计算机犯罪的形式、特点，以及在刑法中所规定的计算机犯罪的构成特征。只有对计算机犯罪有所了解，才能更好地防范计算机犯罪。

10.1.2 计算机安全与计算机犯罪

计算机网络无疑是当今世界最为激动人心的高新技术之一。它的出现和快速的发展，尤其是 Internet(国际互联网，简称因特网)的日益推进和迅猛发展为全人类建构起一个快捷、便利的虚拟世界——赛博空间(cyberspace)。在这个空间里也有它黑暗的一面，计算机网络犯罪正是其中一个典型的例子。

1. 网络犯罪的形式

科技的发展使得计算机日益成为百姓化的工具，网络的发展形成了一个与现实世界相对独立的虚拟空间，网络犯罪就孳生于此。由于网络犯罪有可以不亲临现场的间接性等特点，网络犯罪的表现形式是多样的。

(1) 网络入侵，散布破坏性病毒、逻辑炸弹或者放置后门程序犯罪。这种计算机网络犯罪行为以造成最大的破坏性为目的，入侵的后果往往非常严重，轻则造成系统局部功能失灵，重则导致计算机系统全部瘫痪，经济损失大。

(2) 网络入侵，偷窥、复制、更改或者删除计算机信息犯罪。网络的发展使得用户的信息库实际上如同向外界敞开了一扇大门，入侵者可以在受害人毫无察觉的情况下侵入信息系统，进行偷窥、复制、更改或者删除计算机信息，从而损害正常使用者的利益。

(3) 网络诈骗、教唆犯罪。由于网络有传播快、散布广、匿名性的特点，而有关在因特网上传播信息的法规远不如传统媒体监管那么严格与健全，这为虚假信息与误导广告的传播开了方便之门，也为利用网络传授犯罪手法、散发犯罪资料、鼓动犯罪开了方便之门。

(4) 网络侮辱、诽谤与恐吓犯罪。出于各种目的，向各电子信箱、公告板发送粘贴大量有人身攻击性的文章或散布各种谣言，更有恶劣者利用各种图像处理软件进行人像合成，将攻击目标的头像与某些黄色图片拼合形成所谓的写真照加以散发。由于网络具有开放性的特点，发送成千上万封电子邮件是轻而易举的事情，其影响和后果绝非传统手段所能比拟。

(5) 网络色情传播犯罪。由于因特网支持图片的传输，于是大量色情资料就横行其中，随着网络速度的提高和多媒体技术的发展及数字压缩技术的完善，色情资料就越来越多地以声音和影片等多媒体方式出现在因特网上。

2. 网络犯罪的特点

(1) 成本低、传播迅速、传播范围广。就电子邮件而言，比起传统寄信所花的成本少得多，尤其是寄到国外的邮件。

(2) 互动性、隐蔽性高，取证困难。网络发展形成了一个虚拟的计算机空间，既消除了国境线，也打破了社会和空间界限，使得双向性、多向性交流传播成为可能。在这个虚拟空间里对所有事物的描述都仅仅是一堆冷冰冰的密码数据，因此谁掌握了密码就等于获得了对财产等权利的控制权，就可以在任何地方登录网站。

(3) 严重的社会危害性。随着计算机信息技术的不断发展，从国防、电力到银行和电话系统现在都实现数字化、网络化，一旦这些部门遭到侵入和破坏，后果将不可设想。

3. 网络犯罪的构成特征

(1) 犯罪客体。现实社会的种种复杂关系都能在网络中得到体现，就网络犯罪所侵犯的一般客体而言，自然是为刑法所保护的而为网络犯罪所侵犯的一切社会关系。

(2) 犯罪客观方面。表现为违反有关计算机网络管理法律、法规，侵入国家事务、国防建设、尖端科学技术领域的计算机系统，对计算机信息系统功能、数据和应用程序进行删除、修改，或者破坏计算机系统软件、硬件设备等侵害计算机系统安全的行为，以及利用计算机实施偷窥、复制、更改或者删除计算机信息，诈骗、教唆犯罪，网络色情传播，以及犯罪网络侮辱、诽谤与恐吓等犯罪。这是由于网络犯罪的物质基础在于由硬件和相应软件构成的计算机系统，而计算机系统的各种程序功能需要通过人直接或者间接操作输入设备输入指令才能执行。这种网络犯罪背后的人的行为只能是积极的作为，表现在各国的立法中的用语可以是侵入、删除、增加或者干扰、制作等。网络犯罪具有跨国性的特点，犯罪人利用网络，在世界的任何一个地方，从网络上的任何一个节点进入网络，都可以对网络上其他任意一个节点上的计算机系统进行侵入和犯罪。本国人也可以在国外兜一大圈后再从国外以其他身份进入本国。

(3) 犯罪主体。从网络犯罪的具体表现来看，犯罪主体具有多样性，各种年龄、各种职业的人都可以进行网络犯罪，对社会所造成的危害都相差不大。一般来讲，进行网络犯罪的主体必须是具有一定计算机专业知识水平的行为人，但是不能认为具有计算机专业知识的人就是特殊的主体。按照我国刑法学界通行的主张，所谓主体的特殊身份是指刑法所规定的影响行为人刑事责任的行为人人身方面的资格、地位或者状态。通常将具有特定职务、从事特定业务、具有特定法律地位以及具有特定人身关系的人视为特殊主体。同时，应当看到在计算机飞速发展的今天，对所谓具有计算机专业知识的人的要求将会越来越高，网络犯罪将越来越普遍，用具有计算机专业知识这样的标准是不确切的。

(4) 犯罪主观方面。网络犯罪在主观方面表现为故意。因为在这类犯罪中，犯罪行为人进入系统以前，需要通过输入输出设备输入指令或者利用技术手段突破系统的安全保护屏障，利用计算机信息网络实施危害社会的行为，破坏网络管理秩序。这表明犯罪主体具有明显的犯罪故意，而且这种故意常常是直接的。即使是为了显示自己能力的侵入系统的犯罪，行为人也具备明显的非要侵入不可等念头，显示了极强的主观故意。

随着计算机网络的广泛应用，全球信息化已成为人类发展的大趋势。但由于计算机网络具有联结形式多样性、终端分布不均匀性和网络的开放性、互联性等特征，致使网络易受黑客、怪客、恶意软件和其他不轨的攻击。因此，计算机网络的防范措施应能全方位针对不同的威胁，这样才能确保网络信息的保密性、完整性和可用性。

10.2 计算机信息安全和计算机加密技术

计算机加密技术是维护计算机安全的一个重要技术手段，因此需要对其原理有所了解。

10.2.1 加密和解密

密码学(cryptology)是一门古老而又年轻的科学。密码学的历史十分悠久，大约在4000年以前，在古埃及的尼罗河畔，一位书写者在贵族的墓碑上书写铭文时有意用加以变形的象形文字而不是普通的象形文字来写铭文，从而揭开了有文字记载的密码史。公元前5世纪，古斯巴达人使用了一种叫做“天书”的器械，这是人类历史上最早使用的密码器械。“天书”是一根用羊皮纸条紧紧缠绕的木棍，书写者自上而下把文字写在羊皮纸条上，然后把羊皮纸条解开送出。这些不连接的文字看起来毫无意义，除非把羊皮纸条重新缠在一根直径和原木棍相同的木棍上，这样字就一圈圈跳出来。公元前4世纪前后，希腊著名作家艾奈阿斯在其著作《城市防卫论》中就曾提到一种被称为“艾奈阿斯绳结”的密码。它的做法是从绳子的一端开始，每隔一段距离打一个绳结，而绳结之间距离不等，不同的距离表达不同的字母。按此规定把绳子上所有绳结的距离按顺序记录下来，并换成字母，就可理解它所传递的信息。第一次世界大战是世界密码史上的第一个转折点。在此之前，密码研究还只是一个小领域，没有得到各国应有的重视。随着战争的爆发，各国逐渐认识到了密码在战争中发挥的巨大作用，因此积极给予大力扶持，使得密码科学迅速发展，很快成为一个庞大的学科领域。第二次世界大战的爆发促进了密码科学的飞速发展，德国人在战争期间共生产了10万多部ENIGMA密码机。

现代密码学涉及数学（如数论、有限域、复杂性理论、组合算法、概率算法等）、物理学（如量子力学、现代光学、混沌动力学等）、信息论、计算机科学等学科。1949年，信息论之父C. E. Shannon发表了《保密系统的通信理论》，密码学走上科学和理性之路。1976年W. Diffie和M. E. Hellman发表的《密码学的新方向》以及1977年美国公布实施的数据加密标准DES标志着密码学发展的革命。2001年11月美国国家标准技术研究所发布高级数据加密标准AES代表着密码学的最新发展。

古典密码学包含两个互相对立的分支，即密码编码学（cryptography）和密码分析学（cryptanalytics）。前者编制密码以保护秘密信息，而后者则研究加密消息的破译以获取信息。二者相辅相成，共处于密码学的统一体中。现代密码学除了包括密码编码学和密码分析学外，还包括安全管理、安全协议设计、散列函数等内容。如密钥管理包括密钥的产生、分配、存储、保护、销毁等环节，密码学的一个原则是算法可以公开，秘密寓于密钥之中，所以密钥管理在密码系统中至关重要。密码学的进一步发展导致涌现了大量的新技术和新概念，如零知识证明、盲签名、量子密码学等。

消息常被称为明文。用某种方法伪装消息以隐藏它的内容的过程称为加密，加了密的消息称为密文，而把密文转变为明文的过程称为解密。图10-1表明了这个过程。

明文用P（明文）或M（消息）表示，密文用C表示。加密函数E作用于P得到密文C，可以表示为$E(P)=C$。相反地，解密函数D作用于C产生P：$D(C)=P$。

先加密后再解密消息，原始的明文将恢复出来，故有$D(E(P))=P$。

加密时可以使用一个参数K，称此参数K为加密密钥。K可以是很多数值里的任意值。密钥K的可能值的范围叫做密钥空间。如果加密和解密运算都使用这个密钥（即运算都依赖于密钥，并用K作为下标表示），这样，加密、解密函数变成：

$$E_K(P) = C$$
$$D_K(C) = P$$

这些函数具有下面的特性：

$$D_K(E_K(P)) = P$$

图10-2表明了使用一个密钥加密、解密的过程。

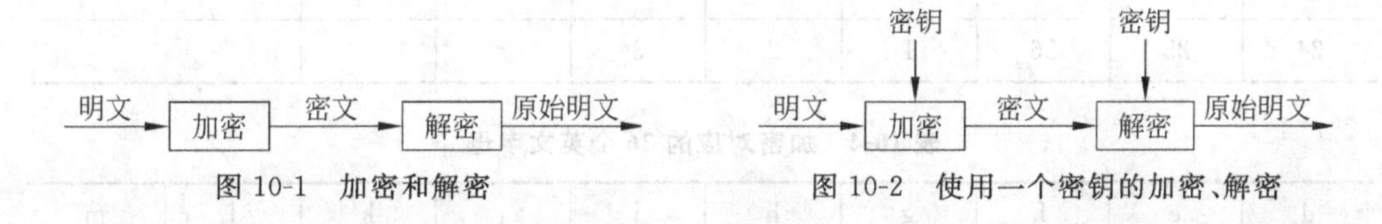

图10-1　加密和解密　　　图10-2　使用一个密钥的加密、解密

下面，以一个简单的加密和解密算法——凯撒密码来说明加密和解密。公元前60年，罗马统帅凯撒第一个用当时发明的凯撒密码来书写军事文书，用于战时的通信。该方法的加密和解密的原理比较简单。加密的过程如下：

(1) 首先把英文的 26 个字母按字母顺序映射到 1～26 数字，即 a 映射到 1，z 映射到 26。所以有 $n=\varphi(c)$，这里 c 为字母，n 为数字，φ 为此映射。

(2) 把映射的数字 n 加上一固定值 key，再把结果除以 26 取余，即 $n'=(n+key)\bmod 26$。这里，key 是凯撒密码的密钥，有了它，就可以解密。因此，此密钥需要通信的双方知道，但不能让其他人知道。

(3) 进行逆映射，把数字映射回字母。即 $c'=\varphi^{-1}(n')$。

下面以 $key=3$ 为例来进一步说明此过程。首先，表 10-1 所示的字母映射到表 10-2 所示的数字。接着，这些数字根据 $key=3$，转换为表 10-3 所示的数字。然后，这些数字反变换为表 10-4 所示的对应的字母。这样，对于加密过程，表 10-1 所示的每个字母变换为 10-4 所示的对应的字母，即 a 变换为 d，b 变换为 e，……，w 变换为 z，x 变换为 a，y 变换为 b，z 变换为 c。这样，信息"attack at eight clock"（于 8 点钟进攻）将加密为"dwwdfn dw hljkw forfn"。如果敌方拿到此信息"dwwdfn dw hljkw forfn"，不经过正确的解密，是不知道其中的内容的。

对于解密过程，只要将密文中出现的每个表 10-4 所示的字母反变换为表 10-1 所示的对应的字母就行了。通过解密，密文"dwwdfn dw hljkw forfn"还原为明文"attack at eight clock"。

表 10-1　26 个英文字母

a	b	c	d	e	f	g	h	i	j
k	l	m	n	o	p	q	r	s	t
u	v	w	x	y	z				

表 10-2　26 个英文字母对应的数字

1	2	3	4	5	6	7	8	9	10
11	12	13	14	15	16	17	18	19	20
21	22	23	24	25	26				

表 10-3　加密后对应的数字

4	5	6	7	8	9	10	11	12	13
14	15	16	17	18	19	20	21	22	23
24	25	26	1	2	3				

表 10-4　加密对应的 26 个英文字母

d	e	f	g	h	i	j	k	l	m
n	o	p	q	r	s	t	u	v	w
x	y	z	a	b	c				

10.2.2 私钥加密和公钥加密

在私钥加密中,加密的密钥和解密的密钥是一样的。以上所举的凯撒密码的例子就是一种私钥加密算法。当前,采用的比较多的DES加密方法也属于私钥加密算法。对于私钥加密方法,密钥是要保密的,不能让通信双方以外的人知道。

在互联网中,很多时候,人们想和不大认识的人通信。这时,在互联网中新产生一个只有通信双方知道而不被别人知道的密钥就非常困难。因为互联网是开放的,别人很容易获知此通信双方所传递的消息,从而获取密钥。为应对这一问题,产生了公钥加密算法。在公钥加密算法中,加密和解密采用不同的密钥。加密的密钥是公开的,而只有解密的密钥是保密的。这样,想和不大认识的人通信时,只需用这个人所公开的加密密钥进行加密,然后把加密过的信息传给对方即可,不需要新产生一个保密的加密用的密钥。由于解密的密钥是保密的,别人如果获得此加密信息也是很难解密的。目前,较常用的RSA加密算法就是属于公钥加密算法。在公钥加密算法中,主要是利用了单向函数。此时由输入很容易计算出输出,但是由输出却很难计算出输入。例如:对两个很大的质数 N_1 和 N_2 做乘法,可以很容易得到 $b=N_1N_2$。但是,由 b 去做质因数分解得到 N_1 或 N_2 是非常困难的。

以上介绍了公钥加密算法使用不同的加密密钥和解密密钥(图 10-3),即加密密钥 $K1$ 与解密密钥 $K2$ 不同,在这种情况下:

$$E_{K1}(P)=C$$

$$D_{K2}(C)=P$$

$$D_{K2}(E_{K1}(P))=P$$

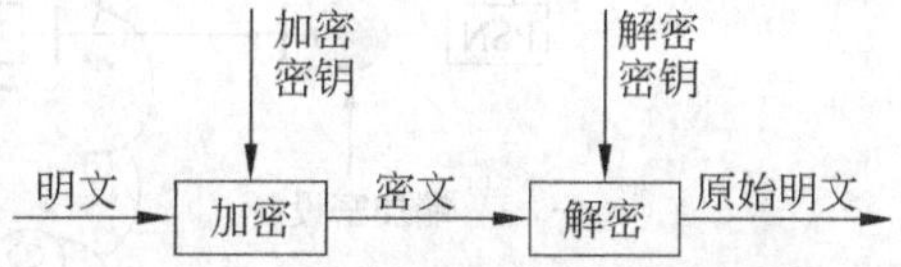

图 10-3　公钥加密算法的加密和解密

一个密码体制是满足以下条件的五元组 (P,C,K,E,D):

(1) P 表示所有可能的明文组成的有限集(明文空间)。

(2) C 表示所有可能的密文组成的有限集(密文空间)。

(3) K 表示所有可能的密钥组成的有限集(密钥空间)。

(4) 存在 $(K_1,K_2)\in K\times K$,一个加密算法 $E_{K_1}\in E$ 和相应的解密算法 $D_{K_2}\in D$,并且对 $E_{K_1}: P\rightarrow C$ 和 $D_{K_2}: C\rightarrow P$,对任意的明文 $x\in P$,均有 $D_{K_2}(E_{K_1}(x))=x$。

10.2.3 对密码体系的评价

对密码体系可以从以下几个方面来评价。

(1) 保密强度:所需要的安全程度与数据的重要性有关。对于保密强度大的系统,开销往往较大。对于保密强度大的密码系统,其密码被破译所需要的计算量或代价很大,或者是无法实际实现的。

(2) 密钥的长度或所有可能的密钥数目:密钥太短就会降低保密强度,然而,密钥太长又不便于传送、保管和记忆。密钥必须经常变换,每次更换新密钥时,通信双方传送新密钥的通道必须保密和安全。在以上介绍的凯撒密码中，密钥的长度是很短的，密钥只能取 1～25 之间的数(密钥取 0 时，是无法加密的)。由于所有可能的密钥的数目比较小，得到密文的人可以根据凯撒密码的加密算法对所有可能的密钥作逐一试探。这样，经过 25 次试探后，便可解密。从此，也可以看出凯撒密码的加密性能是比较差的，比较容易被破译。要想取得较好的加密性能，所有可能的密钥的数目应当比较大。在 DES 加密算法中，所有可能的密钥的数目为 2^{56}。

(3) 算法的复杂度：加密和解密的算法不能太复杂，否则加密或解密的开销太大，无法实际应用。

(4) 差错的传播性：不应由于一点差错致使整个通信失败。

(5) 加密后信息长度的增加程度：由于信息长度的增加将导致通信效率的降低，因此加密后的密文的长度不能比明文的长度大很多。

10.2.4 链路加密和端到端加密

对传输中的数据加密可以在通信的不同层次实现，即链路加密、端到端加密，如图 10-4 所示。

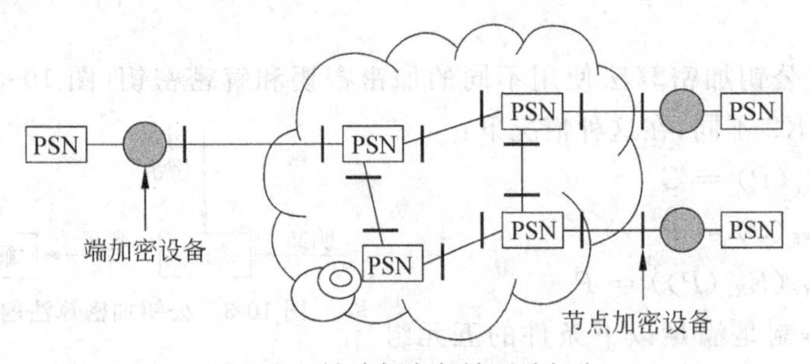

图 10-4 链路加密与端到端加密

链路加密是对两个节点之间的单独通信线路上的数据进行加密保护。它侧重于在通信链路上而不考虑信源和信宿。链路加密是面向节点的，对于网络高层主体是透明的，它对高层的协议信息(地址、检错、帧头帧尾)都加密，因此数据在传输中是密文。

端到端加密为网络提供从源到目的地的传输加密保护。它是指信息由发送端自动加密，并进入 TCP/IP 数据包回封，然后作为不可阅读和不可识别的数据穿过互联网，当这些信息一旦到达目的地，将自动重组、解密，成为可读数据。

10.3 计算机病毒

计算机病毒是对计算机安全的重大威胁。为此，需要了解其原理和防范病毒的方法。

1. 计算机病毒的概念

广义上讲，凡是能够引起计算机故障、破坏计算机数据的程序均可称为计算机病毒。

我国在《中华人民共和国计算机信息系统安全保护条例》中的定义为："计算机病毒指编制或者在计算机程序中插入的破坏计算机功能或者数据，影响计算机使用并且能够自我复制的一组计算机指令或者程序代码"。该定义具有法律性和权威性。计算机病毒是一个程序，一段可执行码。就像生物病毒一样，计算机病毒有独特的复制能力。计算机病毒可以很快地蔓延，又常常难以根除。它们能把自身附着在各种类型的文件上。当文件被复制或从一个用户传送到另一个用户时，它们就随同文件一起蔓延开来。

具体来说，计算机病毒会把病毒程序的代码插入到正常程序(未感染病毒的程序)中，即如图 10-5(a)所示的正常程序感染病毒后会变成如图 10-5(b)所示的染毒程序。这时，病毒代码已嵌入到正常程序中(通常情况下，病毒代码的嵌入位置会不止一处)，即在正常程序代码中间插入了病毒代码。这样，当染毒的程序运行时，会自动地执行病毒代码。在病毒代码运行时，有时就会对计算机造成破坏(如删除文件、数据等)、自我复制和感染未染毒的程序、偷窃用户私有数据、密码等。有些病毒会通过计算机网络感染网络中计算机上的程序。这种病毒的传播速度是非常快的，且较难防范。

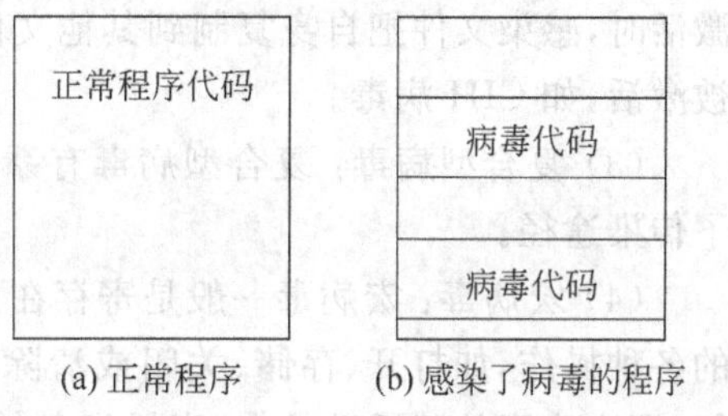

图 10-5　病毒程序示意图

现在的杀毒程序大都是基于病毒特征码匹配的原理，即根据染毒后的程序的病毒代码中的一小段(特征码)来检测病毒。如果某一程序含有此特征码，则判断此程序已经染毒；否则，判断此程序未染毒。然而，现在某些病毒在感染一正常程序时，先根据某随机码对自身进行压缩，在执行时先对自身进行解压缩。这种病毒感染程序时，就会有很多不同的特征码。对于这种病毒，杀毒软件一般是比较难检测到的。同时，由于每天都会有很多种新的计算机病毒出现，杀毒软件的病毒特征码库是很难更新到包括所有这些新病毒的。因此，对于计算机病毒，应当以防范和预防为主。对于可疑的网站或可疑的文件，不要去访问。同时，对于计算机中的数据要经常进行备份。

2. 计算机病毒的特性

计算机病毒具有以下特性：

(1) 传染性：病毒可自我复制和自动传播，这是计算机病毒的基本特征。

(2) 破坏性：病毒入侵计算机，会导致机器变慢、系统崩溃、文件丢失、网络瘫痪等，甚至会格式化硬盘、损害硬件，给用户带来巨大损失。

(3) 隐蔽性：病毒常常附加在正常的程序中，或者以隐含文件形式出现。普通的用户无法发觉病毒。一些病毒还会自己变形，悄悄躲藏在计算机中。

(4) 潜伏性：多数的病毒都有潜伏期。在潜伏期内，病毒快速传染，但不破坏文件。等到适当的触发条件出现，病毒才开始兴风作浪。

(5) 未经授权而执行：病毒常常窃取系统的控制权，优先于正常程序执行。病毒的目的、动作对用户来说是未知的，是未经用户许可的。

(6) 不可预知性：病毒对杀毒软件来说永远是超前的。病毒变化多端，新的病毒的表现存在不可预知性。

3. 计算机病毒的分类

按传染方式计算机病毒可分为系统引导病毒、文件型病毒、复合型病毒、宏病毒等。

(1) 系统引导病毒：系统引导病毒又称引导区型病毒。直到20世纪90年代中期，系统引导病毒是最流行的病毒类型，主要通过软盘在DOS操作系统里传播。系统引导病毒感染软盘中的引导区，蔓延到用户硬盘，并能感染到用户硬盘中的"主引导记录"。一旦硬盘中的引导区被病毒感染，病毒就试图感染每一个插入计算机的软盘的引导区。

(2) 文件型病毒：文件型病毒是文件侵染者，也被称为寄生病毒。它运作在计算机存储器里，通常它感染扩展名为COM、EXE、DRV、BIN、OVL、SYS等文件。每一次它们激活时，感染文件把自身复制到其他文件中，并能在存储器里保存很长时间，直到病毒又被激活，如CIH病毒。

(3) 复合型病毒：复合型病毒有系统引导病毒和文件型病毒两者的特征，因此扩大了传染途径。

(4) 宏病毒：宏病毒一般是寄存在Microsoft Office文档上的宏代码。它影响对文档的各种操作，如打开、存储、关闭或清除等。当打开Office文档时，宏病毒程序就会被执行，即宏病毒处于活动状态，当触发条件满足时，宏病毒才开始传染、表现和破坏。

计算机病毒按破坏性可分为良性病毒和恶性病毒。良性病毒不会对计算机产生恶意的破坏，如只是显示某一句话炫耀技巧。恶性病毒则对计算机产生恶意的破坏，目前大多数病毒都是恶性病毒。

随着互联网的日益流行，各种病毒猖獗起来，几乎每天都有新的病毒产生，大肆传播破坏，给广大互联网用户造成了极大的危害。同时，各种蠕虫和木马纷至沓来，令人防不胜防。

其中，蠕虫(Worm)也可以算是病毒中的一种，但是它与普通病毒之间有着很大的区别。一般认为蠕虫是一种通过网络传播的恶性病毒，它具有病毒的一些共性，如传播性、隐蔽性、破坏性等，同时具有一些新特征，如不利用文件寄生(有的只存在于内存中)，对网络造成拒绝服务，以及和黑客技术相结合，等等。普通病毒需要传播受感染的驻留文件来进行复制，而蠕虫不使用驻留文件即可在系统之间进行自我复制，普通病毒的传染能力主要是针对计算机内的文件系统而言的，而蠕虫病毒的传染目标是互联网内的所有计算机。它能控制计算机上可以传输文件或信息的功能，一旦系统感染蠕虫，蠕虫即可自行传播，将自己从一台计算机复制到另一台计算机，更危险的是，它还可大量复制。因而在产生的破坏性上，蠕虫病毒也不是普通病毒所能比拟的，网络的发展使得蠕虫可以在短短的时间内蔓延整个网络，造成网络瘫痪。局域网条件下的共享文件夹、电子邮件、网络中的恶意网页、大量存在着漏洞的服务器等，都成为蠕虫传播的良好途径，蠕虫病毒可以在几个小时内蔓延全球，而且蠕虫的主动攻击性和突然爆发性使得人们手足无措。此外，蠕虫会消耗内存或网络带宽，从而可能导致计算机崩溃。而且它的传播不必通过"宿主"程序或文件，因此可潜入系统并允许其他人远程控制计算机，这也使它的危害远较普通病毒大。典型的蠕虫病毒有尼姆达、震荡波等。

木马(Trojan Horse)是从希腊神话里面的"特洛伊木马"得名的，希腊人在一只巨大木马中藏匿了许多希腊士兵并引诱特洛伊人将它运进城内，等到夜里，马腹内士兵与城外士兵里应外合，一举攻破了特洛伊城。而现在所谓的特洛伊木马正是指那些表面上是有用的软件、实际目的却是危害计算机安全并导致严重破坏的计算机程序。它是具有欺骗性的文件(宣称是良性的,但事实上是恶意的),是一种基于远程控制的黑客工具,具有隐蔽性和非授权性的特点。所谓隐蔽性是指木马的设计者为了防止木马被发现,会采用多种手段隐藏木马,这样服务端即使发现感染了木马,也难以确定其具体位置;所谓非授权性是指一旦控制端与服务端连接后,控制端将窃取到服务端的很多操作权限,如修改文件、修改注册表、控制鼠标、键盘、窃取信息等。一旦中了木马,系统可能就会门户大开,毫无秘密可言。特洛伊木马与病毒的重大区别是特洛伊木马不具传染性,它并不能像病毒那样复制自身,也并不"刻意"地去感染其他文件,它主要通过将自身伪装起来,吸引用户下载执行。特洛伊木马中包含能够在触发时导致数据丢失甚至被窃的恶意代码,要使特洛伊木马传播,必须在计算机上有效地启用这些程序,例如打开电子邮件附件,或者将木马捆绑在软件中放到网络吸引人下载执行等。现在的木马主要以窃取用户相关信息为目的,相对病毒而言,可以简单地说,病毒破坏信息,而木马窃取信息。典型的特洛伊木马有灰鸽子、网银大盗等。

4. 计算机病毒引起的异常现象

假如计算机有以下的异常现象,用户要考虑可能是有病毒:

(1) 程序装入时间比平时长,运行异常。

(2) 有规律地发现异常信息。

(3) 用户访问设备(例如打印机)时发现异常情况,如打印机不能联机或打印符号异常。

(4) 磁盘的空间突然变小了,或不识别磁盘设备。

(5) 程序和数据神秘地丢失,文件名不能辨认。

(6) 显示器上经常出现一些莫名其妙的信息或异常显示(如白斑、圆点等)。

(7) 机器经常出现死机现象或不能正常启动。

(8) 发现可执行文件的大小发生变化或发现不知来源的隐藏文件。

5. 预防病毒

计算机病毒的预防要做到管理与技术相结合。出现病毒后进行消除只是一种被动的补救措施,只有做到行动上防毒才能防患于未然。

(1) 管理手段:专机专用,特别是重要的机器要防止无关人员上机。只使用规定的干净的软盘,避免使用外来的软盘。关键是重要的机器要与互联网物理上隔离。不要随便打开陌生人发来的电子邮件。

(2) 技术手段:安装正版软件,不用盗版软件。安装杀毒软件,并且定期升级,更新病毒代码库。正确配置系统,定期检查敏感文件。

6. 清除病毒

一旦怀疑计算机中了病毒,应该采取有效措施,建议采用以下方法:

(1) 在感染上病毒后,应当先关机,以免病毒对计算机进行进一步的破坏。

(2) 然后开机且用干净的系统启动程序,启动操作系统。或者在启动 Windows 时,按 F8 键,进入 Windows 安全模式。在 Windows 安全模式下,由于只启动了很少的软件和程序,一般来说此时的环境是无毒的。

(3) 进入系统后，首先对数据进行备份，以免以后丢失数据。备份可以使用移动硬盘或U盘等设备。

(4) 备份完后，在Windows XP以上的操作系统中，启动Windows的系统还原功能(单击“开始”→“附件”→“系统工具”→“系统还原”选项)，把Windows操作系统恢复到未感染病毒前的状态。

(5) 系统还原后，再启动杀毒软件进行全面的系统扫描和杀毒，并且保证该杀毒软件的病毒代码库为最新版本。杀毒软件要设置为对引导区、内存、邮件和所有本地磁盘彻底杀毒。最好先杀一次，启动，重新再杀毒一次。必要时，删除可疑文件。

(6) 若是杀毒结束后仍然怀疑有未清除的病毒，可以把病毒向病毒监测中心汇报，最好把怀疑样本送到反病毒研究中心。对于此计算机，进行硬盘的格式化，然后重新安装操作系统。

7. 常用杀毒软件简介

1) 瑞星杀毒软件

瑞星杀毒软件是北京瑞星科技股份有限公司设计开发的。它采用了多项新技术，有效提升了对未知病毒、变种病毒、木马和恶意网页的查杀能力，在降低系统资源消耗、提升杀毒速度、快速智能升级等多方面进行了改进。

瑞星提供的注册表修复工具可以快速修复被病毒、恶意网页篡改的注册表内容，排除故障，保障系统安全稳定。

瑞星安全助手可以在Office 2000(及其以上版本)的文档打开之前对该文件进行查毒，将宏病毒封杀在宏启动之前。同时，瑞星安全助手还可以对IE 5(及其以上版本)下载的控件在本地运行之前先行查毒，杜绝恶意代码通过IE下载的控件进行传播。

2) 金山毒霸

金山公司是国内著名的软件公司，其开发的金山毒霸对查毒速度做了优化，可以快速、彻底地查杀多种流行病毒，在普通配置的计算机上，“闪电杀毒”扫描一个40GB的硬盘只要4min。

金山网镖集合了金山毒霸网络个人防火墙、IE防火墙、实时监控网络安全状态等功能，为用户提供全面的病毒防护。此外，金山网镖的系统漏洞监测程序可以检测用户当前系统可能的安全漏洞隐患。

3) AntiViral Toolkit Pro 3.0 (AVP)

由莫斯科的Kaspersky Lab公司出品的AVP是一款共享软件。它功能强大，技术先进，高效、安全可靠、容易使用；缺点是没有中文版本。

AVP可以查杀多种压缩格式文件中的病毒，它的启发式代码分析器可以监测出80%的未知新病毒。AVP首先使用了“虚拟机”技术，是不少国内程序员学习编写反病毒软件的优秀范例。

8. 网络病毒的识别及防治

计算机网络使人们共享资源更方便，但也给病毒传播创造了更有利的条件。网络条件下的病毒按指数增长模式进行传播，传播范围更广泛，危害更为严重。网络环境下病毒防治是计算机反病毒领域的研究重点。

1）网络病毒的特点

网络病毒的特点是传染方式多、传播速度快、清除难度大、破坏性强。

2）网络病毒的传播与表现

局域网：大多数公司使用局域网文件服务器，用户直接从文件服务器复制文件。如果用户在工作站上执行一个带毒操作文件，这种病毒就会感染网络上其他可执行文件。如果用户在工作站上执行的内存驻留文件带毒，当访问服务器上的可执行文件时就会进行感染。

对等网：使用网络的另一种方式是对等网络，在端到端网络上，用户可以读出和写入每个连接的工作站上本地硬盘中的文件。因此，每个工作站都可以有效地成为另一个工作站的客户和服务器。而且，端到端网络的安全性很可能比专门维护的文件服务器的安全性更差。这些特点使得端到端网络对基于文件的病毒的攻击尤其敏感。如果一台已感染病毒的计算机可以执行另一台计算机中的文件，那么这台感染病毒计算机中的活动的内存驻留病毒能够立即感染另一台计算机硬盘上的可执行文件。

Internet：文件病毒可以通过 Internet 毫无困难地发送，而可执行文件病毒不能通过 Internet 在远程站点感染文件，此时 Internet 是文件病毒的载体。

3）网络病毒的防治

(1) 基于工作站的防治方法。有一种工作站病毒防护芯片可以把防病毒功能集成在一个芯片上，安装于网络工作站，以便经常性地保护工作站及其通往服务器的途径。其基本原理是：网络上的每个工作站都要求安装网络接口卡，而网络接口上有一个 Boot ROM 芯卡，因为多数网卡的 Boot ROM 并没有充分利用，都会剩余一些使用空间，所以如果防毒程序够小，就可以安装在网络的 Boot ROM 的剩余空间内，而不必另插一块芯片。这样，将工作站存取控制与病毒保护能力合二为一地插在网卡的 RPROM 槽内，用户可以免去许多烦琐的管理工作。

(2) 基于服务器的防治方法。目前，基于服务器的防治病毒方法大都采用了以 NLM (NetWare loadable module，可装载模块技术)进行程序设计，以服务器为基础，提供实时扫描病毒能力。市场上较有代表性的产品，有 Intel 公司的 LANdesk Virus Protect、Symantec 公司的 Center Point Anti-Virus 和 S&S Software International 公司的 Dr. Solomon' Anti-Virus Toolkit，以及我国北京威尔德电脑公司的 LANClear For NetWare。

4）网络反病毒技术的特点

(1) 网络反病毒技术的安全度取决于“木桶理论”。被计算机安全界广泛采用的著名的“木桶理论”认为，整个系统的安全防护能力取决于系统中安全防护能力最薄弱的环节。计算机网络病毒防治是计算机安全极为重要的一个方面，它同样也适用于这一理论。一个计算机网络对病毒的防御能力取决于网络中病毒防护能力最薄弱的一个节点。

(2) 网络反病毒技术尤其是网络病毒实时监测技术应符合“最小占用”原则。网络反病毒产品是网络应用的辅助产品，因此对网络反病毒技术，尤其是网络病毒实时监测技术，在自身的运行中不应影响网络的正常运行。

网络反病毒技术的应用理所当然会占用网络系统资源(增加网络负荷、额外占用 CPU、占用服务器内存等)。正由于此，网络反病毒技术应符合“最小占用”原则，以保证网络反病毒技术和网络本身都能发挥出应有的正常功能。

(3) 网络反病毒技术的兼容性是网络防毒的重点与难点。网络上集成了那么多的硬件和软件,流行的网络操作系统也有好几种,按照一定网络反病毒技术开发出来的网络反病毒产品要运行于这么多的硬件和软件之上,与它们和平共处,实在是非常之难,远比单机反病毒产品复杂。这既是网络反病毒技术必须面对的难点,又是其必须解决的重点。

10.4 防 火 墙

防火墙是一种用来加强网络之间访问控制的特殊网络设备,常常安装在受保护的内部网络连接到 Internet 的点上,它对传输的数据包和连接方式按照一定的安全策略进行检查,来决定网络之间的通信是否被允许。防火墙能有效地控制内部网络与外部网络之间的访问及数据传输,从而达到保护内部网络的信息不受外部非授权用户的访问和对不良信息的过滤。防火墙的位置如图 10-6 所示。它具有如下的两个目的:

(1) 限制人们从一个特别的控制点进入,防止侵入者接近内部设施。

(2) 限定人们从一个特别的点离开,有效地保护内部资源。

防火墙(见图 10-7)的功能要求所有进出网络的通信流都应该通过防火墙,所有穿过防火墙的通信流都必须有安全策略和计划的确认和授权。防火墙按照规定好的配置和规则,监测并过滤所有通向外部网和从外部网传来的信息,只允许授权的数据通过,防火墙还应该能够记录有关的联结来源、服务器提供的通信量以及试图闯入者的任何企图,以方便管理员的监测和跟踪。

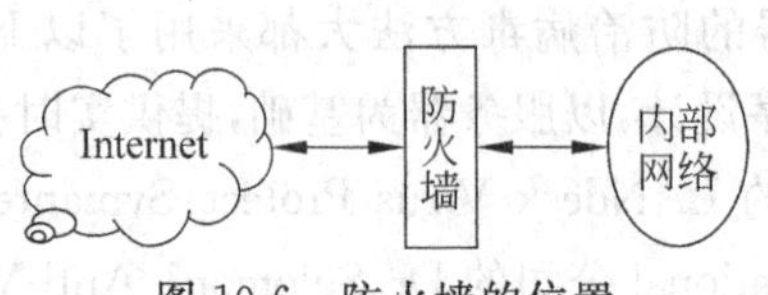

图 10-6 防火墙的位置

图 10-7 防火墙的示意图

目前业界优秀的防火墙产品有 Check Point 的 Firewall-1、Cisco 的 PIX 防火墙、NetScreen 防火墙等。国产防火墙主要有东软 NetEye 防火墙、天融信 NGFW 防火墙、南大苏富特 Softwall 防火墙等。

使用防火墙有以下的好处。

1. 防止易受攻击的服务

防火墙可以过滤不安全的服务来降低子网上主系统所冒的风险。如禁止某些易受攻击的服务(如 NFS)进入或离开受保护的子网。防火墙还可以防护基于路由选择的攻击。

2. 控制访问网点系统

防火墙还有能力控制对网点系统的访问。例如,除了邮件服务器或信息服务器等特殊情况外,网点可以防止外部对其主系统的访问。

3. 集中安全性

防火墙闭合的安全边界保证可信网络和不可信网络之间的流量只有通过防火墙才有可能实现，因此，可以在防火墙设置统一的策略管理，而不是分散到每个主机中。

4. 增强的保密、强化私有权

使用防火墙系统，站点可以防止 finger 以及 DNS 域名服务。finger 会列出当前使用者名单，他们上次登录的时间以及是否读过邮件等。防火墙也能封锁域名服务信息，从而使 Internet 外部主机无法获取站点名和 IP 地址。

5. 有关网络使用、滥用的记录和统计

如果对 Internet 的每次往返访问都通过防火墙，那么，防火墙可以记录各次访问，并提供有关网络使用率的有价值的统计数字。如果一个防火墙能在可疑活动发生时发出音响报警，则还提供防火墙和网络是否受到试探或攻击的细节。采集网络使用率统计数字和试探的证据是很重要的，这有很多原因。最为重要的是可知道防火墙能否抵御试探和攻击，并确定防火墙上的控制措施是否得当。网络使用率统计数字也很重要，因为它可作为网络需求研究和风险分析活动的输入。

6. 政策执行

防火墙可提供实施和执行网络访问政策的工具。事实上，防火墙可向用户和服务提供访问控制。因此，网络访问政策可以由防火墙执行。如果没有防火墙，这样一种政策完全取决于用户的协作。网点也许能依赖其自己的用户进行协作，但是，它一般不可能，也不依赖 Internet 用户。

上面叙述了防火墙的优点，但它还是有缺点的，主要表现在以下几个方面：

(1) 不能防范内部攻击。内部攻击是任何基于隔离的防范措施都无能为力的。

(2) 不能防范不通过它的连接。防火墙能够有效地防止通过它进行传输信息，然而不能防止不通过它而传输的信息。

(3) 不能防备全部的威胁。防火墙被用来防备已知的威胁，但没有一个防火墙能自动防御所有新的威胁。

(4) 防火墙不能防范病毒。防火墙不能防止感染了病毒的软件或文件的传输。

(5) 防火墙不能防止数据驱动式攻击。如果用户抓来一个程序在本地运行，那个程序很可能就包含一段恶意的代码。随着 Java、JavaScript 和 Active X 控件的大量使用，这一问题变得更加突出和尖锐。

10.5 计算机网络安全的监控

互联网的发展在提高信息资源的利用率的同时也带来了很多安全的隐患。为了及时发现网络上存在的安全问题并及时采取适当的措施，则必须加强网络安全检测与监控。

1. 网络安全检测技术

网络安全检测技术主要包括实时安全监控技术和安全扫描技术。实时安全监控技术对网络中的数据流进行检查，一旦发现有被攻击的情况，立即做出合适的反应。安全扫描技术则对网络的安全漏洞进行扫描，以及时发现漏洞并加以修复。

2. 网络安全自动检测系统

网络安全自动检测系统主要是利用现有的攻击方法对计算机网络系统实施模拟攻击，以发现系统的安全缺陷，其结构如图10-8所示。

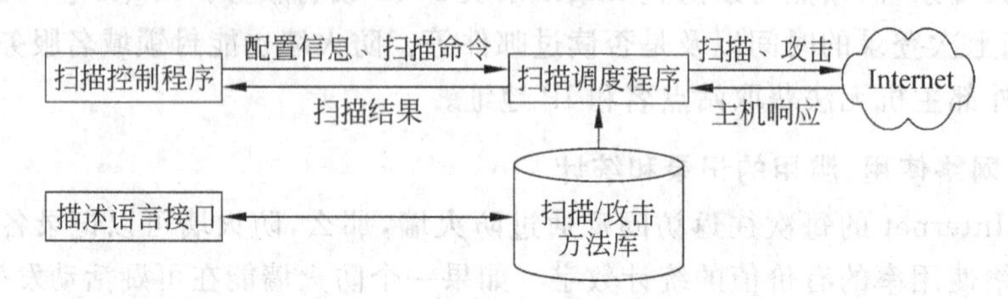

图10-8 网络安全自动检测系统

3. 网络入侵监控预警系统

网络入侵监控预警系统则负责监视网络上的通信数据流，以及时发现可疑的网络活动和对系统安全的攻击行为，并在系统受到攻击时加以报警，其结构如图10-9所示。

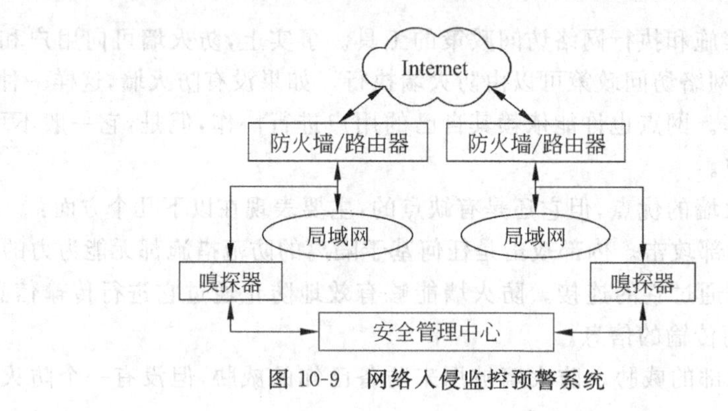

图10-9 网络入侵监控预警系统

10.6 计算机安全方面的对策

通过以上介绍，可总结出以下计算机安全方面的对策。

1. 技术层面对策

对于技术方面，计算机安全技术主要有实时扫描技术、实时监测技术、防火墙、完整性检验保护技术、病毒情况分析报告技术和系统安全管理技术。综合起来，技术层面可以采取以下对策：

(1) 建立安全管理制度。提高包括系统管理员和用户在内的人员的技术素质和职业道德修养。对重要部门和信息，严格做好开机查毒，及时备份数据，这是一种简单有效的方法。

(2) 网络访问控制。访问控制是网络安全防范和保护的主要策略。它的主要任务是保证网络资源不被非法使用和访问。它是保证网络安全最重要的核心策略之一。访问控制涉及的技术比较广,包括入网访问控制、网络权限控制、目录级控制以及属性控制等多种手段。

(3) 数据库的备份与恢复。数据库的备份与恢复是数据库管理员维护数据安全性和完整性的重要操作。备份是恢复数据库最容易和最能防止意外的保证方法。恢复是在意外发生后利用备份来恢复数据的操作。有 3 种主要备份策略:只备份数据库、备份数据库和事务日志、增量备份。

(4) 应用密码技术。应用密码技术是信息安全核心技术,密码手段为信息安全提供了可靠保证。基于密码的数字签名和身份认证是当前保证信息完整性的最主要方法之一,密码技术主要包括古典密码体制、私钥密码体制、公钥密码体制、数字签名以及密钥管理。

(5) 切断传播途径。对被感染的硬盘和计算机进行彻底杀毒处理,不使用来历不明的 U 盘和程序,不随意下载网络可疑信息。

(6) 提高网络反病毒技术能力。通过安装病毒防火墙,进行实时过滤。对网络服务器中的文件进行频繁扫描和监测,在工作站上采用防病毒卡,加强网络目录和文件访问权限的设置。在网络中,对文件的权限进行设置,设置只能由服务器才允许执行的文件。

(7) 研发并完善高安全的操作系统。研发具有高安全的操作系统,不给病毒得以滋生的温床才能更安全。

2. 管理层面对策

计算机网络的安全管理不仅要看所采用的安全技术和防范措施,而且要看它所采取的管理措施和执行计算机安全保护法律、法规的力度。只有将两者紧密结合,才能使计算机网络安全确实有效。

计算机网络的安全管理包括对计算机用户的安全教育、建立相应的安全管理机构、不断完善和加强计算机的管理功能、加强计算机及网络的立法和执法力度等方面。加强计算机安全管理,加强用户的法律、法规和道德观念,提高计算机用户的安全意识对防止计算机犯罪、抵制黑客攻击和防止计算机病毒干扰都是十分重要的措施。

这就要对计算机用户不断进行法制教育,包括计算机安全法、计算机犯罪法、保密法、数据保护法等。明确计算机用户和系统管理人员应履行的权利和义务,自觉遵守合法信息系统原则、合法用户原则、信息公开原则、信息利用原则和资源限制原则,自觉地和一切违法犯罪的行为作斗争,维护计算机及网络系统的安全,维护信息系统的安全。除此之外,还应教育计算机用户和全体工作人员自觉遵守为维护系统安全而建立的一切规章制度,包括人员管理制度、运行维护和管理制度、计算机处理的控制和管理制度、各种资料管理制度、机房保卫管理制度、专机专用和严格分工等管理制度。

3. 物理安全层面对策

要保证计算机网络系统的安全、可靠,必须保证系统实体有个安全的物理环境条件。这个安全的环境是指机房及其设施,主要包括以下内容:

(1) 计算机系统的环境条件。计算机系统的安全环境条件包括温度、湿度、空气洁净度、腐蚀度、虫害、振动和冲击、电气干扰等方面都要有具体的要求和严格的标准。

(2) 机房场地环境的选择。计算机系统选择合适的安装场所十分重要。它直接影响到系统的安全性和可靠性。选择计算机房场地,要注意其外部环境安全性、地质可靠性、场地抗电磁干扰性,避开强振动源和强噪声源,并避免设在建筑物高层和用水设备的下层或隔壁,还要注意出入口的管理。

(3) 机房的安全防护。机房的安全防护是针对环境的物理灾害和防止未授权的个人或团体破坏、篡改或盗窃网络设施、重要数据而采取的安全措施和对策。为做到区域安全,第一,应考虑物理访问控制来识别访问用户的身份,并对其合法性进行验证;第二,对来访者必须限定其活动范围;第三,要在计算机系统中心设备外设多层安全防护圈,以防止非法暴力入侵;第四,设备所在的建筑物应具有抵御各种自然灾害的设施。

计算机网络安全是一项复杂的系统工程,涉及技术、设备、管理和制度等多方面的因素,安全解决方案的制定需要从整体上进行把握。网络安全解决方案是综合各种计算机网络信息系统安全技术,将安全操作系统技术、防火墙技术、病毒防护技术、入侵检测技术、安全扫描技术等综合起来,形成一套完整的、协调一致的网络安全防护体系。为此,必须做到管理和技术并重,安全技术必须结合安全措施,并加强计算机立法和执法的力度,建立备份和恢复机制,制定相应的安全标准。此外,由于计算机病毒、计算机犯罪等技术是不分国界的,因此必须进行充分的国际合作,来共同对付日益猖獗的计算机犯罪和计算机病毒等问题。

本章小结

本章首先介绍了当前计算机安全方面的问题和计算机犯罪方面的特点。为此,需要加强计算机安全,以保证计算机及其网络的保密性、信息的完整性、可用性和可控性。然后,本章重点介绍了计算机安全方面的加密与解密技术,并以凯撒密码为例阐述了加密与解密技术。在此基础上介绍了公钥加密技术。接着,本章介绍了计算机病毒的特点、预防的方法和染毒后应采取的措施。接下来,阐述了防火墙的作用与功能。然后,本章介绍了计算机网络安全的监控技术。最后,本章介绍了计算机安全方面应采取的对策。

习　题

一、简答题

1. 计算机逻辑安全有哪 4 个方面?
2. 计算机网络犯罪有哪 4 种形式?
3. 简要说明公钥加密和私钥加密的异同点。
4. 简要说明计算机染毒后的处理方法。

5. 简述防火墙的作用。

二、选择题

1. 已知有一病毒，其感染文件后的病毒代码长为10KB。现有一文件长为200KB，则此文件感染这个病毒后的长度为________KB。

A) 190　　B) 200　　C) 210　　D) 10

2. 凯撒密码的加密密钥最多有________种。

A) 24　　B) 25　　C) 26　　D) 27

3. 计算机病毒会感染以下________格式类型的文件。

A) *.BMP　　B) *.EXE　　C) *.TXT　　D) *.AVI

4. RSA是一种________加密算法。

A) 公钥　　B) 私钥　　C) 公钥或私钥　　D) 公钥且私钥

5. DES是一种________加密算法。

A) 公钥　　B) 私钥　　C) 公钥或私钥　　D) 公钥且私钥

6. 防火墙在计算机网络中是处于________。

A) 局域网和Internet之间　　B) 两个局域网之间

C) 局域网内各计算机之间　　D) 路由器和路由器之间

7. 感染Word文件*.DOC的病毒是一种________病毒。

A) 引导区　　B) 宏病毒　　C) 蠕虫　　D) 文件型

8. 计算机网络安全监控的目的是________。

A) 防病毒　　B) 加密与解密

C) 检测与监控对网络的攻击　　D) 盗取用户名和密码

三、计算题

已知key=5，明文为"attach at seven clock"，采用凯撒密码加密后的密文是什么？

四、上网题

1. 上网搜索关于蠕虫病毒的文章，并就其特点和预防的方法撰写一篇论文。

2. 上网搜索关于计算机密钥的分发和管理方面的文章，并就其常用的方法撰写一篇文章。

五、探索题

1. 对如何识别和区分系统中的合法进程和病毒进程进行探索。在此基础上，对如何使用工具软件Ice Sword(冰刃)来查杀病毒进行探索。

2. 对当前各种备份和还原系统的方法进行探索，并分析各方法的优缺点。

第  章 计算机专业人员职业规划和道德标准

作为未来的实际工作者，计算机科学与技术专业的学生不仅要了解自己所学的专业，对如何度过大学四年应有一个明确的规划，同时还要了解社会，了解与该专业相关的职业种类及在实际工作中应该遵守的道德基准和法律法规。

11.1 计算机科学与技术专业人员的学习和工作

信息产业发展的关键是相应人才的拥有量。拥有足够数量的、高素质的信息人才是实现信息化社会的保证和原动力，是信息化社会的基本特征之一。大学作为人才培养的基地，如何让计算机专业的学生通过高等教育最终成为一名合格的人才是当前大学教育所需关注的首要问题。

1. 计算机科学技术专业培养目标

在信息化社会中所需要的计算机人才是多方位的，不仅需要研究型、设计型的人才，而且需要应用型的人才；不仅需要开发型的人才，而且需要维护型、服务型、操作型的人才。由于信息技术发展日新月异，信息产业是国民经济中变化最快的产业，因此要求计算机人才具有较高的综合素质和创新能力，并对于新技术的发展具有良好的适应性。

因此，计算机科学技术专业培养目标是要求大学生通过本专业的四年学习，逐渐成长为一名基础扎实、知识面宽、能力强、素质高的专门人才。具体说来，就是要求毕业生应获得以下几方面的知识和能力：

(1) 掌握计算机科学与技术的基础知识、基本理论和基本技能，受到严格的科学实验训练和科学研究初步训练。

(2) 掌握计算机应用系统的分析和设计的基本方法，具有较熟练地进行程序设计和开发计算机应用系统的基本技能；能在计算机科学与技术及其应用的各相关领域中从事科学研究、教学、科技开发和管理工作。

(3) 了解计算机科学技术和专业范围内的发展现状和发展趋势。

(4) 具有创新意识、创新精神和良好的职业素质，具有从事计算机研究的能力，熟悉法规，具有善于与人合作共事的能力。

(5) 掌握文献检索，资料查询的基本方法，具有独立获取知识和信息的能力。

(6) 掌握一门外国语，能够比较熟练地阅读本专业英文技术资料，达到国家规定等级要求。

(7) 了解与计算机有关的法律法规，能够保证自己的行为是合法的、合乎道德的。

因此，作为一名计算机专业的大学生，要达到上述要求，需要从根本上认识到大学的学习方式不同于以前高中、初中阶段的学习方式，大学的学习模式是以学生为主导的自学模式。因此，为了学到相应的专业知识的同时提高自身素质，不仅需要学好专业课程，基础课程等，还需要加强实践能力的培养，通过课外学习，充分利用高校的资源提升个人素质。

当然，高校是培养多方位人才的场所，因此，为大学毕业生建立一个统一的标准是困难的，除了获得良好的课程考核外，在大学期间还要培养自己各个方面的能力，了解信息化社会对计算机人才的需求。作为在校大学生，最终要步入社会，实现自己的价值，因此，有必要了解用人单位对大学生的要求，以便在大学期间努力培养社会所需要的素质和能力，根据 2001 年的调查，用人单位对求职者的素质要求可以归纳为如下几点：

(1) 诚实与正直。

(2) 口头和书面的交流能力。

(3) 协同工作的能力。

(4) 人际交往的能力。

(5) 工作的动力和主动性。

(6) 职业道德。

(7) 分析能力。

(8) 灵活性和适应能力。

(9) 计算机技能。

(10) 自信。

总之，拥有高尚的思想道德和渊博的专业知识，将会是大学生面向社会的有力保障。

2. 考研深造

经过四年的大学学习，部分同学选择了考研继续深造，大学本科结束后的学历教育还有硕士研究生和博士研究生。

大学阶段所学的专业知识只是最基础的，无论从事何种工作都不够，尤其是计算机科学与技术的研究性工作。通过继续深造，深入系统地学习和钻研学科理论和技术，对实现个人价值都是很重要的一步。

1) 获取考研信息

通过上网了解，或直接登录高等院校及科研院所的网站去查阅招生信息、报考指南、考试科目和对应的参考书等信息。同时，应该和对应的老师进行交流，获得报考学校和研究方向等方面的指点。例如计算机考研自 2009 年实行专业课全国统考以后，其专业课综合包含数据结构(45 分)、计算机组成原理(45 分)、操作系统(35 分)、计算机网络(25 分)，因此学生在大学期间，就应该尽早获取相应的信息，尽早做准备。

2) 准备考研

一旦确定了考研的目标，就要提早准备。一般来说，应系统性地复习：准备考研从大三第二学期开始，入学考试一般是在大四第一学期末，考研复试一般安排在大三的第二个学期开始。这样的安排并意味着大一、大二两年可以不用考虑考研这个目标，实际上，考研应该开始于大学入学那一天，对计算机专业学生来说，考研所必考的课程，如英语、数学都在大一、大二两年修习。因此，如果确定了考研目标，在学习这些课程时，就应该比其他同学更有意识地深入学习，多阅读课外资料，多做练习，多请教老师。对以后开始的专业基础课程也应该学得扎实，透彻，为考研奠定坚实的基础。

考研准备是个长期的、艰苦的旅程，需要坚定的信念和顽强的毅力来支持。因此，应该制订复习计划，最好能与其他考研同学相互交流，共同帮助，相互鼓励，共同进步。以下给出一个考研的复习计划。

第一阶段：明确目标，结合自己的兴趣、学科基础、就业意向等确定报考专业方向和报考学校。

第二阶段：基础复习阶段，这个阶段一般在大三的第二个学期(一般为 3 月～7 月)，以指定的参考书为主，进行第一轮的复习，对公共课、专业课等的复习要以理解为主，不必过于在细节难点上花费太多时间，但需要做好笔记，在难点做出标记，并能总结出问题以便以后深入解决或向老师提问。同时要善于整理为所复习的知识建立框架，在头脑中形成完整的知识体系。

第三阶段：强化复习阶段(一般为 8 月～11 月)，这个阶段要进行第二轮复习，根据指定的教材参考书和新一年的大纲，结合第一阶段的笔记进行复习，重点解决第一阶段遗留的问题，同时应该对历年真题进行分析，把握重点。对一些需要记忆的进行强化记忆，要理解得透彻明白，应用能达到灵活变通。

第四阶段：考研冲刺阶段(一般为 12 月～1 月)到这个阶段，将复习的笔记进行重点快速浏览，将整个知识体系全面地把握并记忆在心，同时查漏补缺。

第五阶段：应考阶段，调整好身体状态和情绪，不紧张，不急躁，平常心对待即可。

3) 方向的选择

一般来说，一般学校或研究机构都有几个研究方向可供考生选择，根据各个学校的师资水平、科研能力等都有不同的重点研究方向，学生可以根据自己的特点、兴趣、自身的素养及其就业意向，选择合适的学校和合适的方向。通常，计算机科学技术有计算机应用技术、计算机软件与理论和计算机系统结构 3 个研究方向。以下简单地介绍这 3 个方向。

(1) 计算机软件与理论方向。计算机软件与理论方向主要包括软件的设计、开发、维护和使用过程中涉及的理论、方法和技术，探讨计算机科学与技术发展的理论基础。计算机软件与理论的研究范围十分广泛，包括系统软件、软件自动化、程序设计语言、数据库系统、软件工程与软件复用技术、并行处理与高性能计算、智能软件、理论计算机科学、人工智能、计算机科学基础理论等。

如果选择该方向，需要学生具备扎实的近代数学基础，掌握软件开发和维护的理论和方法，以及计算机系统结构和计算机应用的基本知识。研究方向进一步可分为软件工程，系统软件、软件自动化、新型程序设计语言、分布式系统、数据库系统、并行计算、智能软件、软件理论等。

主要课程包括近代数学、新型软件技术、高等数理逻辑、代数算法、组合数学、软件开发环境、面向对象技术、新型程序设计语言、软件方法、分布式系统和计算机网络、高级操作系统、数据库新技术、人工智能、并行处理、形式语言和自动机、高级计算机系统结构、算法设计和分析、人机界面、图形图像处理。胜任高等学校教学、科研及软件研究和设计工作。

(2) 计算机应用方向。计算机应用方向是个非常广泛的方向。涵盖了当今社会的各个领域，极大地增强了人类认识世界、改造世界的能力，并对社会和生活的各个领域产生了深远的影响，促进了当今社会从工业化社会到信息化社会发展的进程。主要的应用包括以下几个方面：

① 科学计算与智能图像处理。

② 计算机网络技术及应用，主要研究新型网络通信协议、网络互联与路由选择、网络规划与设计、网络性能分析、网络管理、网络与信息安全技术、网络信息检索与服务系统、目录服务、远程教育及其他网络应用系统。

③ 专家系统和人工智能，主要研究人工智能技术、专家系统的理论和开发技术、智能监控技术等。对现实世界的大型复杂问题领域，使用人工智能的方法进行合作问题求解。涉及自动推理技术、过程规划和调度、并行处理和协同规划、分布式知识库的管理。

④ 信息检索，以语言文本与多媒体资料为基础，特别是国际互联网信息为背景，进行图文、声音、图形、图像等信息摘取、过滤、分析、识别、组织、检索、分类和知识挖掘等。

⑤ 数据挖掘，主要研究数据挖掘模型建模技术、数据预处理技术、挖掘算法的选择与设计以及挖掘结果的评价技术。

⑥ 分布式计算模型，主要研究网格环境下的资源管理。

⑦ 工作流系统技术，主要研究工作流模型、工作流运行体系结构、工作流并发控制机制等。

⑧ 数据库系统及其应用，主要研究数据库系统实现技术、多媒体数据库、面向对象数据库、Internet 相关数据库技术、数据库安全、分布式数据库。

⑨ 数据流管理，主要研究实时数据流任务的可调度性、实时数据流查询处理的自适应性和面向专门应用的数据流可操作性。

⑩ 信息安全，主要研究数据共享、数据发布和数据挖掘的数据隐私保护算法。

(3) 计算机系统结构方向。计算机系统结构主要研究方向如下：

并行分布计算、新型计算机、计算机网络与通信、嵌入式系统、集成电路设计、信息存储、可信计算与容错计算等方向。

4) 考研的后续工作

由于现在各个院校在招生时根据考研国家线或者自己学校划定的分数线，都需要对上线考生进行面试，只有面试合格的考生才最终能被录取，因此，面试成绩的好坏也直接影响着能否被最终被录取。所以需要各位考生在参加完硕士研究生入学考试后，如果感觉良好，在等待成绩公布的同时就应该开始准备复试。

各个院校的复试一般在考试当年的 3 月下旬到 5 月上旬间进行，过去一般是等额面试，现在基本上都已改成差额面试，差额比例一般按照 120%左右掌握，而生源充足的招生单位可以适度扩大差额复试比例。每年都有一部分考生在复试中折戟，因此竞争非常残酷。这就要求考生们要精心准备面试，不仅要在面试中要有一个自信、从容的心态，有礼貌，谈吐清楚，态度诚恳地回答老师提出的问题，对计算机专业的学生，还要注意以下问题：

(1) 面试主要包括英语面试和专业面试两部分：英语面试一般要考生针对某个问题谈谈自己的见解或者采用问答式，因此要适当地强化听力和口语练习。

(2) 对专业课面试的注意事项是在回答老师提问时首先不要紧张，对自己了解的东西多说一点，不懂的地方少说一点，懂得扬长避短。其次，要适当地阅读导师的一些论文或著作，同时通过网络等了解该领域的研究状况和最新的学术前沿，同时对计算机专业的学生来说，良好的分析问题能力的介绍，动手能力也能为面试的老师留下较好的印象。

3. 与计算机科学技术相关的证书

大学生在校期间如果能考取一些专业证书，来证明自己拥有相应的知识和技能，就能在就业大潮中增加自己的竞争力。目前计算机认证考试种类繁多，既有全国性、地区性、行业性考试，也有各个商业公司自行设立的考试。

1) 计算机技术与软件专业技术资格(水平)考试证书

从参加考试的人数、考试合格证书有效力及社会对考试的认同程度来看，计算机认证考试中最具有影响力的当属全国计算机技术与软件专业技术资格(水平)考试。

计算机技术与软件专业技术资格(水平)考试(简称计算机软件考试)是中国计算机软件专业技术资格和水平考试(简称软件考试)的完善与发展。是由国家人事部和信息产业部联合主办的国家级考试，其目的是科学、公正地对全国计算机技术与软件专业技术人员进行职业资格、专业技术资格认定和专业技术水平测试。

软件考试在全国范围内已经实施了十多年，到2003年底，累计参加考试的人数超过一百万。考试的权威性和严肃性得到了社会及用人单位的广泛认同，并为推动我国信息产业特别是软件产业的发展和提高各类IT人才的素质做出了积极的贡献。

国家人事部、信息产业部文件(国人部发[2003]39号)规定，计算机软件考试从2004年起纳入全国专业技术人员职业资格证书制度的统一规划。通过考试获得证书的人员，表明其已具备从事相应专业岗位工作的水平和能力，用人单位可根据工作需要从获得证书的人员中择优聘任相应专业技术职务(技术员、助理工程师、工程师、高级工程师)。计算机技术与软件专业实施全国统一考试后，不再进行相应专业技术职务任职资格的评审工作。因此，这种考试是职业资格考试，也是专业技术资格考试。

同时，这种计算机软件考试还具有水平考试的性质，报考任何级别不需要学历、资历条件，考生可根据自己熟悉的专业情况和掌握的知识水平选择适当的报考级别。程序员、软件设计师、系统分析师级别的考试已与日本相应级别的考试互认，以后还将扩大考试互认的级别以及互认的国家和地区。

计算机软件考试分5个专业类别：计算机软件、计算机网络、计算机应用技术、信息系统、信息服务。每个专业又分3个层次：高级资格(相当于高级工程师)、中级资格(相当于工程师)、初级资格(相当于助理工程师、技术员)，并对每个专业、每个层次，设置了若干个资格(或级别)。从2004年开始逐步实施这些级别的考试。

考试合格者可获得由中华人民共和国人事部和信息产业部共同颁发的《计算机技术与软件专业技术资格(水平)证书》，全国统一、全国有效。原计算机软件专业技术资格证书和水平证书继续有效，考试级别如表11-1所示。

表 11-1 计算机软件考试级别

专业类别 资格名称 级别层次	计算机软件	计算机网络	计算机应用技术	信息系统	信息服务
高级资格	信息系统项目管理师 系统分析师(原系统分析员) 系统架构设计师 网络规划设计师 系统规划与管理师				
中级资格	软件评测师 软件设计师(原高级程序员) 软件过程能力评估师	网络工程师	多媒体应用设计师 嵌入式系统设计师 计算机辅助设计师 电子商务设计师	信息系统监理师 数据库系统工程师 信息系统管理工程师 系统集成项目管理工程师 信息安全工程师	信息技术支持工程师 计算机硬件工程师
初级资格	程序员(原初级程序员、程序员)	网络管理员	多媒体应用制作技术员 电子商务技术员	信息系统运行管理员	信息处理技术员 网页制作员

从 2004 年开始,每年将举行两次考试,上下半年各一次。每年上半年和下半年考试的级别不尽相同,考试级别和考试大纲由全国计算机技术与软件专业技术资格(水平)考试办公室公布。

2) 国外著名的计算机公司组织的计算机证书考试

目前,除了国内政府机构组织的考试外,一些国内外著名的计算机公司组织的计算机证书考试在社会上也有一定的影响力和吸引力。

(1) Sun Java 开发认证证书。Sun 公司的王牌产品 Java 技术以其安全性、易用性和开发周期短的特点成为全球第二大软件开发平台,并被列为当今世界信息技术三大要点之一。正是由于权威性,Java 技术在全球 IT 业中被广泛应用,不仅是 IT 企业,同时也被越来越多的国际技术标准化组织所接受。由于 JAVA 已成为最流行的软件编程工具,所以拥有相关证书,无疑就获得了宽广的就业空间和强大的就业竞争力。特别是 J2EE 企业设计师等一些高端认证,具有实用性强、企业认可度高的特点,是软件开发领域最为"有用"的证书,是软件开发高手的"专业身份证"。

(2) Cisco 系列证书。Cisco 在全球互联网业占据垄断地位,用户遍及政府、教育机构及各种行业。Cisco 认证证书代表着高标准的专业技术水平,是网络专业人士的"全球通行证"。Cisco 的网络管理系列认证还具有很强的渐进性,每本证书的含金量都极高。CCNA 作为网络普及和扫盲性质的认证,是非常不错的入门证书。CCNP 一贯享有"网络界本科文凭"的称号,考试难度位居中级网络认证之首,证书权威性可见一斑;认证考试长达 8 小时的实验环节使该证书的含金量极高,甚至被称为"网络界的博士学位"。

(3) Microsoft 系列证书。Microsoft 公司是世界上第一大软件公司,对打算进入 IT 技术圈者来说, MCSE 操作系统应用广泛且兼容性强,一般的计算机爱好者通常都对它十分熟悉。MCSE证书可帮助其打好基础，使其能更好地学习其他的IT知识，是进入IT业的“敲门砖”。由于工作内容涉及的是操作系统和Server平台，因此，MCSE认证拥有者的就业虽然不窄，但是技术转型不容易，特别适合从事操作系统网管一职。MCSE代表有充分的能力驾驭架设于Microsoft Windows。

除了上述一些证书外，还有RED HAT系列证书、NOVELL系列证书等。

4. 与计算机科学与技术专业有关的工作领域

通过四年的大学学习，大部分学生要步入社会，走向工作岗位，本节就讨论计算机专业的学生毕业以后的去向。

一般来说，与计算机科学技术专业有关的工作领域，在不同的计算机科学技术发展和应用时期有不同的划分，目前一般划分为以下4类。

1）计算机科学

该领域内的计算机科学技术工作者把重点放在研究计算机系统中软件与硬件之间的关系，开发可以充分利用硬件新功能的软件以提高计算机系统的性能。这个领域内的职业主要包括研究人员及大学的专业教师。

2）计算机工程

这个领域中从事的工作比较侧重于计算机系统的硬件，他们注重于新的计算机和计算机外部设备的研究开发及网络工程等。这些行业的专业性要求也很高，除了计算机科学技术专业的学生可以胜任该类工作外，电子工程系的学生也是合适的人选。

3）软件工程

软件工程师的工作是从事软件的开发和研究。他们注重于计算机系统软件的开发和工具软件的开发。此外，社会上各类企业的相关应用软件也需要大量的软件工程师参与开发或维护。这类人员除了要有较好的数学基础和程序设计能力外，对软件生产过程中管理的各个环节也应熟知。

4）计算机信息系统

这个领域的工作涉及社会上各种企业的信息中心或网络中心等部门。这类工作一般要求对商业运作有一定基础。计算机科学技术专业的学生学习一些商科知识后及目前“管理信息系统”专业的学生能胜任此类工作。

5. 与计算机科学与技术专业有关的职位

与计算机科学与技术有关的职务很多，常见的有硬件技术员、软件技术员、系统分析员、网络管理员、数据库管理人员、技术文档书写员、计算机认证培训师、计算机专业销售人员等。计算机应用多媒体领域的职业有美工师、技术指导、界面设计师、教学设计师、可视化设计师、交互式脚本撰写员、动画师、音频制作人、视频制作人等。表11-2就简单介绍一些与计算机科学技术相关的，最能体现专业特色的职位。

6. 求职概述及就业技巧

大部分学生在大学毕业后要步入工作领域，作为一名计算机专业毕业的学生，如何在这个行业找到适合自己发展的职位，是个重要的问题。

表 11-2 计算机科学与技术专业有关的职位

职位	说明
软件工程师	软件工程师是IT行业中的基础岗位，其职责是根据开发进度和任务分配，完成相应模块软件的设计、开发、编程任务；进行程序单元、功能的测试，查出软件存在的缺陷并保证其质量；维护软件使之保持可用性和稳定性
软件测试工程师	软件测试工程师是目前IT行业极端短缺的职位。软件测试工程师就是利用测试工具按照测试方案和流程对产品进行性能测试，甚至根据需要编写不同的测试用例，设计和维护测试系统，对测试方案可能出现的问题进行分析和评估，以确保软件产品的质量
硬件工程师	硬件工程师是IT行业中的基础岗位，其职责是根据项目进度和任务分配，完成复核功能要求和质量标准的硬件开发产品；根据产品设计说明，设计符合功能要求的逻辑设计原理图；编写调试程序，测试开发的硬件设备；编制项目文档及质量记录
硬件测试工程师	硬件测试工程师属于专业人员职位，他负责硬件产品的测试工作，保证测试质量及其测试工具则顺利进行，编写测试计划，测试用例，提交测试报告，撰写用户说明书，参与硬件测试技术和规范的改进和制定
技术支持工程师	技术支持工程师是一个跨行业的职位，其职责是负责平台、软件和硬件的技术支持；负责用户培训，安装系统以及与用户的联络；从技术角度辅助销售工作的进行。如果细分，可以分成企业对内技术支持和企业对外技术支持，在对外技术支持中又可分为售前和售后两大类。售前技术支持更倾向于产品销售，而售后技术支持则更偏向于工程师角色
网络工程师	网络工程师是能根据部门的要求进行网络系统的规划，设计和网络设备的软硬件安装调试工作，能进行网络系统的运行、维护和管理，能高效、可靠、安全地管理网络资源；作为网络专业人员对系统开发进行技术支持和指导。一个比较常见的网络工程师资格认证考试是CCNP(Cisco Certified Network Professional，CISCO认证资深网络工程师)。网络工程师是从事网络技术方面的专业人才，国内也有一定数量这方面的人才，但相对巨大的市场需求来说仍显短缺
系统工程师	系统工程师资格就是具备较高专业技术水平，能够分析商业需求，并使用各种系统平台和服务器软件来设计并实现商务解决方案的基础架构
数据库工程师	数据库工程师的职责是负责大型数据库的设计开发和管理；负责软件开发与发布实施过程中的数据库安装、配置、监视、维护、性能调节与优化、数据转换、数据初始化与导入导出、备份与恢复等，保证考法人员顺利开发；保持数据库高效平稳运行以保证开发人员及客户满意度
软件构架师	软件构架师是软件行业中一种新兴职业，工作职责是在一个软件项目开发过程中，将客户的需求转换为规范的开发文本，并制定这个项目的总体架构，指导整个开发团队完成这个计划，架构师的主要任务不是从事具体的软件程序的编写，而是从事更高层次的开发构架工作，必须对开发技术非常了解，并且需要有良好的组织管理能力。可以这样说，一个架构师工作的好坏决定了整个软件开发项目的成败
信息安全工程师	信息安全工程师主要负责信息安全解决方案和安全服务的事实；负责公司计算机系统标准化是制定公司内部网络的标准化、计算机软硬件标准化；提供互联网完全方面的咨询、培训服务；协助解决其他项目出现的安全技术难题
计算机图形图像设计制作师	计算机图形图像设计制作师(CG)是一种前卫职业，制作师的创意在动画制作过程中显得尤为重要，深入地了解动画剧本，对动画人物、场景进行艺术性的创造，要求必须具备扎实的美术功底和强烈的镜头感，一个动画制作师不仅要有计算机动画制作能力，过硬的美术功底也是必不可少的

续表

职位	说　明
网络管理员	一个合格的网络管理员需要有丰富的技术背景知识,需要熟悉掌握各种系统和设备的配置和操作,需要阅读和熟记网络系统中各种系统和设备的使用说明书,以便在系统或网络发生故障时,能够迅速判断问题所在,给出解决方案,使网络尽快恢复正常服务。网络管理员的工作要确保当前信息通信系统运行正常以及构建新的通信系时能提出切实可行的方案并监督实施,还要确保计算机系统的安全和个人隐私
技术文档书写员	将信息系统文档化以及写一份清楚的用户手册是技术文档书写员的职责,有些技术文档书写员本身也是程序员。技术文档书写员的工作和系统分析员及其用户密切相连
网络策划师	网络策划师不同于网页设计师,后者仅是对网页进行设计,前者则立足整个网站的创意,包括内容、技术、名称等全方位的策划、组织和设计,当然也包括网页设计
网络分析师	据资料分析显示,目前全球已经有超过500万个网站,而且数量仍在增加,从网络得到有用的信息变得越来越困难,有人预测今后凡建有网络的单位都将设置网络分析师职位,以便随时了解掌握网上动态,收集所需信息
网络安全专家	网络发展的同时也伴随着网络犯罪的产生,如何有效地阻止网络犯罪,是网络安全专家的职责。而现在随着企业对信息技术的依赖,网络安全就成了企业的重要问题,特别是一些金融机构、政府机构、军事机构等更需要这方面的专业人才
计算机认证培训师	在信息领域的一些企业要求其员工拥有相关工作的证书,许多计算机公司就其产品提供各种认证证书,技术人员只要通过了这个公司所指定的考试课程就可以获得公司授权的机构颁发的证书。获得这些证书对就业大有帮助,于是计算机认证会使工作变得十分引人注目。培训师往往对大公司的产品有深入的了解和丰富的使用经验,同时也就有教学经验,成为培训师可以获得较高的薪酬,目前微软公司、Cisco公司、Oracle公司等都颁发认证证书。我国信息产业部也开始推行信息化工程师认证证书的工作

在IT业中找工作就像在其他领域中求职一样,求职者根据自己的资格和能力确定职位,确定可能的雇主,还要考虑工作的地理位置。接下来就需要制作简历,寻找空缺职位,联系可能的雇主,参加招聘会或和职业介绍所联系,参加用人单位组织的面试,了解待遇薪资,直到最终接受工作。

常见的求职诀窍适用于很多行业,如金融、汽车、医疗甚至娱乐,这些领域有很多经验可以去参考借鉴,但求职策略并不是适合每个行业中的每个工作,作为计算机专业的学生,如何求职是需要关注的问题。先来看看求职过程,再分析IT业种的求职与其他行业的求职有哪些不同。

随着网络的普及,Internet已经成为求职的重要工具,1994年,大约有一万份简历被贴到网络上,到了1998年,这个数字超过了一百万,而到今天,网络上的求职简历达到千万份。作为计算机专业的学生,除了传统的求职方式外,还应该充分利用网络这个强大的媒介。在Internet上求职包括几个方面:研究可能的工作和雇主,张贴简历,确定工作定位,和可能的雇主联系。因此,需要一份详细的简历来帮助你寻找合适的工作机会。一般来说,书写简历应该注意以下事项。

1) 要清楚简洁

删除不必要的词语和句子;当描述任务、职责、头衔和成绩时尽量用简练的词语;尽量简洁以避免暴露出自己的不足。

2）把最关键的内容放在第一位

列出所找工作中自己相适应的重要资格；在简历的前面总结一下技能；用粗体字强调要找的职位、自己相应的技能和成绩；要包括一些关于培训、证书和相关专业的信息，避免一些个人信息，如宗教信仰、业务爱好等，这些与求职没有直接关系。

3）使用生动、能给人留下深刻印象的语言

关键术语和词汇应针对与其的雇主；尽量使用一些行业术语；使用一些有趣幽默的动词以吸引读者的注意力；写完后多检查几遍语法和拼写错误。

当然，应该针对职位选择不同的简历，从不同侧面突出自己的特点，为了方便电子格式的简历易于在不同的计算机平台之间传递，应准备各种格式的简历，确保在不同的平台下都可以正常地查阅。

11.2 计算机科学与技术专业人员的道德法律准则

高科技是一柄双刃剑，计算机也不例外。计算机的广泛使用为社会带来了巨大的经济利益，同时也对人类社会生活的各个方面产生了深远的影响。不少社会学家和计算机科学家正在密切关注着计算机时代所特有的社会问题，如计算机化对人们工作和生活方式、生活质量的影响，计算机时代软件专利和版权、商业机密的保护，公民的权利和计算机空间的自由，计算的职业道德和计算机犯罪等。实际上，如何正确地看待这些影响和这些新的社会问题并制定相应的策略已经引起了越来越多计算职业人员和公众的重视。

1. 计算机专业人员和用户的道德原则

由于计算机在现在生活中扮演着越来越重要的角色，不管是计算机的专业人员，还是普通的用户，在使用计算机的过程中都会遇到由于使用计算机而带来的一些道德问题。

1）计算机专业人员

任何一个职业都要求其从业人员遵守一定的职业和道德规范，同时承担起维护这些规范的责任。虽然这些职业和道德规范没有法律法规所具有的强制性，但遵守这些规范对行业的健康发展是至关重要的。计算职业也不例外。

根据美国计算机学会（ACM）对其成员制定了有24条规范的《ACM道德和职业行为规范》，根据这些准则，一个有道德的人应该做到以下几点：

（1）为社会进步和人类生活的幸福做贡献。

（2）不应该伤害他人，尊重他人的隐私权。

（3）做一个有诚信的人。

（4）要公平公正地对待他人。

（5）要尊重他人的知识产权。

（6）使用他人的知识产权应征得他人同意并注明。

（7）尊重国家、公司、企业等特有的机密。

在该规则中，也定义了专业人员应该遵守的若干准则，作为一名计算机专业人员应该做到以下几点：

(1) 致力于专业工作的程序及产品，以达到最高的质量、最高的效率和最高的价值。

(2) 获取并保持本领域的专业能力。

(3) 了解并遵守与专业相关的现有法令。

(4) 接受并提供合适的专业评论。

(5) 对计算机系统的冲击应该有完整的了解并给出详细的评估。

(6) 尊重协议并承担相应的责任。

(7) 增进非专业人员对计算机工作原理和运行结果的理解。

(8) 仅仅在获得授权时才能使用计算机和通信资源。

上述这些基本准则可以为计算机专业人员道德地使用计算机提供明确的指导，计算机专业人员应该遵循相应的专业道德准则。

一般来说，计算机专业人员包括程序员、系统分析员、计算机设计人员以及数据库管理员等。计算机专业人员由于具备计算机的专业知识，对计算机的操作使用高于一般用户，因此计算机是否被安全地使用在很大一部分程度上取决于计算机专业人员的个人素养和道德水平的高低。

此外，计算机专业人员应当在他们的整个职业生涯中积极参与有关职业规范的学习，努力提高从事自己的职业所应该具有的能力，以推进职业规范的发展。

2) 普通用户

作为一名使用计算机的普通用户，在实际的生活学习中，应该遵循如下的一些道德准则：

(1) 反对盗版软件，尊重知识产权。软件盗版是指未经授权复制有版权的软件，有关法律对有版权软件不付费的复制和使用是禁止的。

(2) 不进行未经授权的计算机访问，未经授权的计算机访问是一种违法的行为。

(3) 使用网络时自律，不通过计算机制造、传播非法的内容，不去访问不健康内容的网站，等等。

2. 企业道德准则和责任

一个企业或机构必须保护它的数据不丢失或不被破坏，不被滥用或出错，以及不被未经许可的访问，确保资料的安全、完整和正确。否则，这个机构就不能有效地为它的客户服务。一般来说，应该有以下两个方面。

从技术角度来考虑：企业的计算机系统应采用具有一定安全性的硬件、软件来实现对计算机系统及其所存数据的安全保护，当计算机系统受到无意或恶意的攻击时仍能保证系统正常运行，保证系统内的数据不增加、不丢失、不泄露，确保数据的安全。例如要保护数据不丢失，应当有适当的备份，一个公司或机构有责任尽量保持数据的完整和安全性。

另外，企业从管理角度来考虑，例如由于管理不善导致的计算机设备和数据介质的物理破坏、丢失等安全问题，就应当尽快更正和维护。对企业雇员的管理应当明确规定雇员的行为规范，并严格执行，不允许雇员在数据库中查阅某个个人的数据并在具体工作结束后使用相关数据，对这种情况就应该制定明确的条款进行规范。

3. 计算机科学技术有关的法律法规

近年来,随着计算机产业的飞速发展,尤其是个人计算机的广泛应用,及其超大容量、超高速智能专业计算机的出现并广泛应用于国民经济的各个领域,极大地推动了科学技术和社会经济的发展与进步,计算机作为一项新兴的信息产业工程也取得了突飞猛进的发展和长足的进步。在这样的技术、经济和社会背景下,国内国际社会通过制定一系列法律来保护计算机知识产权。我国也颁布了如下与计算机知识产权保护有关的法律法规:

(1) 1990 年 9 月,颁布了《中华人民共和国著作权法》(以下简称《著作权法》)。

(2) 1991 年 6 月 4 日颁布、1991 年 10 月 1 日开始实施了《计算机软件保护条例》。

(3)1992 年 4 月 6 日颁布了《计算机软件著作权登记办法》。

(4) 1992 年 9 月 4 日修订、颁布、实施了《中华人民共和国专利法》(以下简称《专利法》)。

(5) 1992 年 9 月 25 日颁布,同年 9 月 30 日施行了《实施国际著作权条例的规定》。

(6) 1992 年 12 月 12 日颁布了《中华人民共和国专利法实施细则》。

(7) 1993 年 2 月 22 日修订、颁布、实施了《中华人民共和国商标法》(以下简称《商标法》)。

(8) 1993 年 2 月 22 日通过了关于惩治假冒注册商标犯罪的补充规定。

(9) 1993 年 7 月 15 日修订了《中华人民共和国商标法实施细则》。

(10) 1993 年 9 月 2 日通过了《中华人民共和国反不正当竞争法》。

(11) 1994 年 1 月 1 日起施行了《关于中国实施〈专利合作条例〉的规定》。

(12) 1994 年 7 月 5 日颁布了《关于惩治侵犯著作权的犯罪的决定》。

(13) 1994 年关于执行《商标法》及其实施细则若干问题的补充规定。

(14) 1995 年 10 月 1 日起执行了《中华人民共和国知识产权海关保护条例》等。

这些法律法规的出台在一定程度上保护了计算机知识产权。但众多的法律法规中,究竟哪一种能更有效而适用地对计算机知识产权进行保护,至今仍无定论。需要进一步地细化和明确。

4. 计算机犯罪与防范

1) 计算机犯罪

早在 20 世纪五六十年代,美国等一些信息科学技术比较发达的国家首先提出计算机犯罪的概念。目前,国内外对计算机犯罪的定义都不尽相同。美国司法部从法律和计算机技术的角度将计算机犯罪定义为:因计算机技术和知识起了基本作用而产生的非法行为。欧洲经济合作与发展组织的定义是:在自动数据处理过程中,任何非法的、违反职业道德的、未经批准的行为都是计算机犯罪行为。

一般来说,计算机犯罪可以分为两大类:使用了计算机和网络新技术的传统犯罪和计算机与网络环境下的新型犯罪。前者如网络诈骗和勒索、侵犯知识产权、网络间谍、泄露国家秘密以及从事反动或色情等非法活动等,后者如未经授权非法使用计算机、破坏计算机信息系统、发布恶意计算机程序等。

与传统的犯罪相比,计算机犯罪更加容易,往往只要一台连到网络上的计算机就可以实施。计算机犯罪在信息技术发达的国家里发案率非常高，造成的损失也非常严重。据估计，美国每年因计算机犯罪造成的损失高达几百亿美元。

2000年12月，由麦克唐纳国际咨询公司进行的一项调查结果表明：世界上大多数国家对有关计算机犯罪的立法仍然比较薄弱。大多数国家的刑法并未针对计算机犯罪制定具体的惩罚条款。麦克唐纳公司的总裁布鲁斯·麦克唐纳表示：很多国家的刑法均未涵盖与计算机相关的犯罪，因此企业和个人不得不依靠自身的防范系统与计算机黑客展开对抗。在被调查的52个国家中，仅有9个国家对其刑法进行了修改，以涵盖与计算机相关的犯罪。调查中发现，美国已制定有针对9种计算机犯罪的法律，唯一没有被列入严惩之列的就是网上伪造活动。日本也制定了针对9种计算机犯罪的法律，唯一尚未涵盖的就是网上病毒传播。但是，调查人员指出，总体而言，很多国家即使制定有相关法律也在尺度方面非常薄弱，不足以遏制计算机犯罪。

我国刑法认定的几类计算机犯罪包括以下几方面：

(1) 违反国家规定，侵入国家事务、国防建设、尖端科学技术领域的计算机信息系统的行为。

(2) 违反国家规定，对计算机信息系统功能进行删除、修改、增加、干扰，造成计算机信息系统不能正常运行，后果严重的行为。

(3) 违反国家规定，对计算机信息系统中存储、处理或者传输的数据和应用程序进行删除、修改、增加的操作，后果严重的行为。

(4) 故意制作、传播计算机病毒等破坏性程序，影响计算机系统正常运行，后果严重的行为。

上述这几种行为基本上包括了国内外出现的各种主要的计算机犯罪。

2) 防止计算机犯罪的策略

一般来说，为了防止计算机犯罪，一般来说有下面几项策略：

(1) 强化教育引导，提高计算机安全意识，预防计算机犯罪。一方面不管个人还是集体都要提高对计算机安全和计算机犯罪的认识，从而加强管理，减少犯罪事件的发生；同时，从一些计算机犯罪的案例中可以看到，不少人，特别是青少年由于好奇和逞强而无意中触犯了法律。对这部分人进行计算机犯罪教育，提高其对行为后果的认识，预防犯罪的发生。

(2) 完善计算机犯罪的法律体系。完善的法律体系一方面使处罚计算机犯罪有法可依，另一方面能够对各种计算机犯罪分子起到一定的威慑惩治作用。

(3) 发展先进的计算机安全技术，保障信息安全。通过防火墙、身份认证、数据加密、数字签名和安全监控等技术。

(4) 加强安全管理。计算机的应用部门要建立适当的信息安全管理办法，确立计算机安全使用规则，明确用户和管理人员职责；加强部门内部管理，建立审计和跟踪体系。

5. 计算机软件知识产权

计算机软件知识产权是指公民或法人对自己在计算机软件开发过程中创造出来的智力成果所享有的专有权利。包括著作权、专利权、商标权和制止不正当竞争的权利等。

我国在知识产权方面的立法始于20世纪70年代末，经过20多年的发展现在已经形成了比较完善的知识产权保护法律体系，它主要包括《著作权法》、《专利法》、《商标法》、《出版管理条例》、《电子出版物管理规定》和《计算机软件保护条例》等。另外，我国还积极参加相关国际组织的活动，非常重视加强与世界各国在知识产权领域的交往与合作。使中国在知识产权保护方面进一步和国际接轨，提高了中国现行知识产权保护的水平。

1）计算机软件著作权

著作权又称为版权，是指作品作者根据国家著作权法对自己创作的作品的表达所享有的专有权的总和。1990 年 9 月我国颁布的《著作权法》规定，计算机软件是受著作权保护的一类作品。1991 年 6 月颁布的《计算机软件保护条例》作为著作权法的配套法规是保护计算机软件著作权的具体实施办法。我国的法律和有关国际公约认为：计算机程序和相关文档、程序的源代码和目标代码都是受著作权保护的作品。

2）与计算机软件相关的发明专利权

专利权是由国家专利主管机关根据国家颁布的专利法授予专利申请者或其权利继受者在一定的期限内实施其发明以及授权他人实施其发明的专有权利。世界各国用来保护专利权的法律是专利法，专利法所保护的是已经获得了专利权，可以在生产建设过程中实现的技术方案。各国专利法普遍规定，能够获得专利权的发明应当具备新颖性、创造性和实用性。中国的《专利法》在 1984 年 3 月颁布。

3）有关计算机软件商业秘密的不正当竞争行为的制止权

如果一项软件的技术设计没有获得专利权，而且尚未公开，这种技术设计就是非专利的技术秘密，可以作为软件开发者的商业秘密而受到保护。

对于商业秘密，其拥有者具有使用权和转让权，可以许可他人使用，也可以将之向社会公开或者去申请专利。

对商业秘密的这些权利不是排他性的。任何人都可以对他人的商业秘密进行独立的研究开发，也可以采用反向工程方法或者通过拥有者自己的泄密行为来掌握它，并且在掌握之后使用、转让、许可他人使用、公开这些秘密或者对这些秘密申请专利。

根据我国 1993 年 9 月颁布的《中华人民共和国反不正当竞争法》，商业秘密的拥有者有权制止他人对自己商业秘密从事不正当竞争行为。

为了保护商业秘密，最基本的手段就是依靠保密机制，包括在企业内建立保密制度、同需要接触商业秘密的人员签订保密协议等。

4）计算机软件名称标识的商标权

对商标的专用权也是软件权利人的一项知识产权。所谓商标是指商品的生产者经销者为使自己的商品同其他人的商品相互区别而置于商品表面或者商品包装上的标志，通常由文字、图形或者兼由这两者组成。

有些商标用于标识提供软件产品的企业，如“IBM”、“HP”、“联想”、“Cisco”、“MS”等，它们是对应企业的信誉的标志。有些商标则用于标识特定的软件产品，如“UNIX”、“OS/2”、“WPS”等，它们是特定软件产品的名称，是特定软件产品的功能和性能的标志。

一个企业的标识或者一项软件的名称未必就是商标。然而，当这种标识或者名称在商标管理机关获准注册、成为商标后，在商标的有效期内，注册者对它享有专用权，他人未经注册者许可不得再使用它作为其他软件的名称。否则，就构成冒用他人商标、欺骗用户的行为。我国的《商标法》最早于1982年8月颁布。

6. 隐私保护

隐私又称私人生活秘密或私生活秘密。隐私权即公民享有的个人生活不被干扰的权利和个人资料的支配控制权。具体到计算机网络与电子商务中的隐私权，可从权利形态来分：隐私不被窥视的权利、不被侵入的权利、不被干扰的权利、不被非法收集利用的权利；也可从权利内容上分：个人特质的隐私权（姓名、身份、肖像，声音等）、个人资料的隐私权、个人行为的隐私权、通信内容的隐私权和匿名的隐私权等。

在发达的西方国家，不尊重甚至侵犯他人的隐私被认为是最可耻的。例如不能随便问他人的年龄、工资等这一类触及隐私权的敏感问题。随着我国改革开放和经济的飞速发展，人们也开始逐渐对个人隐私有了保护意识。人们希望属于自己生活秘密的信息由自己来控制，从而避免对自己不利或自己不愿意公布于众的信息被其他个人、组织获取、传播或利用。因此，尊重他人隐私是尊重他人的一个重要方面，隐私保护实际上体现了对个人的尊重。

在保护隐私安全方面，目前世界上可供利用和借鉴的政策法规有《世界知识产权组织版权条约》(1996年)、美国《知识产权与国家信息基础设施白皮书》(1995年)、美国《个人隐私权和国家信息基础设施白皮书》(1995年)、欧盟《欧盟隐私保护指令》(1998年)、加拿大的《隐私权法》(1983年)等。

我国目前还没有专门针对个人隐私保护的法律。在已有的法律法规中，涉及隐私保护的有以下规定。

我国《宪法》第38条、第39条和第40条分别规定：中华人民共和国公民的人格尊严不受侵犯，禁止用任何方式对公民进行非法侮辱、诽谤和诬告陷害。中华人民共和国的公民住宅不受侵犯，禁止非法搜查或者非法侵入公民的住宅。中华人民共和国的通信自由和通信秘密受法律的保护，除因国家安全或者追究刑事犯罪的需要，公安机关或者检察机关依照法律规定的程序对通信进行检查外，任何组织或者个人不得以任何理由侵犯公民的通信自由和通信秘密。

《民法通则》第100条和第101条规定：公民享有肖像权，未经本人同意，不得以获利为目的使用公民的肖像，公民、法人享有名誉权，公民的人格尊严受到法律保护，禁止用侮辱、诽谤等方式损害公民、法人的名誉。

在宪法原则的指导下，我国刑法、民事诉讼法、刑事诉讼法和其他一些行政法律法规分别对公民的隐私权保护作出了具体的规定，如刑事诉讼法第112条规定：人民法院审理第一审案件应当公开进行，但是有关国家秘密或者个人隐私的案件不公开审理。

目前，我国出台的有关法律法规也涉及计算机网络和电子商务等中的隐私权保护，如《计算机信息网络国际联网安全保护管理办法》第7条规定：用户的通信自由和通信秘密受法律保护。任何单位和个人不得违反法律规定，利用国际联网侵犯用户的通信自由和通信秘密。《计算机信息网络国际联网管理暂行规定实施办法》第18条规定：用户应当服从接入单位的管理，遵守用户守则；不得擅自进入未经许可的计算机学校，篡改他人信息；不得在网络上散发恶意信息，冒用他人名义发出信息，侵犯他人隐私；不得制造传播计算机病毒及从事其他侵犯网络和他人合法权益的活动。

7. 基于 Web 的隐私保护技术

在电子信息时代，网络对个人隐私权已形成了一种威胁，计算机系统随时都可以将人们的一举一动记录、收集、整理成一个个人资料库，使人们仿佛置身于一个透明的空间，毫无隐私可言。隐私保护，成为关系到现代社会公民在法律约束下的人身自由及人身安全的重要问题。

人们认识到，仅靠法律并不能达到对个人隐私完全有效的保护，而发展隐私保护技术就是一条颇受人们关注的隐私保护策略。发展隐私保护技术的直接目的就是为了使个人在特定环境下(如因特网和大型共享数据库系统中)从技术上对其私人信息拥有有效的控制。现在，有许多保护隐私的技术可供因特网用户使用。

基于 Web 的隐私保护技术主要有防火墙、数据加密技术、匿名技术、P3P 技术，以及 Cookies 管理 5 种类型。

1) 防火墙

防火墙是一个位于计算机和它所连接的网络之间的软件。防火墙具有很好的保护作用，入侵者必须首先穿越防火墙的安全防线，才能接触目标计算机。流入流出计算机的所有网络通信均要经过此防火墙，防火墙对流经它的网络通信进行扫描，这样能够过滤掉一些攻击，以免其在目标计算机上被执行，从而可以防止特洛依木马、黑客程序等窃取客户机上的个人隐私信息，也可以屏蔽某些 IP 地址的访问。

2) 数据加密技术

数据加密技术是提高信息系统及数据的安全性和保密性，防止秘密数据被外部破译所采用的主要技术手段之一。目前各国除了从法律上、管理上加强数据的安全保护外，从技术上分别在软件和硬件两方面采取措施，推动着数据加密技术和物理防范技术的不断发展。按作用不同，数据加密技术主要分为数据传输、数据存储、数据完整性的鉴别以及密钥管理技术等。

3) 匿名技术

匿名技术是指通过代理或其他方式为用户提供匿名访问和使用因特网的能力，使用户在访问和使用因特网时隐藏其身份和属于个人的信息，从而保护用户的隐私。其中，利用中间代理来隐匿用户的身份是一种广泛使用的技术，主要包括基于代理服务器的匿名技术(proxy-based anonymizers)、基于路由的匿名技术(routing-based anonymizers)和基于洋葱路由的匿名技术(onion routing-based anonymizers)等。

4) P3P 技术

在许多 Web 应用中，用户向服务商提供个人信息是必需的，例如在线购物时，必须提供银行账号、联系地址等；在健康咨询时，必须提供病史信息等。由此，在服务商的网站系统中将收集存储着大量的个人隐私信息，因而，服务商有责任和义务采取相应的措施保护其系统中的隐私信息。服务商所采取的措施有虚拟隐私网络(virtual private networks)和防火墙，以防止黑客从系统中窃取隐私信息。另外，服务商在收集用户的隐私信息时，将其隐私政策公布在网站上，以提示用户是否同意其收集和使用隐私信息。然而，众多的网站有着各自不同的隐私政策，而且很难被用户理解。据权威机构调查显示，这些隐私政策只有大学文化的用户才能理解。

为此，在2002年4月，W3C（WorldWideWeb consortium）开发出一个隐私偏好平台P3P（platform for privacy preferences）。P3P使Web站点能够以一种标准的机器可读的XML格式描述其隐私政策，包括描述隐私信息收集、存储和使用的词汇的语法和语义。Web用户可用APPEL（a P3P preference exchange language）定义自己的隐私偏好规则，基于这一规则，用户Agent可自动或半自动地决定是否接受Web站点的隐私政策。因此，P3P提高了用户对个人隐私性信息的控制权。用户在P3P提供的个人隐私保护策略下，能够清晰地明白网站对自己隐私信息做何种处理，并且P3P向用户提供了个人隐私信息在保护性上的可操作性。

5）Cookies管理

Cookie的英文原意是"甜饼"，它是Web服务器保存在用户硬盘上的一段文本，它允许一个Web站点在用户的计算机上保存信息并且随后再取回它。使用Cookie可以方便Web站点为不同用户定置信息，实现个性化的服务，同时解决HTTP协议有关用户身份验证的一些问题。

通过使用Cookie保存用户资料，Web站点可以在用户浏览时自动认证用户的身份，从而省去用户登录的烦琐。如论坛可以通过Cookie了解用户的身份和最后访问时间，除了不需要用户再次使用用户名与密码登录外，还可以把用户最后一次访问后发出的主题以不同颜色的图标显示，指引用户阅读。

但是，随着互联网巨大商机的出现，Cookie也从一项服务性工具变成了一个可以带来巨大财富的工具。部分站点利用Cookie收集大量用户信息，并将这些信息转手卖给其他有商业目的的站点或组织，如网络广告商等，从中牟利。使用Cookie技术，当用户在浏览Web站点时，不论是否愿意，用户的每一个操作都有可能被记录下来，在毫无防备的情况下，用户正在浏览的网站地址、使用的计算机的软硬件配置，甚至用户的名字、电子邮件地址都有可能被收集并转手出售。随着互联网的商业化发展，该问题越来越严重，个人隐私的泄露所带来的并不单纯是一些垃圾邮件，一旦个人资料被滥用，以及信用卡密码被盗，造成的后果不堪设想。

因此，作为一般用户，如何正确地使用与设置Cookie功能，在享受Cookie带来的便利的同时，又能避免它所导致的隐私泄露问题，这才是最重要的。这就需要依靠Cookie管理技术，主要包括在客户机上安装Cookie管理软件和使用Cookie隐私设置。

常见的Cookie管理软件包括Bullet Proof Soft和No Trace等，这些软件允许用户关闭Cookie文件，选择性地接受来自某些服务器的Cookie文件以及搜索和查看其中的内容，但它们只能起到防备性的保护作用，不能控制用户在网络交互过程中的隐私泄漏。而使用隐私设置用户就可自行决定如何处理来自该网站的Cookie，决定是否允许将网站Cookie保存在计算机上。

例如，在IE 6.0的"工具"菜单上选择"Internet选项"命令，在"隐私"选项卡上，移动滑块可以改变隐私级别，将滑块移到最高处，则表示禁止所有Cookie；移到最低处，则表示接受所有Cookie，换言之，所有的网站都可以在计算机上保存它们的Cookie，并被允许读取和改变它们所创建的Cookie。

在浏览器中，默认使用的隐私保护为中级，该等级可以阻止没有P3P隐私策略的第三方网站的 Cookie,阻止不经机器使用者同意就使用个人可识别信息的第三方网站的 Cookie。在关闭 IE 浏览器时,自动从计算机上删除不经同意就使用个人可识别信息的第一方网站的 Cookie。

所谓第一方网站是指当时正在浏览的网站,第三方网站则是指当前正在浏览网站以外的站点,当前浏览网站的一些内容可能是由第三方网站所提供的。例如,许多网站上使用的广告都是由第三方网站提供,这些广告也有可能使用 Cookie。在 IE 6.0 的"工具"菜单上,选择"Internet 选项→隐私→高级"命令可对来自第一方和第三方网站的 Cookie 进行自定义设置,一般情况下应该禁止第三方 Cookie,因为需要利用 Cookie 为用户定制信息,实现个性化服务的只是当前正在浏览的网站。

另外在 IE 6.0 浏览器的"工具"菜单上,单击"Internet 选项→隐私→网站→编辑"命令可单独为某个网站指定 Cookie 使用许可,可设置"永远不允许"或"总是允许"该网站使用 Cookie。通过该设置和对第三方网站 Cookie 管理等其他隐私保护功能,可以为自己建立一个相对安全的互联网浏览环境。

总之,网络信息隐私是集社会、法律、技术为一体的综合性概念,因而,网络信息隐私保护必须最大化技术的作用,并为从法律上解决隐私侵权提供有力的技术支持。一个有效的隐私保护系统应该是:在未经本人的许可下,他人不能或无权收集和使用个人的信息。在这一系统下,隐私信息的收集需要与本人协商,隐私信息的使用需要得到社会的监督,隐私信息的侵权需要得到法律的制裁。然而,近年来各种立法并没能阻止对隐私的侵权,隐私保护技术的作用也非常有限,因此还需努力探索真正有效的隐私保护技术。

本章小结

本章首先介绍了计算机科学计算机专业学生的学习,该专业的培养目标和该专业的学生所需要具备的素质;大学毕业后,一部分同学选择继续深造,考取研究生,在本章中,从获取考研信息、准备考研到研究方向的选择,给大学生指出了明确的途径;其次,针对当前的大学教育,要求学生在学习期间考取相应的一些证书,为就业做好准备;最后,作为一名优秀的计算机科学技术专业的学生,需要对以后的职业有所了解,本章介绍了该专业的一些相应职位和职业作为参考,同时还对就业给出了一点建议。

高科技是一柄双刃剑,因此,计算机专业的学生需要遵守相应的道德和法律准则,严防计算机犯罪,并能保护知识产权和个人隐私。

习　题

一、简答题

1. 简述计算机科学技术专业的培养目标。
2. 简述和计算机科学技术专业相关的工作领域。

3. 简述和计算机科学技术相关的职位都有哪些。

4. 计算机专业人员的一般性道德准则是什么?

5. 为什么职业道德规范对于计算机专业人员来说非常重要?

6. 简述计算机犯罪的含义,列举防范计算机犯罪的途径有哪些。

7. 简述隐私的含义,列举保护隐私的技术有哪些。

二、应用题

1. 访问中国考研网(http://www.chinakaoyan.com)或考研加油站(http://www.kaoyan.com),查看各大高校和科研院所的招生简章及考研指南、复习指导等有关考研信息。

2. 利用搜索引擎查阅有段计算机技术与软件专业技术资格(水平)考试的信息,了解其他计算机认证考试。

3. 借助互联网,收集你感兴趣的职业信息,回答下面的问题。

(1) 在一段文字中,如何描述在这个职业中你需要完成的工作种类?

(2) 在你选择的职业中,都有哪些公司或机构?

(3) 工作条件如何?

(4) 这一职业的雇佣观点是什么?

(5) 在这一职业中取得成功需要哪些特定的资格?

(6) 一般的开始薪水是多少?最高薪水是多少?

(7) 该职业的发展状况如何?

4. 假设你已完成大学学习,即将步入社会,你会如何推销自己?请设计一份简历。

5. 通过互联网查阅计算机相关的法律条文,学习相关内容。

6. 计算机犯罪日益猖獗,作为一名有道德的当代大学生,请论述如何利用所学的计算机知识预防计算机犯罪并和计算机犯罪分子作斗争。

附录A 著名计算机奖项

1. ACM 图灵奖

图灵奖是国际计算机协会(ACM)于1966年设立的，又叫“A. M. 图灵奖”，专门奖励那些对计算机事业作出重要贡献的个人。其名称取自计算机科学的先驱、英国科学家 Alan Turing(阿兰·图灵)，他对早期计算的理论和实践做出了突出的贡献，这个奖设立目的之一是纪念这位科学家。获奖者的贡献必须是在计算机领域具有持久而重大的技术先进性的。大多数获奖者是计算机科学家。

图灵奖是计算机界最负盛名的奖项，有“计算机界诺贝尔奖”之称。图灵奖对获奖者的要求极高，评奖程序也极严，一般每年只奖励一名计算机科学家，只有极少数年度有两名以上在同一方向上做出贡献的科学家同时获奖。目前图灵奖由英特尔公司赞助，奖金为100 000美元。

每年，美国计算机协会将要求提名人推荐本年度的图灵奖候选人，并附加一份200到500字的文章，说明被提名者为什么应获此奖。任何人都可成为提名人。美国计算机协会将组成评选委员会，对被提名者进行严格的评审，并最终确定当年的获奖者。

截至2005年，获此殊荣的华人仅有一位，他是2000年图灵奖得主姚期智。

历届图灵奖获得者名单如表 A-1 所示。

表 A-1 历届图灵奖获得者名单

获奖年份	中文译名	贡献领域
1966	艾伦·佩利	因在新一代编程技术和编译架构方面的贡献而获奖
1967	莫里斯·威尔克斯	因设计出第一台程序实现完全内存的计算机而获奖
1968	理查德·卫斯里·汉明	因在记数方法、自动编码系统、检测及纠正错码方面的贡献被授予图灵奖
1969	马文·闵斯基	因对人工智能的贡献被授予图灵奖
1970	詹姆斯·维尔金森	因在利用数值分析方法来促进高速数字计算机的应用方面的研究而获奖
1971	约翰·麦卡锡	因对人工智能的贡献被授予图灵奖
1972	艾兹格·迪科斯彻	因在编程语言方面的出众表现而获奖
1973	查理士·巴赫曼	因在数据库方面的杰出贡献而获奖
1974	高德纳	因设计和完成 TEX(一种创新的具有很高排版质量的文档制作工具)而被授予该奖

续表

获奖年份	中文译名	贡献领域
1975	艾伦·纽厄尔 赫伯特·西蒙	因在人工智能、人类识别心理和表处理的基础研究而获奖
1976	迈克尔·拉宾 达纳·斯科特	因他们的论文《有限自动机与它们的决策问题》中所提出的"非决定性机器"这一很有价值的概念而获奖
1977	约翰·巴克斯	因对可用的高级编程系统设计有深远和重大的影响而获奖
1978	罗伯特·弗洛伊德	因其在软件编程的算法方面的影响,并开创了包括剖析理论、编程语言的语义、自动程序检验、自动程序合成和算法分析在内的多项计算机子学科而被授予该奖
1979	肯尼斯·艾佛森	因对程序设计语言理论、互动式系统及APL的贡献被授予该奖
1980	安东尼·何珥	因对程序设计语言的定义和设计所做的贡献而获奖
1981	埃德加·科德	因在数据库管理系统的理论和实践方面的贡献而获奖
1982	史提芬·库克	因奠定了NP-Completeness理论的基础而获奖
1983	肯·汤普逊 丹尼斯·里奇	因在类属操作系统理论,特别是UNIX操作系统的推广而获奖
1984	尼古拉斯·沃斯	因开发了EULER、ALGOL-W、MODULA和PASCAL一系列崭新的计算语言而获奖
1985	理查德·卡普	因对算法理论的贡献而获奖
1986	约翰·霍普克罗夫特 罗伯特·塔扬	因在算法及数据结构的设计和分析中所取得的决定性成果而获奖
1987	约翰·科克	因在面向对象的编程语言和相关的编程技巧方面的贡献而获奖
1988	伊凡·苏泽兰	因在计算机图形学方面的贡献而获奖
1989	威廉·卡亨	因在数值分析方面的贡献而获奖,他是浮点计算领域的专家
1990	费尔南多·考巴托	因在开发大型多功能、可实现时间和资源共享的计算系统,如CTSS和Multics方面的贡献而获奖
1991	罗宾·米尔纳	因在可计算的函数的逻辑(LCF)、ML和并行理论(CCS)这3个方面的贡献而获奖
1992	巴特勒·兰普森	因在个人分布式计算机系统(包括操作系统)方面的贡献而获奖
1993	尤里斯·哈特马尼斯理 查德·斯特恩斯	因奠定了计算复杂性理论的基础而获奖
1994	爱德华·费根鲍姆 拉吉·瑞迪	因对大型人工智能系统的开拓性研究而获奖
1995	曼纽尔·布卢姆	因奠定了计算复杂性理论的基础和在密码术及程序校验方面的贡献而获奖
1996	阿米尔·伯努利	因在计算中引入Temporal逻辑和对程序及系统检验的贡献而获奖

续表

获奖年份	中文译名	贡献领域
1997	道格拉斯·恩格尔巴特	因提出互动式计算概念并创造出实现这一概念的重要技术而获奖
1998	詹姆斯·尼古拉·格雷	因在数据库和事务处理方面的突出贡献而获奖
1999	弗雷德里克·布鲁克斯	因对计算机体系结构和操作系统以及软件工程做出了里程碑式的贡献
2000	姚期智	因对计算理论做出了诸多根本性的重大贡献(首位华人获奖者)
2001	奥利-约翰·达尔 克利斯登·奈加特	因他们在设计编程语言 SIMULAI 和 SIMULA 67 时产生的基础性想法,这些想法是面向对象技术的肇始
2002	罗纳德·李维斯特 阿迪·萨莫尔 伦纳德·阿德曼	因他们在公共密匙算法上所做的杰出贡献(RSA 算法是当前在互联网传输、银行以及信用卡产业中被广泛使用的安全基本机制)
2003	艾伦·凯	因发明第一个完全面向对象的动态计算机程序设计语言 Smalltalk
2004	文特·瑟夫 罗伯特·卡恩	因在互联网方面开创性的工作,这包括设计和实现了互联网的基础通信协议,TCP/IP,以及在网络方面卓越的领导
2005	彼得·诺尔	因在设计 Algol 60 语言上的贡献。由于其定义的清晰性,Algol 60 成为了许多现代程序设计语言的原型
2006	法兰西斯·艾伦	因对于优化编译器技术的理论和实践做出的先驱性贡献,这些技术为现代优化编译器和自动并行执行打下了基础(首位女性获奖者)
2007	爱德蒙·克拉克 艾伦·爱默生 约瑟夫·斯发基斯	因在将模型检查发展为被硬件和软件业中所广泛采纳的高效验证技术上的贡献
2008	芭芭拉·利斯科夫	因在计算机程序语言设计方面的开创性工作,让计算机软件更加可靠、安全和更具一致性。她也成为历史上第二位获得图灵奖的女性
2009	查尔斯·萨克尔	其因帮助设计、制造第一款现代 PC 而获此殊荣

2. IEEE 计算机先驱奖

IEEE 计算机先驱奖(Computer Pioneer Award)设立于 1980 年。建立计算机先驱奖以奖励那些在计算机领域作出杰出贡献,理应赢得人们尊敬的学者和工程师。计算机先驱奖同其他奖项一样,有严格的评审条件和程序,但与众不同的是,这个奖项规定获奖者的成果必须是在 15 年以前完成的。这样一方面保证了获奖者的成果确实已经得到时间的考验,不会引起分歧;另一方面又保证了这个奖的得主是名副其实的“先驱”,是走在历史前面的人。根据从 1980 年设奖到 2000 年这 20 届(其中 1983 年空缺)共 108 名获奖者的情况分析看,这个奖项的设置有如下两个特点。

第一:兼顾了理论与实践,设计与工程实现,硬件与软件,系统与部件。

第二:计算机先驱奖打破了社会制度和意识形态的限制,一批前苏联和东欧国家的计算机科学家获得了表彰。

历届计算机先驱奖获得者名单如表 A-2 所示。

表 A-2 历届计算机先驱奖获得者名单

获奖年份	中文译名	贡献领域
1980	霍华德·艾肯	世界上第一台大型自动数字计算机 Mark Ⅰ的设计者
1980	塞缪尔·阿历克山大	美国标准局"东部机"的项目负责人
1980	吉纳·阿姆达尔	IBM 系列机的功臣和"插接兼容式"计算机的创始人
1980	约翰·巴克斯	FORTRAN 和 BNF 的发明者
1980	罗伯特·巴登	堆栈式计算机的首创者
1980	切斯特·贝尔	"小型机之父"
1980	弗雷德里克·布鲁克斯	IBM 360 系列计算机的总设计师和总指挥
1980	威斯利·克拉克	世界上最早的个人计算机 LINC 的发明者
1980	费尔南多·考巴脱	实现分时系统的功臣
1980	西摩·克雷	"超级计算机之父"
1980	埃德斯加·狄克斯特拉	最先察觉"goto 有害"的计算机科学大师
1980	约翰·埃克特	世界上第一台电子计算机 ENIAC 的设计者
1980	杰伊·福雷斯特	计算机发展史上"最值得记忆的核心人物"
1980	赫尔曼·哥尔斯廷	ENIAC 计算机的"催生者"
1980	理查德·哈明	发明纠错码的大数学家和信息学专家
1980	吉恩·霍厄尼	半导体平面处理技术的发明者
1980	格蕾丝·赫柏	"计算机软件的第一夫人"
1980	阿尔斯通·豪斯霍德	从数学家到数值分析专家
1980	戴维·霍大曼	他发明了著名的"霍夫曼编码"
1980	肯尼思·艾弗森	大器晚成的科学家,APL 的发明人
1980	托玛斯·基尔蓬	引领一代计算机技术世界潮流的英国学者
1980	唐纳德·克努特	经典巨著《计算机程序设计的艺术》的年轻作者
1980	赫尔曼·儒科夫	计算机产业化的先行者
1980	约翰·莫奇利	世界上第一台电子计算机 ENIAC 的设计者
1980	戈登·莫尔	对 IT 技术发展作出天才预测的科学家
1980	艾伦·纽厄尔	人工智能符号主义学派的创始人之一
1980	罗伯特·诺伊斯	被称为"硅谷市长"的集成电路发明者之一
1980	洛伦斯·罗伯茨	"计算机网络之父"

续表

获奖年份	中文译名	贡献领域
1980	乔治·斯蒂比茨	在厨房里做出计算机模型的发明家
1980	许缪尔·维诺格拉特	算法复杂性研究的先驱
1980	莫里斯·威尔克斯	世界上第一台存储程序式计算机 EDSAC 的研制者
1980	康拉特·祖泽	在恶劣环境中孤军奋战的成功者
1981	杰弗里·朱	杰出的华裔计算机科学家
1982	阿瑟·伯克斯	ENIAC 研制组的骨干成员之一
1982	哈利·赫斯基	美国标准局“西部机”SWAC 的研制者
1984	约翰·阿塔那索夫	先于 ENIAC 的电子数字计算机 ABC 的建造者
1984	杰里尔·哈达德	IBM 首台科学计算机 701 的主要负责人之一
1984	尼古拉·梅特罗波利斯	最早用计算机解决原子能问题的数学家
1984	纳撒尼尔·罗切斯特	IBM 的第一个系统设计师
1984	威廉·范德玻尔	荷兰著名的 ZEBRA 计算机的设计者
1985	约翰·凯默尼	BASIC 语言的发明人之一
1985	约翰·麦卡锡	“人工智能之父”和 LISP 语言的发明人
1985	艾伦·佩利	ALGOL 语言和计算机科学的“催生者”
1985	伊万·萨瑟兰	“计算机图形学之父”
1985	戴维·惠勒	“子程序跳转”技术的发明者
1985	海因茨·泽玛奈克	吹拂“五月的微风”(MAILUEFTERL)的奥地利计算机科学家
1986	卡斯伯特·赫德	IBM 创计算机产业之初的功臣
1986	彼得·诺尔	从天文学家到计算机科学家
1986	詹姆士·波默林	IAS 和 HARVEST 计算机的首席工程师
1986	范·维京格尔藤	W 文法和 Algol 68 的创始人
1987	罗伯特·埃弗莱特	Whirlwind 的首席工程师
1987	雷诺德·约翰逊	磁盘存储系统 RAMAC 的发明人
1987	阿瑟·塞缪尔	“机器学习之父”
1987	尼克劳斯·沃思	“PASCAL 之父”及结构化程序设计的首创者
1988	弗里德里希·鲍尔	“堆栈”概念的首创者
1988	马西安·霍夫	Intel 微处理器芯片体系结构的发明人
1989	约翰·科克	RISC 概念的首创者
1989	拉尔夫·帕尔默	率先采用电子电路的 IBM 604 穿孔卡片计算器的设计者

续表

获奖年份	中文译名	贡献领域
1989	米娜·李斯和她在ONR的三位同事	早期计算机研发的组织者和促进者
1989	詹姆士·威登海姆	磁带机高速输入/输出机构的发明人
1990	维纳·布赫霍尔兹	“Byte”的发明者
1990	查尔斯·霍尔	从QUICKSORT、CASE到程序设计语言的公理化
1991	罗伯特·伊万斯	“IBM/360之父”
1991	罗伯特·弗洛伊德	前后断言法的创始人
1991	托玛斯·库尔泽	BASIC语言的发明人之一
1992	斯蒂芬·邓维尔	STRETCH项目的领导人
1992	道格拉斯·恩格尔巴特	鼠标器的发明人和超文本研究的先驱
1993	艾利希·布洛赫	IBM/360的又一位功臣
1993	杰克·基尔比	集成电路和手持计算机的发明者
1993	威利斯·韦阿	JOHNNIAL的主设计师
1994	格里特·勃洛夫	IBM/360体系结构的主要定义者
1994	哈兰·米尔斯	软件工程的先驱
1994	丹尼斯·里奇	C和UNIX的发明者之一
1994	肯尼思·汤普森	C和UNIX的发明者之一
1995	盖拉特·埃斯特林	大有前途的“可重构系统”的首创者
1995	戴维·伊万斯	计算机图形学的先驱
1995	巴特勒·兰普森	从Alto系统的首席科学家到微软的首席技术官
1995	马文·明斯基	“人工智能之父”和框架理论的创立者
1995	肯尼思·奥尔森	敢向“蓝色巨人”IBM挑战的DEC创始人
1996	安琪尔·安格鲁夫	保加利亚的计算机先驱
1996	理查德·克利平格尔	把ENIAC改造成存储程序式计算机的数学家
1996	埃德加·科德	“关系数据库之父”
1996	诺贝尔·弗里斯塔基	斯洛伐克的计算机先驱
1996	维克多·格罗希柯夫	乌克兰的计算机先驱
1996	约瑟夫·格罗斯卡	沟通东西方的斯洛伐克学者
1996	尤里·霍勒杰斯	程序正确性测试方法的开发者
1996	鲁鲍米尔·伊里夫	保加利亚现代数学与计算机科学的奠基人
1996	罗伯特·凯恩	“TCP/IP协议之父”

续表

获奖年份	中文译名	贡献领域
1996	莱斯兹劳·卡尔玛	匈牙利“波利雅学派”的中坚和计算机科学的先驱
1996	安东尼·克林斯基	波兰的计算机先驱
1996	莱斯兹劳·柯兹玛	匈牙利第一台计算机的研制者
1996	谢尔盖·列别杰夫	前苏联“计算机之父”
1996	阿历克赛·里雅波诺夫	前苏联的“软件之父”
1996	罗莫德·玛尔津斯基	波兰的计算机先驱
1996	格里戈尔·毛西尔	罗马尼亚的数学家和计算机先驱
1996	伊凡·普兰特	斯洛伐克第一台工业控制机的开发者
1996	阿尔诺斯·莱沙卡	爱沙尼亚进入计算机时代的奠基人
1996	安东尼·斯伏波达	世界上第一台容错计算机 SAPO 的设计者
1997	霍默·奥得菲德	将计算机用于银行的先驱
1997	贝蒂·霍尔勃顿	开发出世界上第一个排序——合并程序的程序员
1998	欧文·古德	和图灵共过事的英国计算机先驱
1999	赫伯特·弗里曼	Sperry 公司首台计算机的研制者和“链码”的发明人
2000	哈罗德·劳松	指针变量的发明人
2000	格奥尔基·洛帕托	明斯克计算机的总设计师
2000	根那蒂·斯托里阿洛夫	明斯克计算机软件的主要开发者

附录B 计算机科学领域的典型问题

在人类社会的发展过程中，人们提出过许多具有深远意义的科学问题，其中对计算机学科一些分支领域的形成和发展起了重要的作用。另外，在计算机学科的发展过程中，为了便于对计算机科学中有关问题和概念的本质的理解，人们还给出了不少反映该学科某一方面本质特征的典型实例，在这里一并归于计算机学科的典型问题。

计算机学科典型问题的提出及研究不仅有助于人们深刻地理解计算机学科，而且还对学科的发展有着十分重要的推动作用。

下面分别对图论中有代表性的哥尼斯堡七桥问题，算法与算法复杂性领域中有代表性的汉诺(Hanoi)塔问题，算法复杂性中的难解性问题，证比求易算法，旅行商问题与组合爆炸问题，哲学家共餐问题，图灵测试问题，博弈问题等问题及其相关内容进行分析介绍。

1. 哥尼斯堡七桥问题与哈密尔顿回路问题

18世纪中叶，东普鲁士有一座哥尼斯堡(Konigsberg)城，城中有一条贯穿全市的普雷格尔(Pregol)河，河中央有座小岛，叫奈佛夫(Kneiphof)岛，普雷格尔河的两条支流环绕其旁，并将整个城市分成北区、东区、南区和岛区4个区域，全城共有7座桥将4个城区相连起来，如图B-1所示。

当时该城市的人们热衷于一个难题：一个人应该怎样不重复地走完七桥，最后回到出发地点。即寻找走遍这7座桥，且只许走过每座桥一次，最后又回到原出发点的路径。试验者都没有解决这个难题。1736年，瑞士数学家列昂纳德·欧拉(LEuler)发表图论的首篇论文，论证了该问题无解，即从一点出发不重复地走遍七桥，最后又回到原来出发点是不可能的。他论证所用的图如图B-2所示。后人为了纪念数学家欧拉，将这个难题称为“哥尼斯堡七桥问题”。

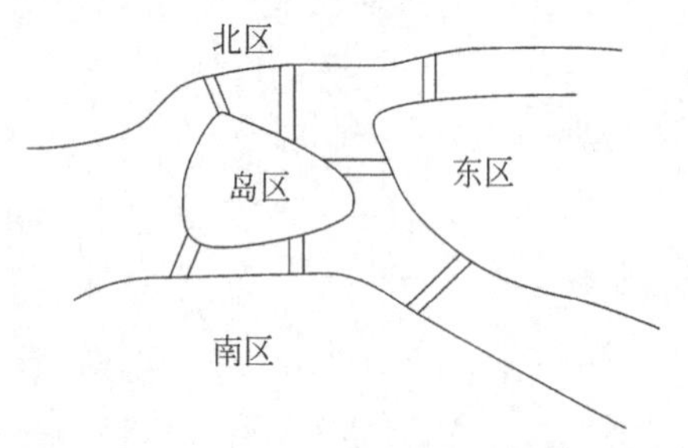

图 B-1 哥尼斯堡七桥地理位置示意图

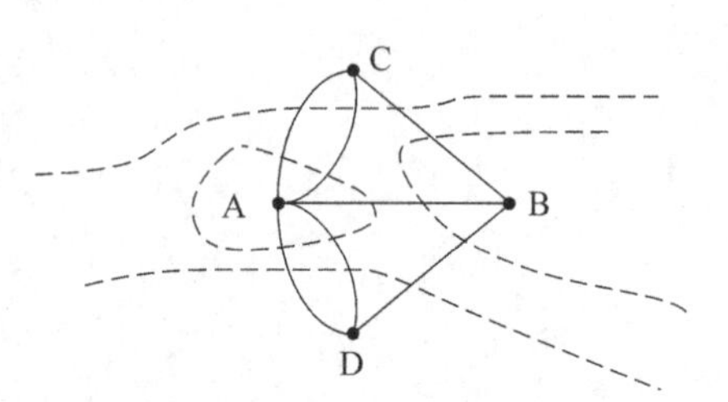

图 B-2 哥尼斯堡七桥问题示意图

为了解决哥尼斯堡七桥问题，欧拉用 4 个字母 A、B、C、D 代表 4 个城区，并用 7 条线表示 7 座桥，如图 B-2 所示。在图中，只有 4 个点和 7 条线，这样做是基于该问题本质的考虑，抽象出问题最本质的东西，忽视问题非本质的东西(如桥的长度等)，从而将哥尼斯堡七桥问题抽象成一个数学问题，即经过图中每边一次且仅一次的回路问题了。欧拉在论文中论证了这样的回路是不存在的，后来，人们把有这样回路的图称为欧拉图：将其有经过所有边的简单生成回路的图称为欧拉图。

欧拉不仅给出了哥尼斯堡七桥问题的证明，还将问题进行了一般化处理，即对给定的任意一个河道图与任意多座桥，判定可能不可能每座桥恰好走过一次，并用数学方法给出了 3 条判定规则：

(1) 如果通奇数座桥的地方不止两个，满足要求的路线是找不到的。

(2) 如果只有两个地方通奇数座桥，可以从这两个地方之一出发，找到所要求的路线。

(3) 如果没有一个地方是通奇数座桥的，则无论从哪里出发，所要求的路线都能实现。

欧拉的论文为图论的形成奠定了基础。今天，图论已广泛地应用于计算机科学、运筹学、信息论、控制论等科学之中，并已成为对现实问题进行抽象的一个强有力的数学工具。随着计算机科学的发展，图论在计算机科学中的作用越来越大，同时，图论本身也得到了充分的发展。

在图论中除了欧拉回路以外，还有一个著名的“哈密尔顿回路问题”。19 世纪爱尔兰数学家哈密尔顿(Hamilton)发明了一种叫做周游世界的数学游戏。它的玩法是：给你一个正十二面体，它有 20 个顶点，把每个顶点看作一个城市，把正十二面体的 30 条棱看成连接这些城市的路。请你找一条从某城市出发，经过每个城市恰好一次，并且最后回到出发点的路线。把正十二面体投影到平面上，在图 B-3 中标出了一种走法，即从城市 1 出发，经过 2,3,…,20，最后回到 1。

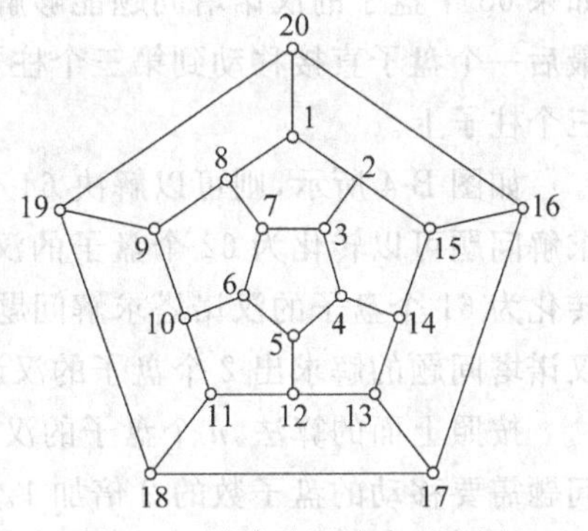

图 B-3　周游世界游戏示意图

“哈密尔顿回路问题”与“欧拉回路问题”看上去十分相似，然而又是完全不同的两个问题。“哈密尔顿回路问题”是访问每个节点一次，而“欧拉回路问题”是访问每条边一次。对图 G 是否存在“欧拉回路”前面已给出充分必要条件，而对图 G 是否存在“哈密尔顿回路”至今仍未找到满足该问题的充分必要条件。

2. 汉诺塔问题

传说在古代印度的贝拿勒斯神庙里安放了一块黄铜座，座上竖有 3 根宝石柱子。在第一根宝石柱上，按照从小到大、自上而下的顺序放有 64 个直径大小不一的金盘子，形成一座金塔，如图 B-4 所示，即所谓的汉诺塔(又称梵天塔)。天神让庙里的僧侣们将第一根柱子上的 64 个盘子借助第二根柱子全部移到第三根柱子上，即将整个塔迁移，同时定下 3 条规则：

(1) 每次只能移动一个盘子。

(2) 盘子只能在 3 根柱子上来回移动，不能放在他处。

(3) 在移动过程中，3 根柱子上的盘子必须始终保持大盘在下，小盘在上。

据说当这 64 个盘子全部移到第三根柱子上后，世界末日就要到了。这就是著名的汉诺塔问题。

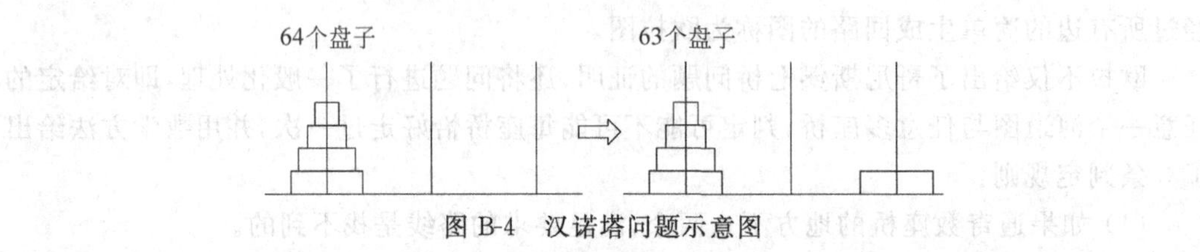

图 B-4 汉诺塔问题示意图

用计算机求解一个实际问题，首先要从这个实际问题中抽象出一个数学模型，然后设计一个解此数学模型的算法，最后根据算法编写程序，经过调试和运行，从而完成该问题的求解。从实际问题抽象出一个数学模型的实质其实就是要用数学的方法抽取问题主要的、本质的内容，最终实现对该问题的正确认识。

汉诺塔问题是一个典型的用递归方法来解决的问题。递归是计算机学科中的一个重要概念。所谓递归，就是将一个较大的问题归约为一个或多个子问题的求解方法。而这些子问题比原问题简单，且在结构上与原问题相同。

根据递归方法，可以将 64 个盘子的汉诺塔问题转化为求解 63 个盘子的汉诺塔问题，如果 63 个盘子的汉诺塔问题能够解决，则可以将 63 个盘子先移动到第二个柱子上，再将最后一个盘子直接移动到第三个柱子上，最后又一次将 63 个盘子从第二个柱子移动到第三个柱子上。

如图 B-4 所示，则可以解决 64 个盘子的汉诺塔问题。依次类推，63 个盘子的汉诺塔求解问题可以转化为 62 个盘子的汉诺塔求解问题，62 个盘子的汉诺塔求解问题又可以转化为 61 个盘子的汉诺塔求解问题，直到 1 个盘子的汉诺塔求解问题。再由 1 个盘子的汉诺塔问题的解求出 2 个盘子的汉诺塔问题，直到解出 64 个盘子的汉诺塔问题。

按照上面的算法，n 个盘子的汉诺塔问题需要移动的盘子数是 $n-1$ 个盘子的汉诺塔问题需要移动的盘子数的 2 倍加 1。于是

$$
\begin{aligned}
h(n) &= 2h(n-1)+1 = 2(2h(n-2)+1)+1 = 2^2h(n-2)+2+1 \\
&= 2^3h(n-3)+2^2+2+1 \\
&= \cdots \\
&= 2^nh(0)+2^{n-1}+\cdots+2^2+2+1 \\
&= 2^{n-1}+\cdots+2^2+2+1 \\
&= 2^{n-1}
\end{aligned}
$$

因此，要完成汉诺塔的搬迁，需要移动盘子的次数为：

$$2^{64}-1=18\,446\,744\,073\,709\,551\,615$$

如果每秒移动一次，一年有 31 536 000 秒，则僧侣们一刻不停地来回搬动，也需要花费大约 5849 亿年的时间，假定计算机以每秒 1000 万个盘子的速度进行搬迁，则需要花费

大约 58 490 年的时间。

3. 算法复杂性中的难解性问题

算法分析是计算机科学的一项主要工作。为了进行算法比较，必须给出算法效率的某种衡量标准。

假设 M 是一种算法，并设 n 为输入数据的规模。实施 M 所占用的时间和空间是衡量该算法效率的两个主要指标。时间由“操作”次数衡量。例如，对于排序和查找，用比较次数计数。空间由实施该算法所需要的最大内存空间来衡量。

算法 M 的复杂性是一个函数 $f(n)$，它对于输入数据的规模 n 给出运行该算法所需时间与所需存储空间。执行一个算法所需存储空间通常就是数据规模的倍数。因此，除非特殊情况，“复杂性”将指运行算法的时间。

对于时间复杂性函数 $f(n)$。它通常不仅仅与输入数据的规模有关，还与特定的数据有关。例如，在一篇英文短文中查找第一次出现的 3 个字母的单词 W。那么，如果 W 为定冠词“the”，则 W 很可能在短文的开头部分出现，于是 $f(n)$ 值将会比较小；如果 W 是单词“axe,”，则 W 甚至可能不会在短文中出现，所以 $f(n)$ 值可能会很大。

因此，考虑对于适当的情况，求出复杂性函数 $f(n)$。在复杂性理论中研究得最多的两种情况如下。

(1) 最坏情况：对于任何可能的输入，$f(n)$ 的最大值。

(2) 平均情况：$f(n)$ 的期望值。

假定 M 是一个算法，并设 n 为输入数据的大小。显然 M 的复杂性 $f(n)$ 随着 n 的增大而增大。通常需要考察的是 $f(n)$ 的增长率，这常常由 $f(n)$ 与某标准函数相比较而得，例如 $\log_2^n$、n、$n\log_2^n$、n^2、n^3、2^n 等都可被用做标准函数，这些函数是按其增长率列出的：对数函数 $\log_2^n$ 增长最慢，指数函数 2^n 增长最快，而多项式函数 n^c 的增长率随其指数 c 的增大而变快。

将复杂性函数与一个标准函数相比较的一种方法是利用大“O”记号，它的定义如下。

设 $f(x)$ 与 $g(x)$ 为定义于 R 或 R 的子集上的任意两个函数。“$f(x)$ 与 $g(x)$ 同阶”，记作：

$$f(x) = O(g(x))$$

如果存在实数 k 和正常数 C 使得对于所有的 $x > k$，有：

$$|f(x)| \leqslant C|g(x)|$$

如 $n^2+n+1=O(n^2)$，该表达式表示，当 n 足够大时，表达式左边约等于 n^2。

常见的大 O 表示形式有以下几种。

$O(1)$ 称为常数级。

$O(\log_{2n})$ 称为对数级。

$O(n)$ 称为线性级。

$O(n^c)$ 称为多项式级。

$O(c^n)$ 称为指数级。

$O(n!)$ 称为阶乘级。

用以上表示方法，在汉诺塔问题中，需要移动的盘子次数为 $h(n)=2^n-1$，则该问题的算法时间复杂度表示为 $O(2^n)$。

一个问题求解算法的时间复杂度大于多项式（如指数函数）时，算法的执行时间将随 n 的增加而急剧增长，以致即使是中等规模的问题也不能求解出来，于是在计算复杂性中，将这一类问题称为难解性问题。

为了更好地理解计算及其复杂性的有关概念，我国学者洪加威曾经讲了一个被人称为"证比求易算法"的童话，用来帮助读者理解计算复杂性的有关概念，具体内容如下。

很久以前，有一个年轻的国王，名叫艾述。他酷爱数学，聘请了当时最有名的数学家孔唤石当宰相。邻国有一位聪明美丽的公主，名字叫秋碧贞楠。艾述国王爱上了这位邻国公主，便亲自登门求婚。公主说："你如果向我求婚，请你先求出 48 770 428 433 377 171 的一个真因子，一天之内交卷。"艾述听罢，心中暗喜，心想：我从 2 开始，一个一个地试，看看能不能除尽这个数，还怕找不到这个真因子吗？

艾述国王十分精于计算，他一秒钟就算完一个数。可是，他从早到晚，共算了 3 万多个数，最终还是没有结果。国王向公主求情，公主将答案相告：223 092 827 是它的一个真因子。国王很快就验证了这个数确能除尽 48 770 428 433 377 171。

公主说："我再给你一次机会，如果还求不出，将来你只好做我的证婚人了"。国王立即回国，召见宰相孔唤石，大数学家在仔细地思考后认为这个数为 17 位，如果这个数可以分成两个真因子的乘积，则最小的一个真因子不会超过 9 位。于是他给国王出了一个主意：按自然数的顺序给全国的老百姓每人编一个号发下去，等公主给出数目后，立即将它们通报全国，让每个老百姓用自己的编号去除这个数，除尽了立即上报，赏黄金万两。

于是，国王发动全国上下的民众，再度求婚，终于取得成功。

在"证比求易算法"的故事中，国王最先使用的是一种顺序算法，其复杂性表现在时间方面，后来由宰相提出的是一种并行算法，其复杂性表现在空间方面。直觉上，人们认为顺序算法解决不了的问题完全可以用并行算法来解决，甚至会想，并行计算机系统求解问题的速度将随着处理器数目的不断增加而不断提高，从而可以解决难解性问题，其实这是一种误解。

当将一个问题分解到多个处理器上解决时，由于算法中不可避免地存在必须串行执行的操作，从而大大地限制了并行计算机系统的加速能力。下面，用阿达尔(G. Amdahl)定律来说明这个问题。

设 f 为求解某个问题的计算中存在的必须串行执行的操作占整个计算的百分比，p 为处理器的数目，Sp 为并行计算机系统最大的加速能力（单位：倍），则：

$$Sp \leqslant \frac{1}{f+\frac{1-f}{p}}$$

设 $f=1\%$，$p\to\infty$，则 $Sp=100$。这说明即使在并行计算机系统中有无穷多个处理器，解决这个串行执行操作仅占全部操作 1% 的问题，其解题速度与单处理器的计算机相比最多也只能提高一百倍。因此，对难解性问题而言，单纯地提高计算机系统的速度是远远不够的，而降低算法复杂度的数量级才是最关键的问题。

国王有众多百姓的帮助，求亲成功是自然的事。但是，如果换成是一个贫民百姓的小伙子去求婚，那就困难了。不过，小伙子可以从国王求亲取得成功所采用的并行算法中得到一个启发，那就是：他可以随便猜一个数，然后验证这个数。当然，这样做成功的可能性很小，不过，万一小伙子运气好猜着了呢？由于一个数和它的因子之间存在一些有规律的联系，因此，数论知识水平较高的人猜中的可能性就大。

这个小伙子使用的算法叫做非确定性算法。这样的算法需要有一种假想但实际并不存在的非确定性计算机才能运行，其理论上的计算模型是非确定性图灵机。

在算法计算复杂性的研究中，将所有可以在多项式时间内求解的问题称为P类问题，而将所有在多项式时间内可以验证的问题称为NP类问题，由于P类问题采用的是确定性算法，NP类问题采用的是非确定性算法，确定性算法是非确定性算法的一个特例，因此P⊂NP。

对于大多数实际问题来说，找到一个解可能很难，检验一个解常常比较容易，所以都属于NP类问题。现在计算机科学研究中一个悬而未决的重要问题是P=？NP。到目前为止，已经发现了一批可计算但有相当难度的问题是属于NP类问题，并且常通过证明一个问题与已知属于NP类中的某个问题等价，将其归入NP类问题。

不过，该问题是否属于P类问题，即是否能找到多项式时间计算复杂性算法求解该问题，或证明该问题不存在多项式时间计算复杂性算法求解，至今尚未解决。20世纪70年代初，库克(SACook)和卡尔普(RMKarp)在P=？NP问题上取得重大进展，指出NP类中有一小类问题具有以下性质：迄今为止，这些问题多数还没有人找到多项式时间计算复杂性算法。但是，一旦其中的一个问题找到了多项式时间计算复杂性算法，这个类中的其他问题也能找到多项式时间计算复杂性算法，那么就可以断定P=NP。

即如果属于这个类中的某个问题被证明不存在多项式时间计算复杂性算法，那么，就等于证明了P≠NP。通常将这类问题称为NP完全问题。

1982年，库克因其在计算复杂性理论方面(主要是在NP完全性理论方面)的奠基性工作而荣获ACM图灵奖。

4. 哲学家共餐问题

对哲学家共餐问题可以作这样的描述(见图B-5)：5个哲学家围坐在一张圆桌旁，每个人的面前摆有一碗面条，碗的两旁各摆有一只筷子(即共有5只碗和5根筷子)。

假设哲学家的生活除了吃饭就是思考问题，而吃饭时需要左手拿一只筷子，右手拿一只筷子，然后开始进餐。吃完后又将筷子放回原处，继续思考问题。那么，一个哲学家的生活进程如下：

(1) 思考问题。

(2) 饿了停止思考，左手拿一只筷子(拿不到就等)。

(3) 右手拿一只筷子(拿不到就等)。

(4) 进餐。

(5) 放右手筷子。

(6) 放左手筷子。

(7) 重新回到思考问题状态(1)。

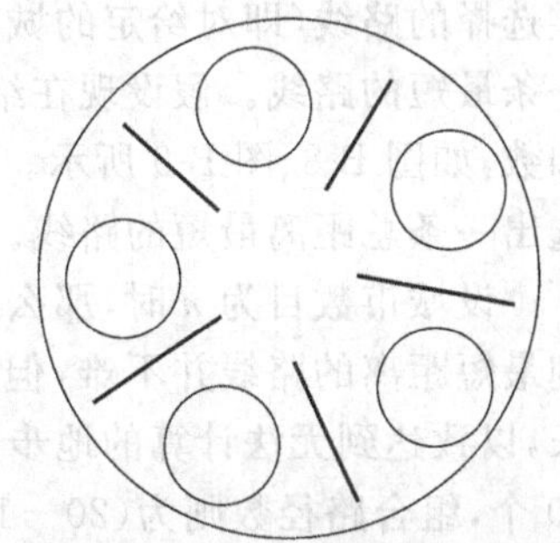

图B-5　哲学家共餐餐桌示意图

问题是：如何协调5个哲学家的生活进程，使得每一个哲学家最终都可以进餐。

考虑下面的两种情况：

(1) 按哲学家的活动进程，当所有的哲学家都同时拿起左手筷子时，则所有的哲学家都将拿不到右手的筷子，并处于等待状态，那么哲学家都将无法进餐，最终饿死。

(2) 将哲学家的活动进程修改一下，变为当右手的筷子拿不到时，就放下左手的筷子，这种情况是不是就没有问题？不一定，因为可能在一个瞬间，所有的哲学家都同时拿起左手的筷子，则自然拿不到右手的筷子，于是都同时放下左手的筷子，等一会儿，又同时拿起左手的筷子，如此这样永远重复下去，则所有的哲学家一样都吃不到面条。

以上两个方面的问题其实反映的是程序并发执行时进程同步的两个问题，一个是死锁(deadlock)，另一个是饥饿(starvation)，如图B-6、图B-7所示。

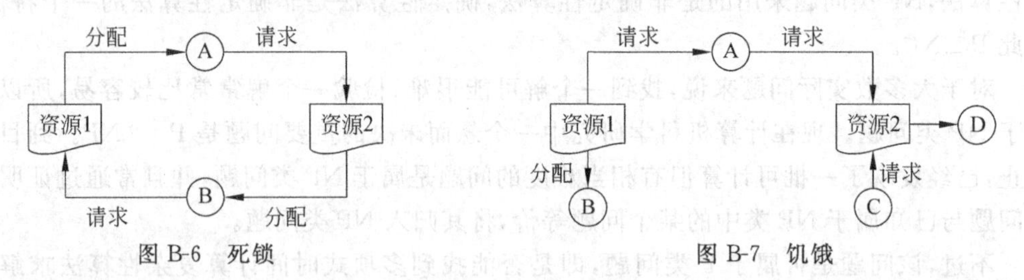

图B-6　死锁　　图B-7　饥饿

哲学家共餐问题实际上反映了计算机程序设计中多进程共享单个处理机资源时的并发控制问题。要防止这种情况发生，就必须建立一种机制，既要让每一个哲学家都能吃到面条，又不能让任何一个哲学家始终拿着一根筷子不放。采用并发程序语言、Petri网、CSP等工具都能很容易地解决这个问题。

与程序并发执行时进程同步有关的经典问题还有：读者—写者问题(reader-writer problem)、理发师睡眠问题(sleeping barber problem)等。

5. 旅行商问题

旅行商问题(traveling salesman problem，TSP)是威廉·哈密尔顿(W R Hamilton)爵士和英国数学家克克曼(T P Kirkman)于19世纪初提出的一个数学问题。这是一个典型的NP完全性问题。其大意是：有若干个城市，任何两个城市之间的距离都是确定的，现要求一旅行商从某城市出发，必须经过每一个城市且只能在每个城市逗留一次，最后回到原出发城市。问如何事先确定好一条最短的路线，使其旅行的费用最少。

人们在考虑解决这个问题时，一般首先想到的最原始的一种方法是：列出每一条可供选择的路线(即对给定的城市进行排列组合)，计算出每条路线的总里程，最后从中选出一条最短的路线。假设现在给定的4个城市分别为A、B、C和D，各城市之间的距离为已知数，如图B-8、图B-9所示。从图中可以看到，可供选择的路线共有6条，从中很快可以选出一条总距离最短的路线。

设城市数目为n时，那么组合路径数则为$(n-1)!$。很显然，当城市数目不多时要找到最短距离的路线并不难，但随着城市数目的不断增大，组合路线数将呈指数级急剧增长，以致达到无法计算的地步，这就是所谓的“组合爆炸问题”。假设现在城市的数目增为20个，组合路径数则为$(20-1)!\approx 1.216\times 1017$，对于如此庞大的组合数目，若计算机以每秒检索1000万条路线的速度计算，也需要花上386年的时间。

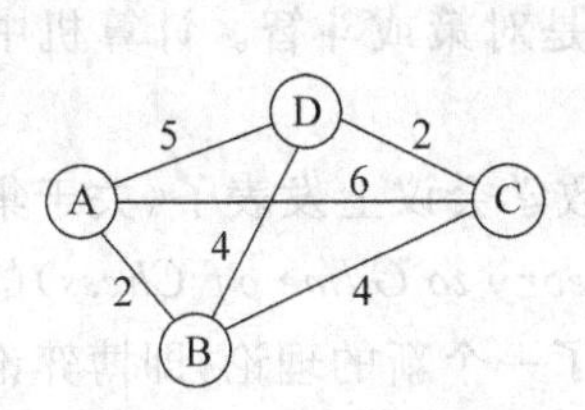

图 B-8　城市交通图

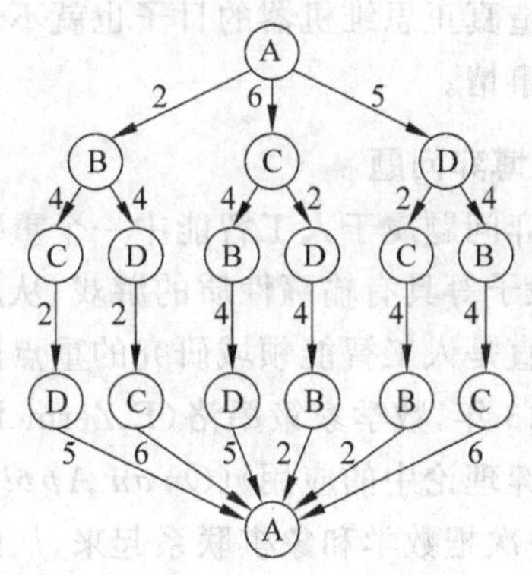

图 B-9　组合路径图

6. 图灵测试问题

在计算机学科诞生后，为解决人工智能中一些激烈争论的问题，图灵和西尔勒又分别提出了能反映人工智能本质特征的两个著名的哲学问题，即"图灵测试"和西尔勒的"中文屋子"，沿着图灵等人对"智能"的理解，人们在人工智能领域取得了长足的进展，其中"深蓝(Deep Blue)"战胜国际象棋大师卡斯帕罗夫(G Kasparov)就是一个很好的例证。

图灵于 1950 年在英国《Mind》杂志上发表了 *Computing Machinery and Intelligence* 一文，文中提出了"机器能思维吗?"这样一个问题，并给出了一个被后人称为"图灵测试(Turing test)"的模仿游戏。

这个游戏由 3 个人来完成：一个男人(A)，一个女人(B)，一个性别不限的提问者(C)。提问者(C)待在与其他两个游戏者相隔离的房间里。游戏的目标是让提问者通过对其他两人的提问来鉴别其中哪个是男人，哪个是女人。为了避免提问者通过他们的声音、语调轻易地作出判断，最好是在提问者和两游戏者之间通过一台电传打字机来进行沟通。提问者只被告知两个人的代号为 X 和 Y，游戏的最后他要作出"X 是 A，Y 是 B"或"X 是 B，Y 是 A"的判断。

现在，把上面这个游戏中的男人(A)换成一部机器来扮演，如果提问者在与机器、女人的游戏中作出的错误判断与在男人、女人之间的游戏中作出错误判断的次数是相同的，那么，就可以判定这部机器是能够思维的。

图灵关于"图灵测试"的论文发表后引发了很多的争论，以后的学者在讨论机器思维时大多都要谈到这个游戏。

"图灵测试"只是从功能的角度来判定机器是否能思维，也就是从行为主义角度来对"机器思维"进行定义。尽管图灵对"机器思维"的定义是不够严谨的，但他关于"机器思维"定义的开创性工作对后人的研究具有重要意义，因此，一些学者认为，图灵发表的关于"图灵测试"的论文标志着现代机器思维问题讨论的开始。

根据图灵的预测，到 2000 年此类机器能通过测试。现在，在某些特定的领域，如博弈领域，"图灵测试"已取得了成功，1997 年，IBM 公司研制的计算机"深蓝"就战胜了国际象棋冠军卡斯帕罗夫。

在未来，如果人们能像图灵揭示计算本质那样揭示人类思维的本质，即"能行"思维，那么制造真正思维机器的日子也就不长了。可惜要对人类思维的本质进行描述还是相当遥远的事情。

7. 博弈问题

博弈问题属于人工智能中一个重要的研究领域。从狭义上讲，博弈是指下棋、玩扑克牌、掷骰子等具有输赢性质的游戏；从广义上讲，博弈就是对策或斗智。计算机中的博弈问题一直是人工智能领域研究的重点内容之一。

1913 年，数学家策墨洛（E Zermelo）在第五届国际数学会议上发表了《关于集合论在象棋博弈理论中的应用》（*On an Application of Set Theory to Game of Chess*）的著名论文，第一次把数学和象棋联系起来，从此，现代数学出现了一个新的理论，即博弈论。

1950 年，"信息论"创始人香农（A Shannon）发表了《国际象棋与机器》（*A Chess-Playing Machine*）一文，并阐述了用计算机编制下棋程序的可能性。

1956 年夏天，由麦卡锡（J McCarthy）和香农等人共同发起的，在美国达特茅斯（Dartmouth）大学举行的夏季学术讨论会上，第一次正式使用了"人工智能"这一术语，该次会议的召开对人工智能的发展起到了极大的推动作用。

当时，IBM 公司的工程师塞缪尔（A Samuel）也被邀请参加了"达特茅斯"会议，塞缪尔的研究专长正是用计算机下棋。早在 1952 年，塞缪尔就运用博弈理论和状态空间搜索技术成功地研制了世界上第一个跳棋程序。该程序经不断地完善并于 1959 年击败了它的设计者塞缪尔本人，1962 年，它又击败了美国一个州的冠军。

1970 年开始，ACM 每年举办一次计算机国际象棋锦标赛，直到 1994 年（1992 年中断过一次），每年产生一个计算机国际象棋赛冠军，1991 年，冠军由 IBM 的"深思Ⅱ（Deep ThoughtⅡ）"获得。ACM 的这些工作极大地推动了博弈问题的深入研究，并促进了人工智能领域的发展。北京时间 1997 年 5 月初，在美国纽约公平大厦，"深蓝"与国际象棋冠军卡斯帕罗夫交战，前者以两胜一负三平战胜后者。

"深蓝"是美国 IBM 公司研制的一台高性能并行计算机，它由 256（32 node * 8）个专为国际象棋比赛设计的微处理器组成，据估计，该系统每秒可计算 2 亿步棋。"深蓝"的前身是"深思"，始建于 1985 年。1989 年，卡斯帕罗夫首战"深思"，后者败北。1996 年，在"深思"基础上研制出的"深蓝"曾再次与卡斯帕罗夫交战，并以 2∶4 负于对手。国际象棋、西洋跳棋与围棋、中国象棋一样都属于双人完备博弈。

所谓双人完备博弈就是两位选手对垒，轮流走步，其中一方完全知道另一方已经走过的棋步以及未来可能的走步，对弈的结果要么是一方赢（另一方输），要么是和局。对于任何一种双人完备博弈，都可以用一个博弈树（与或树）来描述，并通过博弈树搜索策略寻找最佳解。博弈树类似于状态图和问题求解搜索中使用的搜索树。搜索树上的第一个节点对应一个棋局，树的分支表示棋的走步，根节点表示棋局的开始，叶节点表示棋局的结束。

一个棋局的结果可以是赢、输或者和局。对于一个思考缜密的棋局来说，其博弈树是非常大的，就国际象棋来说，有 10 120 个节点（棋局总数），而对中国象棋来说，估计有 10 160 个节点，围棋更复杂，盘面状态达 10 768。计算机要装下如此大的博弈树，并在合理的时间内进行详细的搜索是不可能的。因此，如何将搜索树修改到一个合理的范围，是一个值得研究的问题，"深蓝"就是这类研究的成果之一。

附录C 计算机应用领域介绍

计算机的诞生是人类科学技术发展史上的一个里程碑，它极大地增加了人类认识世界、改造世界的能力，并对社会和生活的各个领域产生了深远的影响，催进了当今社会从工业化向信息化发展的进程。

计算机出现的初期，主要用于科研、军事等专门领域，电子技术的不断发展使得计算机价格大幅下降，而计算机的功能不断增加。速度快、精度高、存储容量大、逻辑判断能力强是其显著特点，特别是随着微型计算机的出现，计算机的应用已经渗透到社会生活的各个角落，其应用领域非常广泛；从国民经济各部门到个人家庭生活，从军事部门到民用服务，从科学教育到文化艺术，从生产领域到消费娱乐，无一不是计算机应用的天下，对此，就不能一一描述了，主要通过图 C-1 来描述当前计算机所涉及的应用领域。

根据计算机在不同行业中的应用，图 C-1 描述了计算机在商业、制造业、交通运输业、办公自动化及其教育、医学领域等领域中的应用。计算机作为 20 世纪人类最伟大的发明，自从有了计算机，人类社会生活的各个方面都发生了巨大的变化，特别是微型计算机技术和网络技术的高速发展，计算机逐渐走进了人们的家庭，正改变着人们的生活方式，计算机的应用也越来越广泛，计算机逐渐成为人们生活中不可缺少的工具。

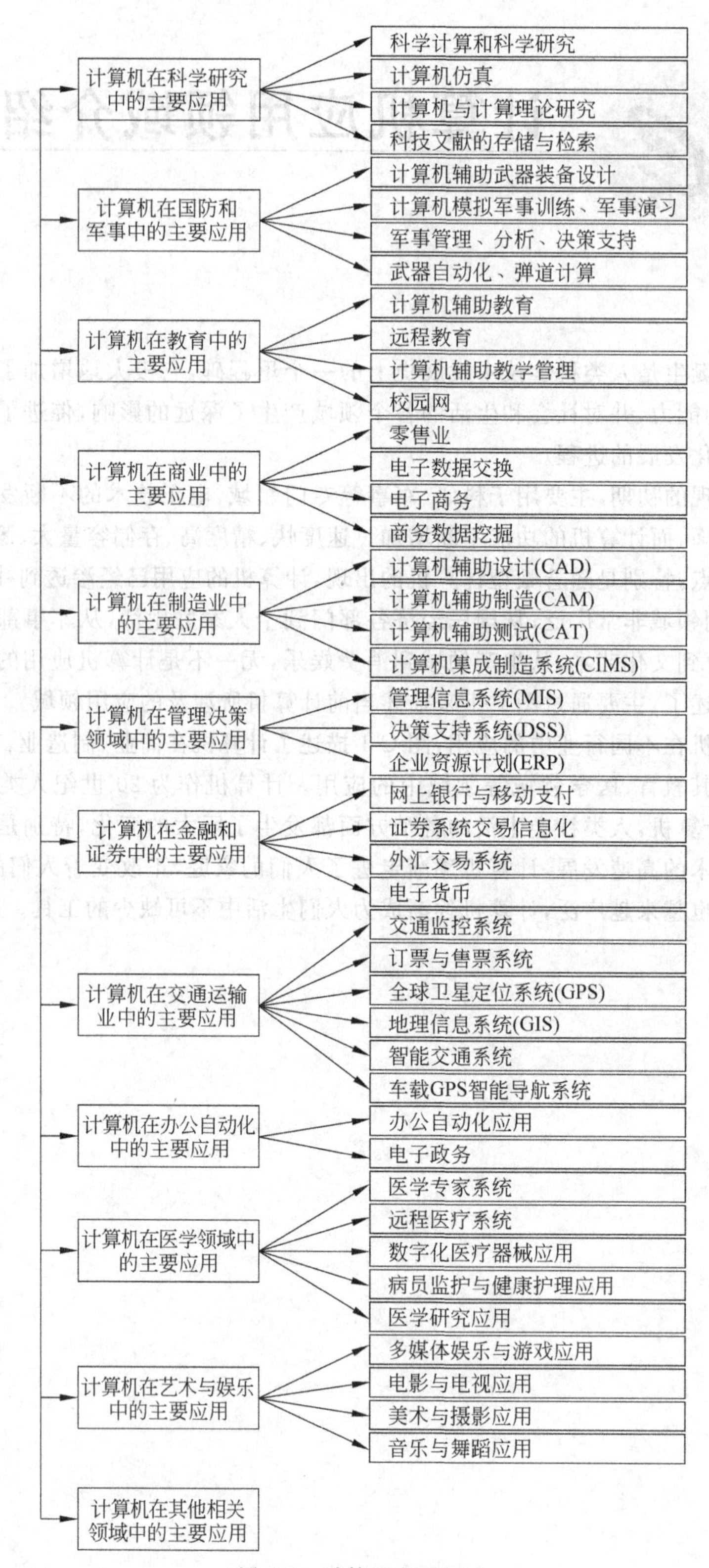
计算机在科学研究中的主要应用
科学计算和科学研究
计算机仿真
计算机与计算理论研究
科技文献的存储与检索
计算机在国防和军事中的主要应用
计算机辅助武器装备设计
计算机模拟军事训练、军事演习
军事管理、分析、决策支持
武器自动化、弹道计算
计算机在教育中的主要应用
计算机辅助教育
远程教育
计算机辅助教学管理
校园网
计算机在商业中的主要应用
零售业
电子数据交换
电子商务
商务数据挖掘
计算机在制造业中的主要应用
计算机辅助设计(CAD)
计算机辅助制造(CAM)
计算机辅助测试(CAT)
计算机集成制造系统(CIMS)
计算机在管理决策领域中的主要应用
管理信息系统(MIS)
决策支持系统(DSS)
企业资源计划(ERP)
计算机在金融和证券中的主要应用
网上银行与移动支付
证券系统交易信息化
外汇交易系统
电子货币
计算机在交通运输业中的主要应用
交通监控系统
订票与售票系统
全球卫星定位系统(GPS)
地理信息系统(GIS)
智能交通系统
车载GPS智能导航系统
计算机在办公自动化中的主要应用
办公自动化应用
电子政务
计算机在医学领域中的主要应用
医学专家系统
远程医疗系统
数字化医疗器械应用
病员监护与健康护理应用
医学研究应用
计算机在艺术与娱乐中的主要应用
多媒体娱乐与游戏应用
电影与电视应用
美术与摄影应用
音乐与舞蹈应用
计算机在其他相关领域中的主要应用

图 C-1　计算机应用领域

参考文献

[1] 王珊，萨师煊. 数据库系统[M]. 4版. 北京：高等教育出版社，2006.

[2] 黄国兴，陶树平，丁岳伟. 计算机导论[M]. 2版. 北京：清华大学出版社，2009.

[3] 刘子铁，李宏力. 计算机导论[M]. 北京：高等教育出版社，2004.

[4] 袁方，王兵，李继民. 计算机导论[M]. 2版. 北京：清华大学出版社，2009.

[5] 逯燕玲，戴红，李志明. 网络数据库技术[M]. 2版. 北京：电子工业出版社，2009.

[6] 浙江软考网 http://www.zjrjks.org/.

[7] 王玉龙，付晓玲，方英兰. 计算机导论[M]. 3版. 北京：电子工业出版社，2009.

[8] Forouzan B A. 计算机科学导论[M]. 刘艺，段立，钟维亚，等译. 北京：机械工业出版社，2003.

[9] 瞿中，熊安平，蒋溢. 计算机科学导论[M]. 3版. 北京：清华大学出版社，2010.